JN248497

スバラシク面白いと評判の

初めから始める数学III Part 2

馬場敬之（けいし）

マセマ出版社

はじめに

みなさん，こんにちは。マセマの**馬場敬之（ばばけいし）**です。理系で受験しようとする人にとって，**数学 III** はどうしても超えなければならないハードルなんだね。そして，この数学 III は数学 I・A や数学 II・B より確かに内容が豊富でレベルも高いので，ここで脱落して，理系を諦めてしまう人が多いことも事実かもしれないね。

でも，難攻不落に思える数学 III でも，体系だった分かりやすい講義を受け，そしてよく反復練習さえすれば，誰でもマスターすることは可能なんだ。まったくの初心者の人でも数学 III の基本を無理なく理解できるように，**『初めから始める数学 III Part1』**に続き，
この**『初めから始める数学 III Part2 改訂 8』**を書き上げたんだ。

既刊の『**Part1**』では数学 III の前半部分を，そして
この**『初めから始める数学 III Part2 改訂 8』**では数学 III の後半の主要部分について詳しく解説する。どちらも，偏差値 **40** 前後の数学アレルギーの人でも，初めから数学 III をマスターできるように，それこそ**高 1・高 2 レベルの数学からスバラシク親切に解説した，読みやすい講義形式の参考書**なんだよ。

本書では，**“関数の極限”**，**“微分法”**，**“微分法の応用”**，**“積分法”**，そして**“積分法の応用”**と，数学 III の後半の重要テーマを**豊富な図解と例題**，それに読者の目線に立った分かりやすく楽しい**語り口調の解説**で，ていねいに教えていく。

また，“強い **0** や弱い **0**“などの考え方を使って，関数の極限を直感的に求めたり，導関数を使わずに**複雑な関数のグラフの概形**を描く手法を教えたり，様々な工夫をこらしている。だから，一般の数学 III の解説書のように肩肘を張らずに，自然に**数学 III の面白い世界**に入っていけるはずだ。でも，内容はよく吟味された本格的なものだから，この本をシッカリマスターすれば，**数学 III についても十分な受験基礎力**を身につけることができるんだね。

この本は**15回の講義形式**になっており，流し読みだけなら**2**週間程度で読み切ってしまうことも可能だ。まず，この**「流し読み」**により，数学**III**の全貌を押さえ，大雑把だけれど，どのようなテーマをこれから勉強していくのかをつかんでほしい。

でも，**「数学にアバウトな発想は一切通用しない」**んだね。だから，必ずその後で**「精読」**して，講義や，例題・練習問題の解答・解説を完璧に**自分の頭でマスター**するようにするんだよ。この**自分で考える**という作業が数学に強くなる一番の秘訣なんだね。

そして，自信がついたら今度は，解答を見ずに**「自力で問題を解く」**ことだ。そして，自力で解けたとしても，まだ安心してはいけない。人間は忘れやすい生き物だからだ。その後の**「反復練習」**をシッカリやって，スラスラ解けるようになるまで頑張ろう。**練習問題**には**3**つのチェック欄を設けておいたから，**1**回自力で解く毎に“○”を付けていけばいい。最低でも**3**回は自力で問題を解いてみよう。また，毎回○の中に，その問題を解くのにかかった**所要時間(分)**を書き込んでおくと，**自分の成長過程**が分かって，さらに楽しいかもしれないね。

「流し読み」，**「精読」**，**「自力で解く」**，そして**「反復練習」**，この**4**つがキミの実力を本物にしてくれる大切なプロセスなんだ。頑張ろうね！

「楽しみながら，強くなる！」これが，**マセマの数学**だ。だから，最初は気を楽にまずこの本と向き合ってくれたらいいんだね。そして，読み進んでいくうちに，**数学IIIの考え方の面白さ，問題が解ける楽しさ**が分かってくるはずだ。

さァ，それでは**数学III Part2**の講義を始めよう！みんな準備はいい？

マセマ代表　馬場 敬之(けいし)

この改訂**8**では，x軸のまわりの回転体の体積の応用問題を加えました。

目　次

第１章　関数の極限

第２章　微分法

第３章　微分法の応用

第４章　積分法

第５章　積分法の応用

合格の粉を
ふりかけてあげよう！
合格の粉
馬場天使

第 1 章
CHAPTER

1 関数の極限

- 関数の極限の基本
- いろいろな関数の極限
  (三角関数，指数・対数関数)
- 関数の連続性，中間値の定理

1st day　関数の極限の基本

みんな，おはよう！今日は爽やかな天気で，気持ちがいいね。さァ，これから，**「初めから始める数学 III Part2」**の講義を始めよう。

今回の講義では，“**関数の極限**”，“**微分法**”，“**微分法の応用**”，“**積分法**”，および“**積分法の応用**”について，解説する。これで見ると，微分法と積分法が中心であることが分かると思う。エッ，微分法，積分法だったら，数学 **II** でもやったって!? …，そうだね。でも，数学 **III** で扱う微分法，積分法では **2** 次関数や **3** 次関数だけでなく，三角関数や指数関数や対数関数，およびそれらの積や商など，より複雑な関数を扱うので，本格的な微分法，積分法の講義になるんだね。

でも，心配はいらないよ。これからの講義でも，キミ達の目線に立って，初めから親切に解説していくからね。

今日の講義では，微分法に入る前の準備として，“**関数の極限**”について，その基本から解説を始めよう。何事もまず基本が大事だからね。では，早速講義を始めるよ！

● まず，関数の極限の基本から始めよう！

「初めから始める数学 III Part1」で勉強した“**数列の極限**”では，$n \to \infty$ の極限が中心だったんだね。これに対して，関数の極限では，変数 x が $x \to -\infty$ のときや $x \to a$（ある値）のときなど，様々な極限を調べることになる。

しかも，同じ∞に大きくする場合でも，$n \to \infty$ の場合，n は，**1**，**2**，**10**，**101**，……などと飛び飛びの整数値をとりながら大きくなっていくのに対して，$x \to \infty$ では変数 x は連続的にニューッと値が大きくなっていくことに気を付けような。

それでは，x が a とは異なる値をとりながら a に限りなく近づくとき，関数 $f(x)$ が一定の値 α に近づく，つまり，

$x \to a$ のとき，$f(x) \to \alpha$ が成り立つならば，これを

$\lim_{x \to a} f(x) = \alpha$ ……① と表し，

これは，"リミットの x 矢印 a，$f(x)$" とでも読もう！

$x \to a$ のとき，$f(x)$ は α に**収束**(しゅうそく)するという。そして，α のことを，$x \to a$ のときの $f(x)$ の**極限値**(きょくげんち)というんだね。

いくつか，例題で練習しておこう。

これは，「x が 2 に限りなく近づくとき，x^2 は $2^2 = 4$ に限りなく近づく」という意味だ。

(ex1) $\lim_{x \to 2} x^2$ は，$\lim_{x \to 2} x^2 = 2^2 = 4$ （極限値）に収束する。

(ex2) $\lim_{x \to 0} \sqrt{x}$ は，$\lim_{x \to 0} \sqrt{x} = \sqrt{0} = 0$ （極限値）に収束する。

(ex3) $\lim_{x \to 3} \frac{1}{x}$ は，$\lim_{x \to 3} \frac{1}{x} = \frac{1}{3}$ （極限値）に収束する。

ここで，関数の極限が極限値をもつとき，次の性質が成り立つんだね。

関数の極限値の性質

$\lim_{x \to a} f(x) = \alpha$，$\lim_{x \to a} g(x) = \beta$ のとき，次の公式が成り立つ。

(1) $\lim_{x \to a} kf(x) = k\alpha$ （k：実数定数）

(2) $\lim_{x \to a} \{f(x) + g(x)\} = \alpha + \beta$　　(3) $\lim_{x \to a} \{f(x) - g(x)\} = \alpha - \beta$

(4) $\lim_{x \to a} f(x) \cdot g(x) = \alpha \cdot \beta$　　(5) $\lim_{x \to a} \frac{f(x)}{g(x)} = \frac{\alpha}{\beta}$ （$\beta \neq 0$）

以上の性質を使う関数の極限の練習もしておこう。

(ex4) $\lim_{x \to 1} (2 \cdot x^2 - x) = 2 \cdot 1^2 - 1 = 1$ に収束する。

これは，「x が 1 に限りなく近づくとき，$2x^2 - x$ は $2 \cdot 1^2 - 1 = 1$ に限りなく近づく」という意味だ。

(ex5) $\lim_{x \to 4} (2\sqrt{x} - x) = 2\sqrt{4} - 4 = 4 - 4 = 0$ に収束する。

関数の極限では，左辺が，$x \to a$ のとき $f(x)$ が α に近づいて行く動作を表し，右辺はその目的地である極限値 α を表しているんだね。

では次，$x \to \infty$ のときの関数 $f(x)$ の極限についても調べてみよう。

練習問題 1	関数の極限（I）	CHECK 1	CHECK 2	CHECK 3

次の関数の極限を調べよ。

(1) $\lim_{x \to \infty}(2x^2 - 1)$　(2) $\lim_{x \to \infty}(3x - x^2)$　(3) $\lim_{x \to \infty}\frac{1}{x}$

(4) $\lim_{x \to \infty}\frac{x^2 - 1}{x + 2}$　(5) $\lim_{x \to \infty}\frac{x^2}{x^3 + 1}$　(6) $\lim_{x \to \infty}\frac{x^2 - 1}{2x^2 + 3}$

$x \to \infty$ のとき，(1) は，$2 \times \infty - 1$ より ∞ に，(2) は，(1 次の ∞) − (2 次の ∞) より $-\infty$ に，(3) は，$\frac{1}{\infty}$ より 0 になることが分かるね。また，(4)，(5)，(6) は $\frac{\infty}{\infty}$ の不定形の極限の問題だ。頑張ろう！

(1) $\lim_{x \to \infty}(2 \cdot \underset{\infty}{x^2} - 1) = \infty$　となって，正の無限大に発散する。

∞を 2 倍して，それから 1 を引いても，∞は∞だ

(2) $\lim_{x \to \infty}(3 \cdot \underset{\infty}{x} - \underset{\infty}{x^2})$ は，$\infty - \infty$ の不定形だけれど，次数で見ると，

＋∞になるか，－∞になるか，ある極限値に収束するのか，ハッキリ分からない形のこと

(1 次の ∞) − (2 次の ∞) だから，これは $-\infty$ に発散することが分かる。

弱い∞　強い∞

具体的に，$x = 1000$ のとき，$3x - x^2$ の $3x = 3000$，$x^2 = 1000^2 = 1000000$ となるので，$x \to \infty$ になると，1 次の $3x$ の∞より，2 次の x^2 の∞の方が圧倒的に大きな∞となるから，引き算すると $-\infty$ になるはずだ。

これをキチンと式で表すと，

$$\lim_{x \to \infty}(3x - x^2) = \lim_{x \to \infty}\underset{\infty}{x^2}\Big(\underbrace{\frac{3}{x}}_{\frac{3}{\infty}=0} - 1\Big) = \infty \times (0 - 1) = -\infty$$ となって，

x^2 をくくり出す！

負の無限大に発散する。

(3) $\lim_{x\to\infty}\frac{1}{x}=\frac{1}{\infty}=0$ に，収束する。

これは，分母→∞で，分子が定数 α のとき，すべて 0 に収束する。たとえば，
$\lim_{x\to\infty}\frac{3}{2x+1}=0$，$\lim_{x\to\infty}\frac{4}{x^2+1}=0$，$\lim_{x\to\infty}\frac{2}{3x^2-1}=0$，…などなどだね。

(4)，(5)，(6) は，$x\to\infty$ のときに，関数が $\frac{\infty}{\infty}$ となる問題だ。関数の極限は，動きのあるものだから，これを紙面に表すのは難しいんだけれど，その動きのあるもののある瞬間をパチリと撮ったスナップ写真のイメージを示そう。

(ⅰ) $\frac{3000000000}{2000}\to\infty$ (発散) ←— $\frac{強い\infty}{弱い\infty}\to\infty$ のパターン

(ⅱ) $\frac{20000}{1000000000}\to 0$ (収束) ←— $\frac{弱い\infty}{強い\infty}\to 0$ のパターン

(ⅲ) $\frac{10000}{30000}\to\frac{1}{3}$ (収束) ←— $\frac{同じ強さの\infty}{同じ強さの\infty}\to$ (0 以外のある値) のパターン

このように，$\frac{\infty}{\infty}$ の極限は，∞に発散したり，0 やある別の値に収束したり，どうなるか定まらないので，これを“**$\frac{\infty}{\infty}$ の不定形**(ふていけい)”というんだね。では，この不定形の問題 (4)，(5)，(6) を解いてみよう。

(4) $\lim_{x\to\infty}\frac{x^2-1}{x+2}$ は，$\frac{2次の\infty(強い\infty)}{1次の\infty(弱い\infty)}$ なので，∞に発散するはずだ。

これは，分子・分母を x で割ると明らかになる。

$$\lim_{x\to\infty}\frac{x^2-1}{x+2}=\lim_{x\to\infty}\frac{x-\frac{1}{x}}{1+\frac{2}{x}}$$

（$x\to\infty$，$\frac{1}{x}\to 0$，$\frac{2}{x}\to 0$）← 分子・分母を x で割った。

$$=\frac{\infty-0}{1+0}=\infty$$ に発散する。

(5) $\lim_{x \to \infty} \frac{x^2}{x^3+1}$ は，$\frac{2 \text{次の} \infty (\text{弱い} \infty)}{3 \text{次の} \infty (\text{強い} \infty)}$ なので，**0** に収束するはずだ。

これは，分子・分母を x^2 で割れば明らかとなる。

$$\lim_{x \to \infty} \frac{x^2}{x^3+1} = \lim_{x \to \infty} \frac{1}{\underbrace{x}_{\to\infty} + \underbrace{\frac{1}{x^2}}_{\to 0}} = \frac{1}{\infty + 0} = 0$$ に収束する。

(6) $\lim_{x \to \infty} \frac{x^2-1}{2x^2+3}$ は，$\frac{2 \text{次の} \infty (\text{同じ強さの} \infty)}{2 \text{次の} \infty (\text{同じ強さの} \infty)}$ なので，何かある値に収束するはずだ。分子・分母を x^2 で割ってみよう。

$$\lim_{x \to \infty} \frac{x^2-1}{2x^2+3} = \lim_{x \to \infty} \frac{1 - \overbrace{\frac{1}{x^2}}^{\to 0}}{2 + \underbrace{\frac{3}{x^2}}_{\to 0}} = \frac{1-0}{2+0} = \frac{1}{2}$$ に収束するんだね。

このように，$x \to \infty$ としたときの関数 $f(x)$ の極限は，ある極限値に収束する場合もあれば，$+\infty$ や $-\infty$ に発散する場合もあるが，これらのいずれの場合でも「極限はある」というんだよ。

また (2) や (4)，(5)，(6) で，ボクは“強い∞”や“弱い∞”という表現を使ったけれど，これは数学的な表現ではないので，解答に書いてはいけないよ，頭の中の思考訓練として利用すればいいんだね。

では次，$x \to -\infty$ のときの関数の極限も，練習しておこう。

練習問題 2	関数の極限 (II)	CHECK 1	CHECK 2	CHECK 3

次の関数の極限を調べよ。

(1) $\lim_{x \to -\infty} \frac{1}{x}$　　(2) $\lim_{x \to -\infty} \frac{1-x}{x+2}$　　(3) $\lim_{x \to -\infty} (\sqrt{2-x} - \sqrt{-x})$

$x \to -\infty$ のとき，$f(x)$ の極限が求めづらいときは，$-x = t$ とおいて，$t \to +\infty$ として，求めるとスッキリすることが多いよ。試してみよう。

(1) $\lim_{x \to -\infty} \frac{1}{x} = \frac{1}{-\infty} = 0$ に収束する。

$-\frac{1}{10} = -0.1$, $-\frac{1}{100} = -0.01$, $-\frac{1}{1000} = -0.001$, …と，分母が $-\infty$ になっていくにつれて，$\frac{1}{x}$ は，⊖側から 0 に近づく。このとき，これを -0 と表す。
これは，右図の $y = \frac{1}{x}$ のグラフを見ると，明らかに，

- $x \to \infty$ のとき
  $\frac{1}{x} \to +0$
- $x \to -\infty$ のとき
  $\frac{1}{x} \to -0$

となることが分かる。具体的なイメージでは，$+0$ というのは，$+0.00\cdots01$ のことであり，-0 とは，$-0.00\cdots01$ のことなんだね。

(2) $\lim_{x \to -\infty} \frac{1-x}{x+2}$ が分かりづらければ，

$x = -t$ とおくと，$x \to -\infty$ のとき，$t \to \infty$ となる。よって，（$+\infty$のこと）

$$\lim_{x \to -\infty} \frac{1-x}{x+2} = \lim_{t \to \infty} \frac{1+t}{-t+2} = \lim_{t \to \infty} \frac{\frac{1}{t}+1}{-1+\frac{2}{t}}$$

（分子・分母を t で割った）（$\frac{1}{t} \to 0$，$\frac{2}{t} \to 0$）

$$= \frac{0+1}{-1+0} = -1 \quad \text{に収束する。}$$

(3) $\lim_{x \to -\infty} (\sqrt{2-x} - \sqrt{-x})$ が分かりづらければ，

$x = -t$ とおくと，$x \to -\infty$ のとき，$t \to \infty$ となる。よって，

$$\lim_{x \to -\infty} (\sqrt{2-x} - \sqrt{-x}) = \lim_{t \to \infty} (\sqrt{2+t} - \sqrt{t})$$

$t+2-t=2$

$$= \lim_{t \to \infty} \frac{(\sqrt{t+2} - \sqrt{t})(\sqrt{t+2} + \sqrt{t})}{\sqrt{t+2} + \sqrt{t}}$$

分子・分母に $\sqrt{t+2} + \sqrt{t}$ をかけた

$$= \lim_{t \to \infty} \frac{2}{\sqrt{t+2} + \sqrt{t}} = \frac{2}{\infty} = 0$$ に収束する。

（$\sqrt{t+2} \to \infty$，$\sqrt{t} \to \infty$）

$\frac{2}{+\infty}$ だから $+0$ だね。

どう？沢山問題を解くことによって，関数の極限にもだんだん慣れてきただろう？

● $\frac{0}{0}$ の不定形にもチャレンジしよう！

これまで，$\lim_{x \to a} f(x) = \alpha$（極限値）や，$\lim_{x \to \infty} f(x)$ や，$\lim_{x \to -\infty} f(x)$ の極限について調べてきた。でも，初めにやった $\lim_{x \to a} f(x)$ の極限とは，$x = a$ で $f(x)$ が定義されているものばかりだったので，単に極限値 α は $f(a)$ のことだったんだ。つまり，$\lim_{x \to a} f(x) = f(a)$ ということだったんだね。

でも，関数 $f(x)$ が，$x = a$ で定義されていなくても，極限 $\lim_{x \to a} f(x)$ を調べる問題も当然出題される。

たとえば，$f(x) = \frac{x-1}{x^2-1}$ は，$x = 1$ のとき，分母が 0 となるので，当然

本物の 0 だね。

これは $x \neq 1$，つまり $x = 1$ では定義できない。でも，この $x \to 1$ の極限は求めることができる。

ここで，$x \to 1$ のとき，

$$\begin{cases} 分子：x-1 \to 1-1=0 \\ 分母：x^2-1 \to 1^2-1=0 \end{cases}$$

となって，分子も分母も，0 に近づくことになるね。実をいうと，この $\frac{0}{0}$ の極限の問題も，関数の極限では頻出で，

この分母の 0 は，極限として 0 に近づくもので，本物の 0 ではない。

"$\frac{0}{0}$ の不定形（ふていけい）" と呼ばれるものなんだ。

$\frac{0}{0}$の極限の場合，分子も分母も共に 0 に近づくんだけれど，その 0 に近づくスピードに強弱があるため，収束・発散いずれになるか，ケース・バイ・ケースで，**定まらない**。だからこれを不定形というんだよ。

極限の場合，分子・分母が共に 0 に近づいていく動きを紙面上に表すことは難しい。でも，その動きのあるものの瞬間をパチリと撮ったスナップ写真で表現することはできるので，それを下に示すよ。

(i) $\frac{0.000000002}{0.03} \longrightarrow 0$（収束）　$\left[\frac{\text{強い}0}{\text{弱い}0} \longrightarrow 0\right]$

分子・分母に十億をかけると $\frac{2}{30000000}$ となって 0 に十分近いね。

(ii) $\frac{0.05}{0.000000004} \longrightarrow \infty$（発散）　$\left[\frac{\text{弱い}0}{\text{強い}0} \longrightarrow \infty\right]$

分子・分母に十億をかけると $\frac{50000000}{4}$ となって十分大きな値だね。

(iii) $\frac{0.00002}{0.00001} \longrightarrow 2$（収束）　$\left[\frac{\text{同じ強さの}0}{\text{同じ強さの}0} \to \text{極限値}\right]$

分子・分母に十万をかけると $\frac{2}{1}=2$ となって有限な値になるね。

ここでは，0 に近づくスピードが速いものを"強い 0"，遅いものを"弱い 0"と呼んでいるけれど，これは，∞ のときと同様に，ボクが勝手に表現しているだけだから，正式な答案には書いてはいけないよ。でも，頭の中で考える分には便利だから，是非マスターしておこう。

それで，問題となる $\frac{0}{0}$ の不定形の極限では，

(iii) の $\frac{\text{同じ強さの}0}{\text{同じ強さの}0} \to$（ある極限値）の形のものが圧倒的に多いので，注意しよう！

では，先程の $\frac{0}{0}$ の不定形の例で出した，$\lim_{x \to 1} \frac{x-1}{x^2-1}$ を解いておこう。このような問題では，分子・分母の **0** になる要素を消去してしまえばうまくいくことが多いんだよ。

$$\lim_{x \to 1} \frac{x-1}{x^2-1} = \lim_{x \to 1} \frac{x-1}{(x+1)(x-1)}$$

分子・分母の **0** となる要素を消去した！

$$= \lim_{x \to 1} \frac{1}{x+1} = \lim_{x \to 1} \frac{1}{1+1} = \frac{1}{2}$$

これは，イメージとしては $\frac{0.0001}{0.0002} \to \frac{1}{2}$ だね。

どう？うまく解けただろう？では，この $\frac{0}{0}$ の不定形の問題も次の練習問題で，沢山解いておこう。

練習問題 3　$\frac{0}{0}$ の不定形（Ⅰ）　CHECK 1　CHECK 2　CHECK 3

次の関数の極限を調べよ。

(1) $\lim_{x \to 0} \frac{x(x+2)}{x^2+x}$　　(2) $\lim_{x \to -1} \frac{x^2+2x+1}{x^2+x}$　　(3) $\lim_{x \to 2} \frac{x^2-x-2}{x^2-2x}$

(4) $\lim_{x \to 0} \frac{1}{x}\left(\frac{1}{2} - \frac{1}{x+2}\right)$　　(5) $\lim_{x \to 0} \frac{\sqrt{x+1}-1}{x}$

いずれも $\frac{0}{0}$ の不定形だけれど，分子・分母の **0** に近づく要素を消去すれば，ある極限値に収束するものばかりだ。頑張ろう！

(1) $\lim_{x \to 0} \frac{x(x+2)}{x^2+x}$　←　$\frac{0(0+2)}{0^2+0} = \frac{0}{0}$ の不定形だ！

$$= \lim_{x \to 0} \frac{x(x+2)}{x(x+1)}$$

$\frac{0}{0}$ の要素を消去

$$= \lim_{x \to 0} \frac{x+2}{x+1} = \frac{0+2}{0+1} = 2$$

このイメージは $\frac{0.0002}{0.0001} \to 2$ ということだね。

(2) $\lim_{x \to -1} \frac{x^2+2x+1}{x^2+x}$　←　$\frac{(-1)^2+2\cdot(-1)+1}{(-1)^2+(-1)} = \frac{1-2+1}{1-1} = \frac{0}{0}$ の不定形だ！

$$= \lim_{x \to -1} \frac{(x+1)^2}{x(x+1)} = \lim_{x \to -1} \frac{x+1}{x} = \frac{-1+1}{-1} = 0$$

$\frac{0}{0}$ の要素を消去

$$(3)\ \lim_{x\to 2}\frac{x^2-x-2}{x^2-2x}$$ ← $\frac{2^2-2-2}{2^2-2\cdot 2}=\frac{0}{0}$ の不定形だ！

$$=\lim_{x\to 2}\frac{(x+1)(x-2)}{x(x-2)}$$ ← $\frac{0}{0}$ の要素を消去

$$=\lim_{x\to 2}\frac{x+1}{x}=\frac{2+1}{2}=\frac{3}{2}$$ に収束する。← イメージは，$\frac{0.0003}{0.0002}$ だね。

$$(4)\ \lim_{x\to 0}\frac{1}{x}\left(\frac{1}{2}-\frac{1}{x+2}\right)=\lim_{x\to 0}\frac{1}{x}\cdot\frac{x+2-2}{2(x+2)}=\lim_{x\to 0}\frac{x}{2x(x+2)}$$

（これを，まず通分）← $\frac{0}{0}$ の要素を消去！

$$=\lim_{x\to 0}\frac{1}{2(x+2)}=\frac{1}{2(0+2)}=\frac{1}{4}$$ に収束する。

$$(5)\ \lim_{x\to 0}\frac{\sqrt{x+1}-1}{x}$$ ← $\frac{\sqrt{0+1}-1}{0}=\frac{1-1}{0}=\frac{0}{0}$ の不定形だ！

$$=\lim_{x\to 0}\frac{(\sqrt{x+1}-1)(\sqrt{x+1}+1)}{x(\sqrt{x+1}+1)}$$ ← 分子・分母に $\sqrt{x+1}+1$ をかけた。（分子 $=x+1-1$）

$$=\lim_{x\to 0}\frac{x}{x(\sqrt{x+1}+1)}$$ ← $\frac{0}{0}$ の要素を消去

$$=\lim_{x\to 0}\frac{1}{\sqrt{x+1}+1}=\frac{1}{\sqrt{0+1}+1}=\frac{1}{2}$$ に収束する。大丈夫？ ← イメージは，$\frac{0.0001}{0.0002}$ だね。

以上で，$\frac{0}{0}$ の不定形の極限の求め方の要領もつかめただろうね。以上の問題は $\frac{0}{0}$ の不定形でも，ある有限(ゆうげん)な極限値をもつものばかりだった（$+\infty$ や $-\infty$ でないということ）んだね。で，この有限な極限値のことを，少し難しい用語だけれど，“**有限確定値**(ゆうげんかくていち)”と呼ぶこともあるので，覚えておこう。チョッと，カッコいい言葉だろう？^o^! では，この有限確定値を使う次のテーマに入ろう。

(ex6) 極限 $\lim_{x \to 2} \frac{\sqrt{x+2}-a}{x-2}$ が有限確定値に収束するとき，a の値とこの極限値を求めよう。

$x \to 2$ のとき，分母：$x-2 \to 2-2=0$ より，

分子：$\sqrt{x+2}-a \to \sqrt{2+2}-a=2-a=0$ となる。

もし，分母→0 のときに，たとえば，分子→1 のような，0 以外の値に近づけば，極限は $\frac{1}{0}$ となって，∞か－∞に発散してしまう。よって，分母→0 のとき，この極限値 (有限確定値) が存在するためには，分子→0 となる以外ないんだね。大丈夫？

これから，$a=2$ が決まる。このとき求める極限値は，

$$\lim_{x \to 2} \frac{\sqrt{x+2}-2}{x-2} = \lim_{x \to 2} \frac{(\sqrt{x+2}-2)(\sqrt{x+2}+2)}{(x-2)(\sqrt{x+2}+2)}$$

$x+2-4=x-2$

分子・分母に $\sqrt{x+2}+2$ をかけた。

$$= \lim_{x \to 2} \frac{x-2}{(x-2)(\sqrt{x+2}+2)}$$

$\frac{0}{0}$ の要素を消去

$$= \lim_{x \to 2} \frac{1}{\sqrt{x+2}+2} = \frac{1}{\sqrt{2+2}+2} = \frac{1}{2+2} = \frac{1}{4}$$ となる。大丈夫？

では，次の練習問題にもチャレンジしよう。

練習問題 4	$\frac{0}{0}$ の不定形 (Ⅱ)	CHECK 1	CHECK 2	CHECK 3

極限 $\lim_{x \to 1} \frac{\sqrt{x+8}-3}{x-a}$ …① が，0 以外の有限確定値に収束するとき，a の値と，この極限値を求めよう。

$x \to 1$ のとき，分子→0 となるので，分母→0 とならなければならない。なぜなら，分母が，たとえば 1 のような 0 以外の値に近づくとすると，この極限は $\frac{0}{1}=0$ に収束して，0 以外の有限確定値ではなくなるからなんだね。

①は，0 以外の有限確定値に収束するので，$x \to 1$ のとき，

・分子：$\sqrt{x+8}-3 \to \sqrt{1+8}-3=3-3=0$ より，

・分母：$x-a \to 1-a=0$　となる。

$\therefore a=1$ である。

このとき，①は，

$$\lim_{x\to 1}\frac{\sqrt{x+8}-3}{x-1}=\lim_{x\to 1}\frac{(\sqrt{x+8}-3)(\sqrt{x+8}+3)}{(x-1)(\sqrt{x+8}+3)}$$

（$x+8-9=x-1$）

分子・分母に $\sqrt{x+8}+3$ をかけた。

$$=\lim_{x\to 1}\frac{x-1}{(x-1)(\sqrt{x+8}+3)}$$

$\frac{0}{0}$ の要素を消去

$$=\lim_{x\to 1}\frac{1}{\sqrt{x+8}+3}=\frac{1}{\sqrt{1+8}+3}=\frac{1}{3+3}=\frac{1}{6}$$ （極限値）に収束する。

どう？この種の問題にも自信が持てるようになっただろう？

● 極限には，右側と左側がある!?

これまで，x がある値 a に限りなく近づくときの関数 $f(x)$ の極限を $\lim_{x\to a} f(x)$ とおいて，調べてきたけれど，これらをさらに緻密に検討しなければならないときもあるんだね。

この場合，x を a に限りなく近づける $x \to a$ の極限を求める問題では，図 1 に示すように，

$x \to a+0$　と

$x \to a-0$　の 2 通りに

分けて調べなければならない場合もある。具体的にいうと，$x \to 1+0$ とは，x を $1.00\cdots01$ のように，1 より大きい側から 1 に近づけることであり，また，$x \to 3-0$ とは，x を，$2.99\cdots99$ のように，3 より小さい側から 3 に限りなく近づけることを意味するんだね。

図 1　$x \to a+0$ と $x \to a-0$

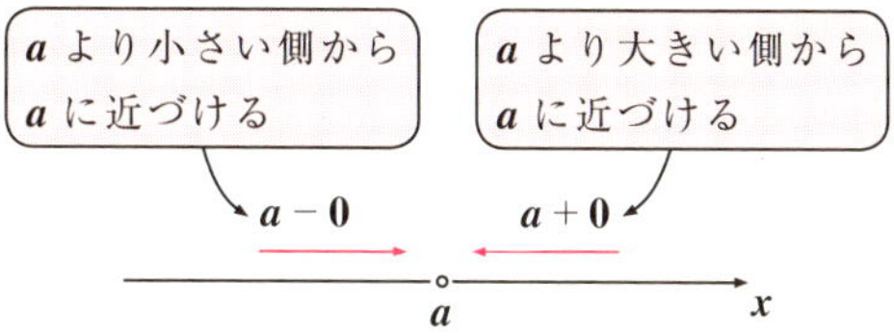

エッ，こんな細かいことが重要なのかって!? うん，ものすごく重要だよ。

特に，$x \to 0$ の場合，

図 2　$\displaystyle\lim_{x \to +0} \frac{1}{x}$ と $\displaystyle\lim_{x \to -0} \frac{1}{x}$ のイメージ

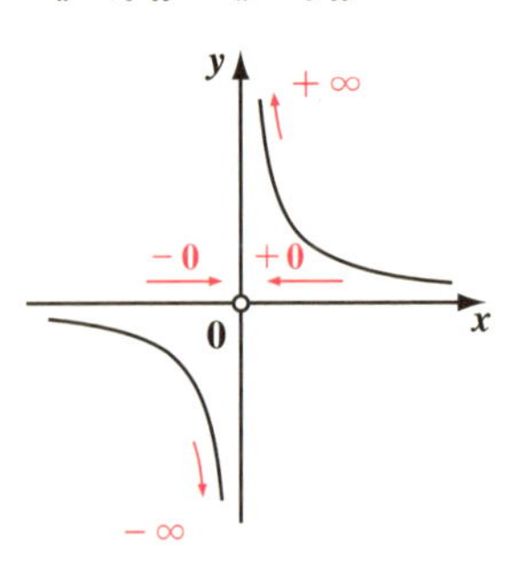

(i) x を 0 より大きい側から 0 に近づけるときは $\displaystyle\lim_{x \to +0} f(x)$ で表し，

（x を $+0.000\cdots01$ のように 0 に近づける）

(ii) x を 0 より小さい側から 0 に近づけるときは $\displaystyle\lim_{x \to -0} f(x)$ と表す。

（x を $-0.000\cdots01$ のように 0 に近づける）

エッ，どうせ x を 0 に近づけるんだったら，$+0$ も -0 も一緒なんじゃないかって？ そんなことないよ。たとえば，分数関数 $f(x) = \dfrac{1}{x}$ $(x \neq 0)$

（$f(x)$ は，$x=0$ で定義されていない。）

のとき，$x \to +0$ の極限と，$x \to -0$ の極限では，まったく違った結果になる。

つまり，

$$\lim_{x \to +0} \frac{1}{x} = \frac{1}{+0} = \infty$$ （$+\infty$ のこと） となるし，

（$\dfrac{1}{0.1} = 10$，$\dfrac{1}{0.01} = 100$，$\dfrac{1}{0.001} = 1000$，…より，$\dfrac{1}{+0.000\cdots01} \to +\infty$ となるんだね）

$$\lim_{x \to -0} \frac{1}{x} = \frac{1}{-0} = -\infty$$ となるんだね。図 2 のグラフも参考にしてくれ。

（$\dfrac{1}{-0.1} = -10$，$\dfrac{1}{-0.01} = -100$，$\dfrac{1}{-0.001} = -1000$，…より，$\dfrac{1}{-0.000\cdots01} \to -\infty$ となるんだね）

ここで，$\dfrac{1}{+0} = \infty$ や $\dfrac{1}{-0} = -\infty$ となることも頭に入れておこう。この分母の $+0$ は極限的に⊕側から 0 に，つまり，$0.000\cdots\cdots01$ と近づいていくことを示し，また，もう 1 つの分母の -0 は $-0.000\cdots\cdots01$ のように⊖側から 0 に近づいていくことを示しているんであって，極限独特の表し方だ。これらは，本物の 0 ではないことに気を付けてくれ。

（本物の 0 で割り算することはできない）

それでは，次の練習問題でさらに練習しておこう。

練習問題 5　関数の極限 (Ⅲ)　CHECK 1　CHECK 2　CHECK 3

次の関数の極限を調べよ。

(1) $\displaystyle\lim_{x \to 1+0} \frac{2}{x-1}$ ，および $\displaystyle\lim_{x \to 1-0} \frac{2}{x-1}$

(2) $\displaystyle\lim_{x \to +0} \frac{|x|}{x}$ ，および $\displaystyle\lim_{x \to -0} \frac{|x|}{x}$

(1) $x \to 1+0$ とは，1.00…01 のように，また，$x \to 1-0$ とは，0.99…99 のように，1 に近づくことだね。(2) は，$x \to +0$ のとき，$x>0$ より $|x|=x$ に，また，$x \to -0$ のとき，$x<0$ より $|x|=-x$ となることに気を付けよう。

(1) $f(x)=\dfrac{2}{x-1}\ (x \neq 1)$ とおくと，$f(x)$ は $x=1$ で定義されていないけれど，$x \to 1+0$ と $x \to 1-0$ の極限は調べることができる。

・$\displaystyle\lim_{x \to 1+0} f(x) = \lim_{x \to 1+0} \frac{2}{x-1} = \frac{2}{+0} = +\infty$

（x：1.00…01，$+0$：+0.00…01 のこと）

・$\displaystyle\lim_{x \to 1-0} f(x) = \lim_{x \to 1-0} \frac{2}{x-1}$

（x：0.99…99）

$= \dfrac{2}{-0} = -\infty$　となる。

（-0：−0.00…01 のこと）

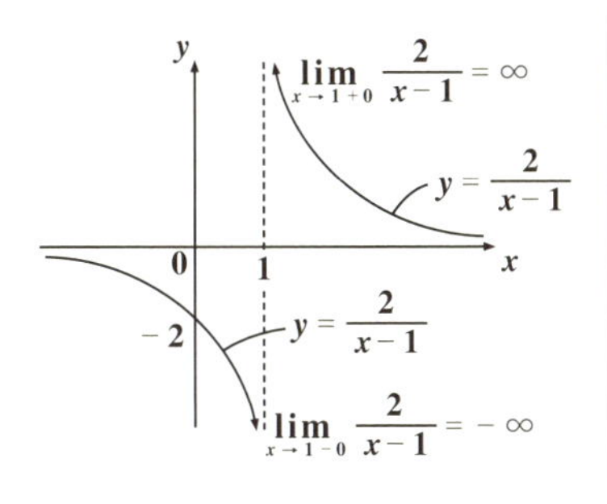

$f(x)=\dfrac{2}{x-1}$ のグラフを右に示すので，

上で求めた極限の結果が，ヴィジュアルに分かるはずだ。

(2) $|x| = \begin{cases} x & (x \geqq 0 \text{ のとき}) \\ -x & (x<0 \text{ のとき}) \end{cases}$ だね。よって，$g(x)=\dfrac{|x|}{x}$ とおくと，

・$x \to +0$ のとき，$x>0$ より，$g(x)=\dfrac{x}{x}=1$ となるので，

（$x=0.00\cdots01$ のこと）

$$\lim_{x \to +0} g(x) = \lim_{x \to +0} \frac{|x|}{x} = \lim_{x \to +0} \frac{x}{x} = \lim_{x \to +0} 1 = 1$$

定数関数 1 は，$x \to +0$ の極限でも，1 のまんまだ。

・$x \to -0$ のとき，$x < 0$ より，$g(x) = \frac{|x|}{x} = \frac{-x}{x} = -1$ となるので，

$x = -0.00\cdots01$ のこと

$$\lim_{x \to -0} g(x) = \lim_{x \to -0} \frac{|x|}{x} = \lim_{x \to -0} \frac{-x}{x}$$

$$= \lim_{x \to -0} (-1) = -1$$

定数関数 -1 は，$x \to -0$ の極限でも，-1 のまんまだ。

この $y = g(x) = \frac{|x|}{x}$ も，分母に本物の 0 はこないので，$x = 0$ では定義できない関数なんだね。$y = g(x)$ のグラフも上に示しておくので，$x \to +0$ と $x \to -0$ のときの $g(x)$ の極限が，それぞれ 1 と -1 になることも，イメージとして理解できるはずだ。

そして，$\lim_{x \to +0} g(x) = 1$ の場合，x が 0 より大きい（右側）から近づくときの極限値なので，これを"**右側極限**（みぎがわきょくげん）"といい，また，$\lim_{x \to -0} g(x) = -1$ の場合，x が 0 より小さい（左側）から近づくときの極限値なので，これを"**左側極限**（ひだりがわきょくげん）"という。

この右側極限と左側極限については，次のような規則があるので，覚えておこう。

右側極限と左側極限

関数 $f(x)$ の右側極限が $\lim_{x \to a+0} f(x) = \alpha$ であり，左側極限が $\lim_{x \to a-0} f(x) = \beta$ であるとき，次の公式が成り立つ。

(i) $\alpha = \beta$ ならば，$\lim_{x \to a} f(x) = \alpha \ (= \beta)$ となる。

(ii) $\alpha \neq \beta$ ならば，$x \to a$ のとき，$f(x)$ の極限はないという。

したがって，たとえばP9の$(ex1)$の極限

$\lim_{x \to 2} x^2 = 4$と表したけれど，この本当の意味は，

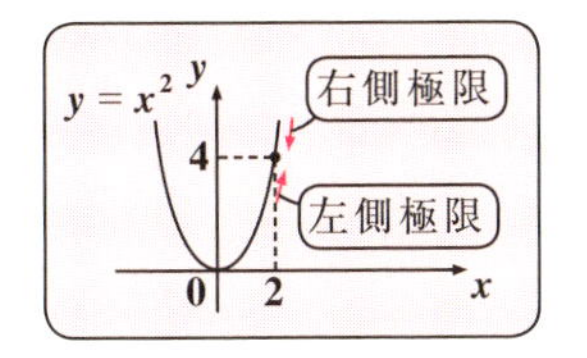

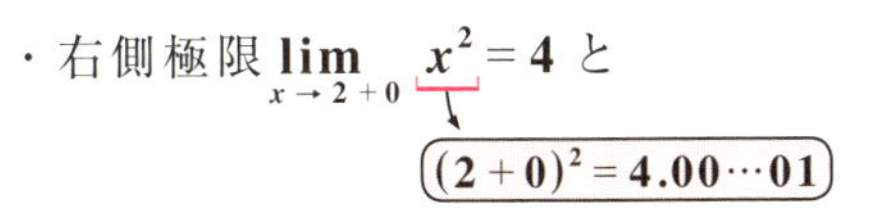

・右側極限$\lim_{x \to 2+0} x^2 = 4$と
$(2+0)^2 = 4.00\cdots01$

・左側極限$\lim_{x \to 2-0} x^2 = 4$とが，一致することを示していたんだね。大丈夫？
$(2-0)^2 = 3.99\cdots99$

では，このタイプの極限の問題をもう**1**題解いておこう。

練習問題 6	関数の極限(Ⅳ)	CHECK 1	CHECK 2	CHECK 3

関数$f(x) = \dfrac{x^2+2x}{|x|}$について，$\lim_{x \to +0} f(x)$と$\lim_{x \to -0} f(x)$を求め，これらが一致しないことを示せ。

$x \to +0$のとき，$x > 0$より$|x| = x$，また$x \to -0$のとき，$x < 0$より$|x| = -x$となることに気を付けて，右側極限と左側極限を求めよう。

$|x| = \begin{cases} x & (x \geqq 0 \text{ のとき}) \\ -x & (x < 0 \text{ のとき}) \end{cases}$ なので，

(ⅰ) $x \to +0$のとき，$x > 0$より，$|x| = x$となる。よって，求める右側極限は

$$\lim_{x \to +0} f(x) = \lim_{x \to +0} \frac{x^2+2x}{x} = \lim_{x \to +0} \frac{x(x+2)}{x} = \lim_{x \to +0} (x+2) = 2 \text{ となる。}$$

(ⅱ) $x \to -0$のとき，$x < 0$より，$|x| = -x$となる。よって，求める左側極限は，

$$\lim_{x \to -0} f(x) = \lim_{x \to -0} \frac{x^2+2x}{-x} = \lim_{x \to -0} \left\{ -\frac{x(x+2)}{x} \right\} = \lim_{x \to -0} (-x-2) = -2$$

となる。

以上(ⅰ)(ⅱ)より，右側極限$\lim_{x \to +0} f(x) = 2$と，左側極限$\lim_{x \to -0} f(x) = -2$とは一致しないことが分かった。つまり，$\lim_{x \to 0} f(x)$の極限はないんだね。

以上で，今日の講義は終了です。結構盛り沢山な内容だったから，次回まで，シッカリ復習しておこう。それじゃ，みんな元気でな。バイバイ…。

2nd day　いろいろな関数の極限（三角関数）

みんな，おはよ～！今日も，いい天気だね。では，"**関数の極限**"の2回目の講義に入ろう。今日のテーマは，"**いろいろな関数の極限**"として，まず"**三角関数**（さんかくかんすう）"の極限について詳しく解説しよう。

エッ，三角関数は，数学IIで習ったけれど，忘れてるかも知れないって!? 大丈夫！この講義は，「初めから始める」ことがモットーだからね。三角関数の復習も織り交ぜながら教えるつもりだ。

● 三角関数の極限の基本もマスターしよう！

関数の極限では，グラフが役に立つことが，これまでの解説からもよく分かっただろう。ヴィジュアル（図形的）に理解しておくと分かりやすいし，忘れないからね。だから，これから解説する三角関数の極限でも，グラフを多用することにする。

まず，3つの三角関数はみんな知ってるね。そう…，$\sin x$（サインx），$\cos x$（コサインx），$\tan x$（タンジェントx）のことだね。図1に示すように，XY座標平面上に，原点Oを中心とする半径1の円を描き，その周上の点をP(X，Y)とおく。X軸の正の向きと，動径OPのなす角をx（ラジアン）とおくと，$\cos x = \mathrm{X}$，$\sin x = \mathrm{Y}$，そして$\tan x = \dfrac{\mathrm{Y}}{\mathrm{X}}$と表されるんだったね。

図1　単位円と三角関数

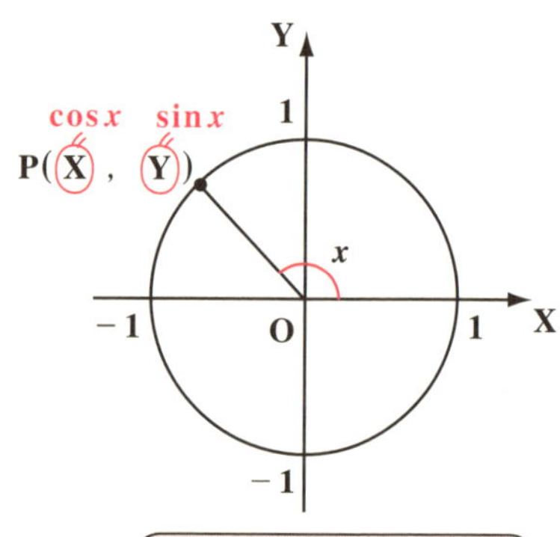

ここで，注意点を1つ。三角関数の極限で使う角度を表す変数xは，"°(度)"ではなくて，常に"ラジアン"で表すということだ。だから，60°ではなくて$\dfrac{\pi}{3}$（ラジアン）と表し，210°ではなくて$\dfrac{7}{6}\pi$（ラジアン）と表す

ということだ。ン？ 自信ないって？ いいよ，下に換算表を示そう。

度とラジアンの換算表

$0° = 0$（ラジアン），$30° = \dfrac{\pi}{6}$，$45° = \dfrac{\pi}{4}$，$60° = \dfrac{\pi}{3}$，$90° = \dfrac{\pi}{2}$，

以下"ラジアン"は省略する

$120° = \dfrac{2}{3}\pi$，$135° = \dfrac{3}{4}\pi$，$150° = \dfrac{5}{6}\pi$，$180° = \pi$，$210° = \dfrac{7}{6}\pi$，

$225° = \dfrac{5}{4}\pi$，$240° = \dfrac{4}{3}\pi$，$270° = \dfrac{3}{2}\pi$，$300° = \dfrac{5}{3}\pi$，$315° = \dfrac{7}{4}\pi$，

$330° = \dfrac{11}{6}\pi$，$360° = 2\pi (= 0)$

これで1周分だ！

そして三角関数の次の 3 つの基本公式も大丈夫だね。

三角関数の基本公式

(1) $\cos^2 x + \sin^2 x = 1$　(2) $\tan x = \dfrac{\sin x}{\cos x}$　$(\cos x \neq 0)$

(3) $1 + \tan^2 x = \dfrac{1}{\cos^2 x}$　$(\cos x \neq 0)$

さァ，それじゃ，三角関数の極限の解説に入ろう。

まず，$\lim_{x \to 0} \sin x$，つまり x が，⊕，⊖を問わず 0 に限りなく近づくとき，$y = \sin x$ のグラフから y も 0 に近づく。

よって，$\lim_{x \to 0} \sin x = 0$ となるんだね。（$\sin 0 = 0$）

じゃ，$\lim_{x \to \infty} \sin x$ はどうなる？

x がどんなに大きくなっても，$y = \sin x$ は $-1 \leqq y \leqq 1$ の範囲で振動し続けて，ある値に近づくことはない。よって，$\lim_{x \to \infty} \sin x$ は発散（はっさん）すると言えるし，また，このように値が振動して定まらないときは，「極限はない」とも言うんだね。

次，$\cos x$ の極限に入ろう。$x=0$ のとき $\cos x=1$ だから，$x\to+0$，$x\to-0$ のいずれにおいても，極限 $\lim_{x\to0}\cos x$ は $\lim_{x\to0}\cos x=1$ と，1 に

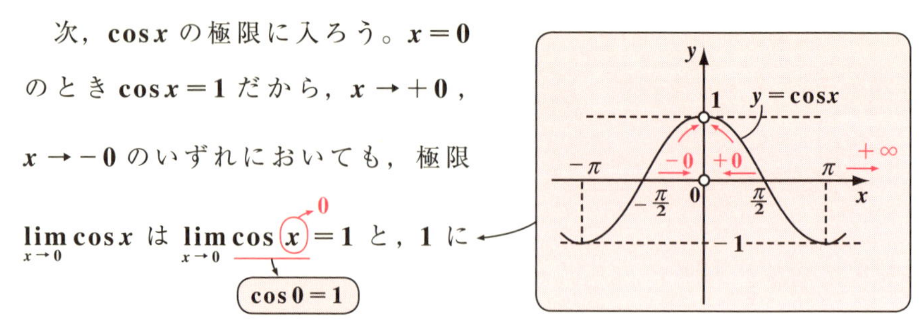

収束するんだね。また，$\sin x$ のときと同様に $x\to\infty$ と，x をいくら大きくしても $y=\cos x$ の y 座標は $-1\leqq y\leqq1$ の範囲で振動し続ける。よって，$\lim_{x\to\infty}\cos x$ はある値に収束することはないので，発散すると言えるし，また「極限はない」とも言える。

それじゃ，$\tan x$ の極限も調べておこう。$x=0$ のとき $\tan x=0$ となるので，$x\to+0$，$x\to-0$ のいずれでも x が限りなく 0 に近づくとき $\tan x$ も 0 に近づく。よって，$\lim_{x\to0}\tan x=0$ に収束する。これはいいね。

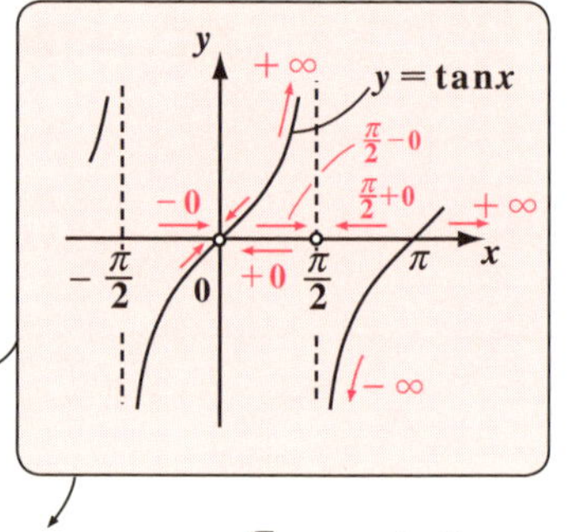

$y=\tan x$ のグラフから明らかなように，これは $x=\frac{\pi}{2}$ では定義されず，不連続な関数になっている。よって $x\to\frac{\pi}{2}+0$ と $x\to\frac{\pi}{2}-0$ では，極限がまったく異なることが分かるだろう。つまり，

$\lim_{x\to\frac{\pi}{2}+0}\tan x=-\infty$，　$\lim_{x\to\frac{\pi}{2}-0}\tan x=+\infty$　となるんだね。

（x を $\frac{\pi}{2}$ より大きい側から $\frac{\pi}{2}$ に近づける）　（x を $\frac{\pi}{2}$ より小さい側から $\frac{\pi}{2}$ に近づける）

また，$x\to\infty$ にしても，$y=\tan x$ は $-\infty<y<\infty$ の範囲で変動し続けるので，当然 $\lim_{x\to\infty}\tan x$ は発散するし，またこの場合「極限はない」とも言えるんだね。

以上の結果をもう1度まとめておこう。グラフのイメージがあれば忘れないはずだ。

・$\lim_{x \to 0} \sin x = 0$，$\lim_{x \to \infty} \sin x$ は発散する。($\lim_{x \to -\infty} \sin x$ も同様に発散！)
・$\lim_{x \to 0} \cos x = 1$，$\lim_{x \to \infty} \cos x$ は発散する。($\lim_{x \to -\infty} \cos x$ も同様に発散！)
・$\lim_{x \to 0} \tan x = 0$，$\lim_{x \to \frac{\pi}{2}+0} \tan x = -\infty$，$\lim_{x \to \frac{\pi}{2}-0} \tan x = \infty$

$\lim_{x \to \infty} \tan x$ は発散する。

(同様に $\lim_{x \to -\infty} \tan x$ も発散)

この場合も，発散すると言ってもいいけれど，このように$-\infty$や∞になることが確定しているので，「極限はある」と言えるんだね。

それでは次の練習問題で三角関数の極限を練習してみよう。

練習問題 7　三角関数の極限の基本　CHECK 1　CHECK 2　CHECK 3

次の関数の極限を求めよ。

(1) $\lim_{x \to 0} 2\sin x$　(2) $\lim_{x \to 0} \sin 3x$　(3) $\lim_{x \to 0} \frac{\cos x}{2}$

(4) $\lim_{x \to 0} \tan \frac{x}{2}$　(5) $\lim_{x \to \frac{\pi}{2}+0} \frac{\tan x}{2}$　(6) $\lim_{x \to \frac{\pi}{2}-0} 3\tan x$

これまでの知識で，どれも解けるはずだ。ポイントは，0 に近づくものは 2 倍しても，3 倍しても，また，2 で割っても，3 で割っても，0 に近づく。∞や$-\infty$に発散するものも同様だよ。頑張って解いてごらん。

(1) $\lim_{x \to 0} \sin x = 0$ より，

$\lim_{x \to 0} 2 \cdot \sin x = 2 \times 0 = 0$ に収束する。

0 に収束するものは 2 倍しても 0 に収束する

(2) $\lim_{x \to 0} 3 \cdot x = 3 \times 0 = 0$ より，

0 に収束するものは 3 倍しても 0 に収束する

$\lim_{x \to 0} \sin 3x = \sin 0 = 0$ に収束する。

(3) $\lim_{x \to 0} \cos x = 1$ より，

$\lim_{x \to 0} \frac{\cos x}{2} = \frac{1}{2}$ と，0 以外の値に収束する。

(4) $\lim_{x \to 0} \frac{x}{2} = \frac{0}{2} = 0$ より，

0 に収束するものは 2 で割っても 0 に収束する

$\lim_{x \to 0} \tan\frac{x}{2} = \tan 0 = 0$ に収束する。

(5) $\lim_{x \to \frac{\pi}{2}+0} \tan x = -\infty$ と，発散するので，

$\lim_{x \to \frac{\pi}{2}+0} \frac{\tan x}{2} = \frac{-\infty}{2} = -\infty$ に発散する。

$-\infty$ に発散するものは 2 で割っても $-\infty$ に発散する

(6) $\lim_{x \to \frac{\pi}{2}-0} \tan x = \infty$ と，発散するので，

$\lim_{x \to \frac{\pi}{2}-0} 3 \cdot \tan x = 3 \times \infty = \infty$ に，発散する。

∞ に発散するものは 3 倍しても ∞ に発散する

どう？ これで，三角関数の極限の基本は，理解できたと思う。

● "はさみ打ちの原理" をマスターしよう！

ここで，関数の極限値の大小関係について，次の規則が成り立つので，まず頭に入れよう。

関数の極限値の大小関係

2 つの関数 $f(x)$ と $g(x)$ の極限について，

$\lim_{x \to a} f(x) = \alpha$，$\lim_{x \to a} g(x) = \beta$ とする。このとき，

(1) $f(x) \leqq g(x)$ ならば，$\alpha \leqq \beta$ が成り立つ。

(2) $f(x) \leqq h(x) \leqq g(x)$ かつ $\alpha = \beta$ ならば，$\lim_{x \to a} h(x) = \alpha$ となる。

ただし，(1)，(2) の関数の大小関係は $x = a$ の近傍(きんぼう)で成り立てばいいんだよ。

"$x = a$ の近く" という意味

特に，(2) について，$x=a$ の近くで，$f(x) \leqq h(x) \leqq g(x)$ が成り立ち，かつ，$x \to a$ のとき，$f(x) \to \alpha$，$g(x) \to \alpha$ であるならば，各辺の $x \to a$ の極限をとると，

$$\underbrace{\lim_{x \to a} f(x)}_{\alpha} \leqq \lim_{x \to a} h(x) \leqq \underbrace{\lim_{x \to a} g(x)}_{\alpha}$$ となるんだね。よって，

極限 $\lim_{x \to a} h(x)$ は，2 つの α にはさみ打ちにされるので，この極限は，$\lim_{x \to a} h(x) = \alpha$ であることが，導かれるんだ。このようにして，$\lim_{x \to a} h(x)$ の極限値を求める手法を，"**はさみ打ちの原理**（げんり）" と呼ぶ。

それでは，次の練習問題で，早速このはさみ打ちの原理を使ってみよう。

練習問題 8	はさみ打ちの原理	CHECK 1	CHECK 2	CHECK 3

不等式 $-1 \leqq \sin x \leqq 1$ を用いて，$\lim_{x \to \infty} \frac{\sin x}{x} = 0$ となることを示せ。

すべての実数 x に対して，$-1 \leqq \sin x \leqq 1$ となるのはいいね。ここで，$x \to \infty$ とするので，正の変数 x で，この各辺を割ると，はさみ打ちの原理が使える形にもち込めるんだね。

すべての実数 x に対して，

$-1 \leqq \sin x \leqq 1$ …① が成り立つ。

ここで，$x > 0$ のとき，①の各辺を x で割っても，その大小関係は変化しないので，

$-\frac{1}{x} \leqq \frac{\sin x}{x} \leqq \frac{1}{x}$ …①′ となる。

よって，①′の各辺の $x \to \infty$ の極限をとると，

$$\lim_{x \to \infty}\left(-\frac{1}{x}\right) \leqq \lim_{x \to \infty} \frac{\sin x}{x} \leqq \lim_{x \to \infty} \frac{1}{x}$$ となる。

はさみ打ちの原理の形が完成！

$-\frac{1}{\infty} = -0$　　$\frac{1}{\infty} = 0$

ここで，$\lim_{x \to \infty}\left(-\frac{1}{x}\right) = \lim_{x \to \infty} \frac{1}{x} = 0$ だから，はさみ打ちの原理により，

$\lim_{x \to \infty} \frac{\sin x}{x} = 0$ となる。

では次，同じ関数で，$x \to 0$ の極限，すなわち $\lim_{x \to 0} \frac{\sin x}{x}$ についても解説しよう。これは，$x \to 0$ のとき，分子・分母共に 0 に近づく $\frac{0}{0}$ の不定形なんだけれど，はさみ打ちの原理を用いれば，

$$\lim_{x \to 0} \frac{\sin x}{x} = 1 \quad \cdots (*)$$

スナップショットのイメージでは，$\frac{0.0001}{0.0001}$ のようなものだね。

となることが示せる。この $(*)$ は，三角関数の極限公式として，最も重要なものなので，その証明をやってみよう。

● $\lim_{x \to 0} \frac{\sin x}{x} = 1$ を証明してみよう！

ここでは $x \to +0$，つまり $\lim_{x \to +0} \frac{\sin x}{x} = 1$ の証明をまずやってみよう。

図 2　$\lim_{x \to +0} \frac{\sin x}{x} = 1$ の証明

(i)

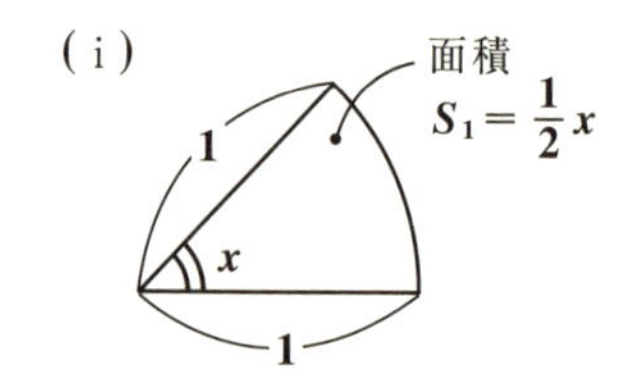

(ii)

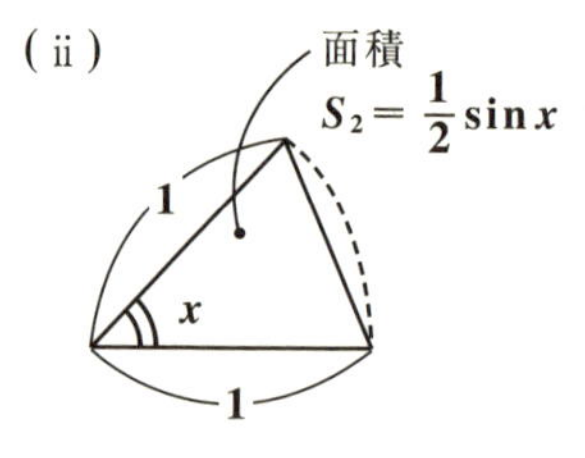

(iii)

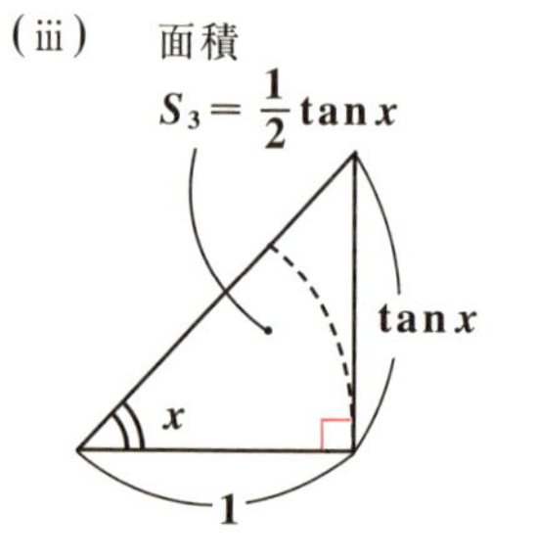

(Ⅰ) 図 2 (i) の半径 1，中心角 x (ラジアン) の扇形の面積 S_1 を求めると，

$$S_1 = \frac{1}{2} \cdot 1^2 \cdot x = \frac{1}{2}x \quad \cdots\cdots ㋐$$ となる。

一般に，半径 r，中心角 θ (ラジアン) の扇形の面積 S は円の面積 πr^2 の $\frac{\theta}{2\pi}$ 倍より，

$$S = \pi r^2 \times \frac{\theta}{2\pi} = \frac{1}{2}r^2\theta$$

となるんだね。

(Ⅱ) 次，図 **2** (ⅱ) の扇形に内接する三角形は，**2** 辺の長さが **1** でその間の角が x より，その面積を S_2 とおくと，

$$S_2 = \frac{1}{2}\cdot 1\cdot 1\cdot \sin x = \frac{1}{2}\sin x \quad \cdots\cdots ㋑$$ となる。

一般に **2** 辺の長さが a，b，その間の角が θ の三角形の面積 S は，
$S = \frac{1}{2}ab\sin\theta$ だね。

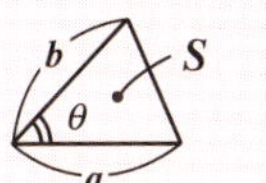

(Ⅲ) 最後に図 **2** (ⅲ) の扇形を含む三角形は底辺の長さが **1** で，その高さを h とおくと $h = \tan x$ となるので，その面積を S_3 とおくと，

$$S_3 = \frac{1}{2}\cdot \underset{底辺}{1}\cdot \underset{高さ}{\tan x} = \frac{1}{2}\tan x \quad \cdots\cdots ㋒$$ となる。

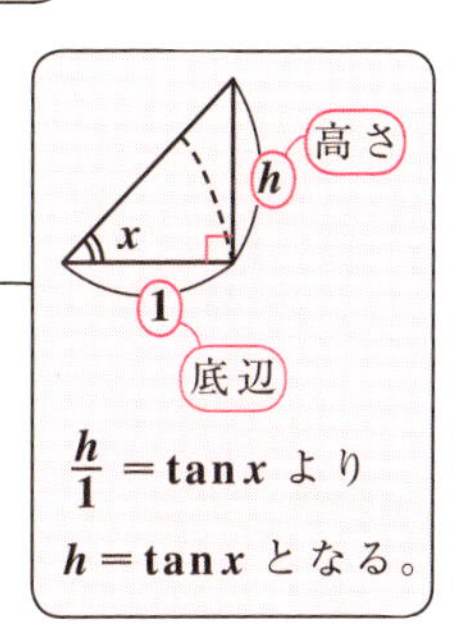

$\frac{h}{1} = \tan x$ より
$h = \tan x$ となる。

以上 (Ⅰ)，(Ⅱ)，(Ⅲ) より，**3** つの面積 S_1，S_2，S_3 の間に，明らかに次の大小関係があるのが分かるね。

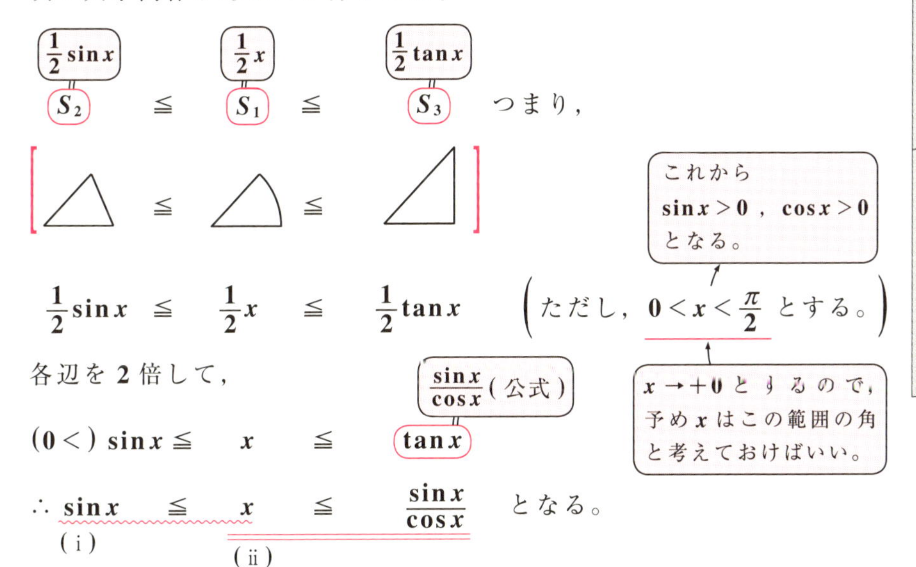

$$\underset{\frac{1}{2}\sin x}{S_2} \leqq \underset{\frac{1}{2}x}{S_1} \leqq \underset{\frac{1}{2}\tan x}{S_3}$$ つまり，

$$\frac{1}{2}\sin x \leqq \frac{1}{2}x \leqq \frac{1}{2}\tan x$$ $\left(ただし，0 < x < \frac{\pi}{2} とする。\right)$

これから
$\sin x > 0$，$\cos x > 0$
となる。

$x \to +0$ とするので，予め x はこの範囲の角と考えておけばいい。

各辺を **2** 倍して，

$$(0 <)\ \sin x \leqq x \leqq \tan x$$

$\tan x = \frac{\sin x}{\cos x}$ (公式)

$$\therefore\ \sin x \leqq x \leqq \frac{\sin x}{\cos x}$$ となる。

(ⅰ) (ⅱ)

(ⅰ) $\sin x \leqq x$ より，この両辺を正の数 x で割っても，不等号の向きは変化しない。　$\therefore \dfrac{\sin x}{x} \leqq 1$

(ⅱ) $x \leqq \dfrac{\sin x}{\cos x}$ より，この両辺を正の数 x で割り，正の数 $\cos x$ をかけても不等号の向きは変化しない。

$\therefore \cos x \leqq \dfrac{\sin x}{x}$ となる。

以上(ⅰ)(ⅱ)より，

$\cos x \leqq \dfrac{\sin x}{x} \leqq 1$　となる。

はさみ打ちの原理の使える形が完成した！パチパチ…

ここで，$x > 0$ より x を⊕側から 0 に近づける極限をとると，

$$\lim_{x \to +0} \cos x \leqq \lim_{x \to +0} \frac{\sin x}{x} \leqq \lim_{x \to +0} 1$$

$\cos(+0) = 1$

これは $x \to +0$ とは無関係に，定数 1 だ！

極限 $\displaystyle\lim_{x \to +0} \frac{\sin x}{x}$ は，1 と 1 とに挟まれるので，はさみ打ちの原理により，1 に近づく以外ない。

$\therefore \displaystyle\lim_{x \to +0} \frac{\sin x}{x} = 1 \cdots (*1)$ が証明できた！ 納得いった？

でも，これはまだ，$x \to +0$ のときの右側極限を求めたに過ぎないんだね。$x \to -0$ のときの左側極限

$\displaystyle\lim_{x \to -0} \frac{\sin x}{x} = 1 \cdots\cdots (*1)'$　も証明できて，初めて

$\displaystyle\lim_{x \to 0} \frac{\sin x}{x} = 1 \cdots\cdots (*)$　を証明した，と言えるんだね。

さァ，どうするか？ アイデアは浮かんだ？ そうだね。$(*1)'$ の左辺は，$x \to -0$ のときの極限だから，$-x = t$ とおけば，$t \to +0$ の極限になるんだね。早速やってみよう！

$(*1)'$ の左辺 $\lim_{x \to -0} \frac{\sin x}{x}$ について，

$x = -t$ とおくと，$x \to -0$ のとき，$t \to +0$ となるので，

$(*1)'$ の左辺 $= \lim_{x \to -0} \frac{\sin x}{x} = \lim_{t \to +0} \frac{\sin(-t)}{-t}$ ← x に $-t$ を代入して，$t \to +0$ とした！

ここで，$\sin(-t) = -\sin t$ より， ← $\sin x$ は奇関数だから $\sin(-x) = -\sin x$ となる。

$(*1)'$ の左辺 $= \lim_{x \to -0} \frac{\sin x}{x} = \lim_{t \to +0} \frac{-\sin t}{-t}$ ← 分子・分母の ⊖ は打ち消せる！

$= \lim_{t \to +0} \frac{\sin t}{t} = 1$ （$(*1)$ より）

これは，$(*1)$ そのものだ。$\lim_{x \to +0} \frac{\sin x}{x} = 1$ …$(*1)$ の文字変数 x は，t でも u でも…なんでもいい。だから，$\lim_{t \to +0} \frac{\sin t}{t} = 1$ となるんだね。

よって，左側極限も右側極限と同じで

$\lim_{x \to -0} \frac{\sin x}{x} = 1$ ……$(*1)'$ が示せた。

以上 $(*1)$，$(*1)'$ より，三角関数の極限の最重要公式：

$\lim_{x \to 0} \frac{\sin x}{x} = 1$ ……$(*)$ が成り立つことが証明できたんだね。

フ～，疲れたって !? そうだね。証明って，結構骨の折れる作業だからね。だから，**1** 回で理解しようとせず，何回でも繰り返し，読み返して自分自身の力で，この証明が出来るようになるまで頑張ってくれ。ものすごく実力が伸びるはずだから，頑張ろうな！

で，この最重要公式：$\lim_{x \to 0} \frac{\sin x}{x} = 1$ を用いることにより，他の三角関数の重要公式：$\lim_{x \to 0} \frac{\tan x}{x} = 1$ や $\lim_{x \to 0} \frac{1 - \cos x}{x^2} = \frac{1}{2}$ も導くことができる。

早速やってみよう！

● 3つの三角関数の極限公式をマスターしよう！

三角関数の極限の重要公式として，次の3つの公式を紹介しよう。これは，大学受験で問われる応用問題を解く上で，鍵となる大切な公式だ。

三角関数の極限の公式

(1) $\lim_{x \to 0} \frac{\sin x}{x} = 1$　(2) $\lim_{x \to 0} \frac{\tan x}{x} = 1$　(3) $\lim_{x \to 0} \frac{1 - \cos x}{x^2} = \frac{1}{2}$

まず，(1) の $\lim_{x \to 0} \frac{\sin x}{x} = 1$ の公式は，これまで詳しく解説してきたものだね。$x \to 0$ のとき $\frac{\sin x}{x}$（$\sin x \to 0$，$x \to 0$）は，$\frac{0}{0}$ の不定形となるけれど，これが1に収束するということは，0に近づく途中のスナップショットのイメージが，$\frac{0.0001}{0.0001}$ $\left[= \frac{\text{同じ強さの}0}{\text{同じ強さの}0} \right]$ ということなんだ。ということはこの逆数をとっても同じ $\frac{0.0001}{0.0001}$ のイメージだから $\lim_{x \to 0} \frac{x}{\sin x} = 1$ もまた成り立つんだね。これも大丈夫だね。そして，この (1) の公式から (2)，(3) の公式も導ける。

（$\frac{\sin x}{x}$ の逆数（分子・分母を逆にしたもの））

(2) $\lim_{x \to 0} \frac{\tan x}{x} = \lim_{x \to 0} \frac{\frac{\sin x}{\cos x}}{x} = \lim_{x \to 0} \frac{\sin x}{x} \cdot \frac{1}{\cos x}$　（$\tan x = \frac{\sin x}{\cos x}$（公式））

ここで，$x \to 0$ のとき (1) の公式より，$\frac{\sin x}{x} \to 1$，また $\cos x \to 1$（$= \cos 0$）より

$\lim_{x \to 0} \frac{\tan x}{x} = \lim_{x \to 0} \frac{\sin x}{x} \cdot \frac{1}{\cos x} = 1 \times \frac{1}{1} = 1$ となるんだね。

納得いった？

$x \to 0$ のとき $\lim_{x \to 0} \frac{\tan x}{x}$ は $\frac{0}{0}$ の不定形だけど，これが $\lim_{x \to 0} \frac{\tan x}{x} = 1$ に収束するということは，(1) のときと同様に $\frac{0.0001}{0.0001}$ のスナップショットのイメージなので，この逆数の極限もやっぱり 1 に近づく。よって $\lim_{x \to 0} \frac{x}{\tan x} = 1$ も成り立つ。これも大丈夫だね。

(3) $\lim_{x \to 0} \frac{1 - \cos x}{x^2}$ は，関数が複雑な形をしているけれど，$x \to 0$ のとき，$1 - \cos x \to 0$（$1 - \cos 0 = 1 - 1$），$x^2 \to 0$（0^2）より $\frac{0}{0}$ の不定形であることは分かると思う。

では，これが何故 $\frac{1}{2}$ に近づくと言えるのか？ その答えはこの関数の分子と分母に $(1 + \cos x)$ をかければ明らかになる。

$$\lim_{x \to 0} \frac{1 - \cos x}{x^2} = \lim_{x \to 0} \frac{(1 - \cos x)(1 + \cos x)}{x^2(1 + \cos x)}$$

（$1 - \cos^2 x = \sin^2 x$ ← 公式 $\cos^2 x + \sin^2 x = 1$）
（分子と分母に $(1 + \cos x)$ をかけた）

$$= \lim_{x \to 0} \frac{\sin^2 x}{x^2(1 + \cos x)} = \lim_{x \to 0} \left(\frac{\sin x}{x}\right)^2 \cdot \frac{1}{1 + \cos x}$$

（$\frac{\sin x}{x} \to 1$，$\cos x \to \cos 0 = 1$）

$$= 1^2 \times \frac{1}{1 + 1} = \frac{1}{2}$$ となって，証明できた！

ここでも，公式 (1) $\lim_{x \to 0} \frac{\sin x}{x} = 1$ が重要な役割を果たしたね。この $\lim_{x \to 0} \frac{1 - \cos x}{x^2} = \frac{1}{2}$ の結果から，今回の $\frac{0}{0}$ の不定形のスナップショットのイメージは $\frac{0.0001}{0.0002} \to \frac{1}{2}$ ということが分かった。これから，この逆数のイメージは $\frac{0.0002}{0.0001} \to \frac{2}{1} = 2$ ということになるから，当然 $\lim_{x \to 0} \frac{x^2}{1 - \cos x} = 2$ の公式も成り立つ。これも覚えておこう。

さァ，それでは，これらの三角関数の極限公式を使って，練習問題を解いてみよう。

練習問題 9 三角関数の極限 CHECK 1 CHECK 2 CHECK 3

次の関数の極限を求めよ。

(1) $\displaystyle\lim_{x\to 0}\frac{\sin 3x}{x}$　　(2) $\displaystyle\lim_{x\to 0}\frac{\tan 2x}{x}$

(3) $\displaystyle\lim_{x\to 0}\frac{\tan x}{\sin x}$　　(4) $\displaystyle\lim_{x\to 0}\frac{1-\cos x}{x\sin x}$

三角関数の 3 つの極限公式 $\displaystyle\lim_{x\to 0}\frac{\sin x}{x}=1$，$\displaystyle\lim_{x\to 0}\frac{\tan x}{x}=1$，$\displaystyle\lim_{x\to 0}\frac{1-\cos x}{x^2}=\frac{1}{2}$ を使う応用問題だ。(1) では $3x=\theta$，(2) では $2x=\theta$ と変数を置換するといいよ。

(1) 公式 $\displaystyle\lim_{\theta\to 0}\frac{\sin\theta}{\theta}=1$ を利用するために，$3x=\theta$ とおくといい。

（文字変数は x でも，θ でもなんでもかまわない）

すると，$x\to 0$ のとき $\theta\to 0$（$\theta=3x$，$0=3\times 0$）となるので，求める極限は，

（0 に近づくものは 3 倍しても 0 に近づく！）

$$\lim_{x\to 0}\frac{\sin 3x}{x}=\lim_{x\to 0}3\cdot\frac{\sin 3x}{3x}=\lim_{\theta\to 0}3\cdot\frac{\sin\theta}{\theta}=3\times 1=3$$ となる。

(2) 公式 $\displaystyle\lim_{\theta\to 0}\frac{\tan\theta}{\theta}=1$ を利用するために，$2x=\theta$ とおくと，

$x\to 0$ のとき $\theta\to 0$（$\theta=2x$，$0=2\times 0$）となるので，求める極限は，

$$\lim_{x\to 0}\frac{\tan 2x}{x}=\lim_{x\to 0}2\cdot\frac{\tan 2x}{2x}=\lim_{\theta\to 0}2\cdot\frac{\tan\theta}{\theta}=2\times 1=2$$

(3) $\lim_{x \to 0} \frac{\tan x}{\sin x}$ では，2つの公式 $\lim_{x \to 0} \frac{\tan x}{x} = 1$ と $\lim_{x \to 0} \frac{x}{\sin x} = 1$ を使えばいいんだね。よって，

これは $\lim_{x \to 0} \frac{\sin x}{x} = 1$ の逆数の公式だ！

$$\lim_{x \to 0} \frac{\tan x}{\sin x} = \lim_{x \to 0} \underbrace{\frac{\tan x}{x}}_{1} \cdot \underbrace{\frac{x}{\sin x}}_{1} = 1 \times 1 = 1$$ となる。

(4) $\lim_{x \to 0} \frac{1 - \cos x}{x \cdot \sin x}$ は複雑な形をしているけれど，2つの公式

$\lim_{x \to 0} \frac{1 - \cos x}{x^2} = \frac{1}{2}$ と $\lim_{x \to 0} \frac{x}{\sin x} = 1$ を利用することに気付けばいい。

よって，

$$\lim_{x \to 0} \frac{1 - \cos x}{x \cdot \sin x} = \lim_{x \to 0} \underbrace{\frac{1 - \cos x}{x^2}}_{\frac{1}{2}} \cdot \underbrace{\frac{x}{\sin x}}_{1} = \frac{1}{2} \times 1 = \frac{1}{2}$$ が答えだ。

どう？ これで，三角関数の極限の計算の要領もつかめただろう？ いいね。その調子だ！ それじゃ，今日の講義はここまでにしておこう。次回は，指数関数や対数関数の極限について解説しよう。また分かりやすく解説するから，みんな楽しみにしてくれ。それじゃ，みんな元気で，さようなら…。

3rd day いろいろな関数の極限（指数・対数関数）

みんな，おはよう！“**関数の極限**”も，今日で3回目だね。前回は三角関数の極限について解説したので，今回は“**指数関数と対数関数の極限**”について詳しく解説しようと思う。

指数関数については，$y=2^x$ や $y=\left(\frac{1}{2}\right)^x$ など…，また対数関数については $y=\log_2 x$ や $y=\log_{\frac{1}{2}} x$ など…が，頭に浮かぶと思う。これらは，既に数学IIで教えたからね。でも，数学IIIで主に扱う指数関数は，$y=e^x$ であり，対数関数は $y=\log_e x$ なんだね。エッ，この e って何!? って，感じだろうね。この e は，“**ネイピア数**”と呼ばれるもので，この本当の意味を理解するには，“**微分法**”の知識がいるんだけれど，教科書より少し先まわりして，ここでも出来る限り解説しておこうと思う。つまり，ワンランク上の講義ってことだね。エッヘン ^o^！

● まず，指数・対数関数の復習から始めよう！

数学IIで習った指数関数(しすうかんすう)や対数関数(たいすうかんすう)についても，いまいち自信が持てないって!?

いいよ。まずこれらの復習から始めて，その極限についても解説しよう。

（I）指数関数

指数関数とは，$y=a^x$（a は，1以外の正の定数）のことで，a の値の範囲により，次のように2通りのグラフになる。

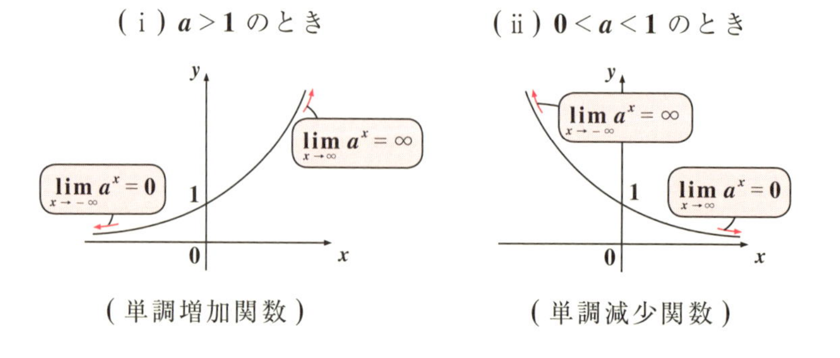

(i) $a>1$ のとき，（たとえば，$y=2^x$ や $y=3^x$ など）

$y=a^x$ は，点 $(0,\ 1)$ を通る単調増加関数（たんちょうぞうかかんすう）で，常に $y>0$ だね。

（x が大きくなるにつれて，単調に y も増加する右上がりの関数のこと）

グラフから，$x\to\infty$ と $x\to-\infty$ のときの，この a^x の極限が

(ア) $\displaystyle\lim_{x\to\infty}a^x=\infty$，(イ) $\displaystyle\lim_{x\to-\infty}a^x=0$ 　となることが分かるね。

具体例で示すと，$\displaystyle\lim_{x\to\infty}2^x=\infty$，$\displaystyle\lim_{x\to\infty}3^x=\infty$ だし，$\displaystyle\lim_{x\to-\infty}2^x=0$，$\displaystyle\lim_{x\to-\infty}3^x=0$

となるんだね。これに対して，

(ii) $0<a<1$ のとき，$\left(\text{たとえば，}y=\left(\frac{1}{2}\right)^x \text{ や } y=\left(\frac{1}{3}\right)^x \text{ など}\right)$

$y=a^x$ は，点 $(0,\ 1)$ を通る単調減少関数（たんちょうげんしょうかんすう）で，常に $y>0$ だね。

（x が大きくなるにつれて，単調に y も減少する右下がりの関数のこと）

グラフから，$x\to\infty$ と $x\to-\infty$ のときの，この a^x の極限が

(ア) $\displaystyle\lim_{x\to\infty}a^x=0$，(イ) $\displaystyle\lim_{x\to-\infty}a^x=\infty$ 　となることが分かるね。

具体例で示すと，$\displaystyle\lim_{x\to\infty}\left(\frac{1}{2}\right)^x=0$，$\displaystyle\lim_{x\to\infty}\left(\frac{1}{3}\right)^x=0$ だし，$\displaystyle\lim_{x\to-\infty}\left(\frac{1}{2}\right)^x=\infty$，

$\displaystyle\lim_{x\to-\infty}\left(\frac{1}{3}\right)^x=\infty$ となるんだね。大丈夫？

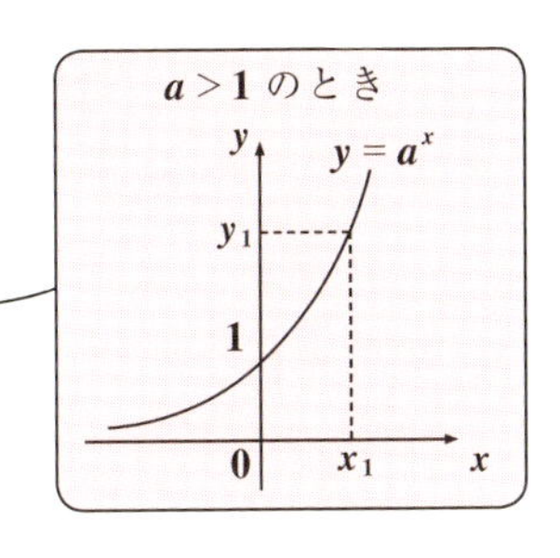

以上，(i) $a>1$，(ii) $0<a<1$ のいずれの場合でも，指数関数 $y=a^x$ は，右図に示すように，1つの y_1 の値に対して，ただ1つの x_1 の値が対応する"**1対1対応**（いちたいいちたいおう）"の関数であることが分かるはずだ。

であるならば，x と y を入れ替えて，$x=a^y$ とし，これを $y=(x$ の式$)$ の形，つまり $y=a^x$ の逆関数（ぎゃくかんすう）を求めることができる。これが，対数関数（たいすうかんすう）$y=\log_a x$ のことなんだね。これを模式図で示すと，次のようになる。

指数関数 $y=a^x\ (y>0)$ ──（x と y の入れ替え）──→ $x=a^y\ (x>0)$

（1対1対応の関数）

対数関数 $y=\log_a x\ (x>0)$

$\alpha = \beta^{\gamma}$ のとき，$\gamma = \log_{\beta}\alpha$ ($\alpha > 0$，$\beta > 0$ かつ $\beta \neq 1$) とするのが対数の定義だから，$x = a^y$ は，$y = \log_a x$ ($x > 0$，$a > 0$ かつ $a \neq 1$) と変形できるんだね。そして，指数関数 $y = a^x$ の逆関数が指数関数 $y = \log_a x$ なので，これらの関数のグラフは，直線 $y = x$ に関して対称なグラフになるんだね。以上より，対数関数 $y = \log_a x$ は，指数関数と同様に，(ⅰ) $a > 1$ と (ⅱ) $0 < a < 1$ の **2** 通りの場合に分類される。では，これから，対数関数のグラフと，その極限についてもまとめておこう。

(Ⅱ) 対数関数

対数関数とは，$y = \log_a x$ ($x > 0$，$a > 0$ かつ $a \neq 1$) のことで，a の値

真数条件　底(てい)の条件

の範囲により，次のような **2** 通りのグラフになる。

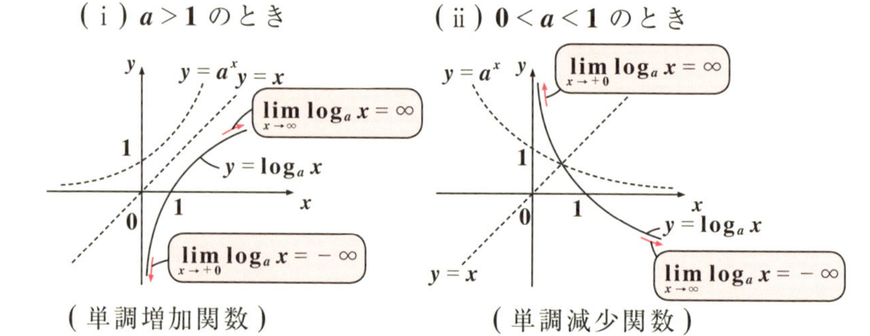

(単調増加関数)　　(単調減少関数)

(ⅰ) $a > 1$ のとき，(たとえば，$y = \log_2 x$ や $y = \log_3 x$ など)

$y = \log_a x$ は，$x > 0$ で定義された単調増加関数で点 $(1,\ 0)$ を通る。グラフから，$x \to +0$ と $x \to \infty$ のときの $\log_a x$ の極限が，

(ア) $\displaystyle\lim_{x \to +0} \log_a x = -\infty$，　(イ) $\displaystyle\lim_{x \to \infty} \log_a x = \infty$　となることが分かる。

これに対して，

(ⅱ) $0 < a < 1$ のとき，(たとえば，$y = \log_{\frac{1}{2}} x$ や $y = \log_{\frac{1}{3}} x$ など)

$y = \log_a x$ は，$x > 0$ で定義された単調減少関数で点 $(1,\ 0)$ を通る。グラフから，$x \to +0$ と $x \to \infty$ のときの $\log_a x$ の極限が，

(ア) $\displaystyle\lim_{x \to +0} \log_a x = \infty$，　(イ) $\displaystyle\lim_{x \to \infty} \log_a x = -\infty$　となることが分かる。

$\log_a x$ は，$x > 0$ でしか定義されていないので，$x \to +0$ の極限は調べられるけれど，$x \to -0$ の極限は定義できないんだね。

それでは，次の練習問題で，指数関数と対数関数の極限の問題を解いてみよう。

練習問題 10　指数・対数関数の極限　CHECK 1　CHECK 2　CHECK 3

次の関数の極限を調べよ。

(1) $\lim_{x \to \infty} 2^{x+1}$　(2) $\lim_{x \to \infty} 3^{2x-1}$　(3) $\lim_{x \to -\infty} 2^{2x+1}$

(4) $\lim_{x \to \infty} \left(\frac{1}{2}\right)^{2x}$　(5) $\lim_{x \to \infty} \frac{1+2^x+4^x}{4^x}$　(6) $\lim_{x \to \infty} \log_2 2x$

(7) $\lim_{x \to +0} \log_3 9x$　(8) $\lim_{x \to \infty} \frac{\log_2 2x}{\log_2 x}$　(9) $\lim_{x \to +0} \frac{\log_3 3x^2}{\log_3 x}$

指数法則や対数計算の公式をウマク使って，指数関数や対数関数の極限を求めればいいんだね。頑張ろう！

(1) $\lim_{x \to \infty} 2^{x+1} = \lim_{x \to \infty} 2 \cdot 2^x = 2 \times \infty = \infty$ に発散する。

$2^{x+1} = 2^1 \cdot 2^x$，$2^x \to \infty$

指数法則：$a^{m+n} = a^m \times a^n$ を使った。

$a > 1$ のとき，$\lim_{x \to \infty} a^x = \infty$ だからね。

(2) $\lim_{x \to \infty} 3^{2x-1} = \lim_{x \to \infty} \frac{1}{3} \cdot 9^x = \frac{\infty}{3} = \infty$ に発散する。

$3^{2x} \cdot 3^{-1} = \frac{1}{3} \cdot (3^2)^x = \frac{1}{3} \cdot 9^x$，$9^x \to \infty$

指数法則：$a^{m-n} = \frac{a^m}{a^n}$，$a^{m \times n} = (a^m)^n$

(3) $\lim_{x \to -\infty} 2^{2x+1} = \lim_{x \to -\infty} 2 \cdot 4^x = 2 \times 0 = 0$ に収束する。

$2^1 \cdot 2^{2x} = 2^1 \cdot (2^2)^x = 2 \cdot 4^x$，$4^x \to 0$

$a > 1$ のとき，$\lim_{x \to -\infty} a^x = 0$ だからね。

(4) $\lim_{x \to \infty} \left(\frac{1}{2}\right)^{2x} = \lim_{x \to \infty} \left(\frac{1}{4}\right)^x = 0$ に収束する。

$\left\{\left(\frac{1}{2}\right)^2\right\}^x = \left(\frac{1}{4}\right)^x$，$\left(\frac{1}{4}\right)^x \to 0$

$0 < a < 1$ のとき，$\lim_{x \to \infty} a^x = 0$ だからね。

(5) $\lim_{x\to\infty}\frac{1+2^x+4^x}{4^x}=\lim_{x\to\infty}\left(\frac{1}{4^x}+\frac{2^x}{4^x}+\frac{4^x}{4^x}\right)$

$\frac{1}{4^x}=\left(\frac{1}{4}\right)^x$, $\frac{2^x}{4^x}=\left(\frac{2}{4}\right)^x=\left(\frac{1}{2}\right)^x$, $\frac{4^x}{4^x}=1$

$=\lim_{x\to\infty}\left\{\left(\frac{1}{4}\right)^x+\left(\frac{1}{2}\right)^x+1\right\}=0+0+1=1$ に収束する。

$\left(\frac{1}{4}\right)^x \to 0$, $\left(\frac{1}{2}\right)^x \to 0$ ← $0<a<1$ のとき，$\lim_{x\to\infty}a^x=0$

(6) $\lim_{x\to\infty}\log_2 2x=\lim_{x\to\infty}(\log_2 x+1)=\infty+1=\infty$ に発散する。

$\log_2 2x = \log_2 2+\log_2 x=1+\log_2 x$ ← 公式：$\log_a x\cdot y=\log_a x+\log_a y$
　$\log_a a=1$

$\log_2 x \to \infty$ ← $a>1$ のとき，$\lim_{x\to\infty}\log_a x=\infty$

(7) $\lim_{x\to+0}\log_3 9x=\lim_{x\to+0}(\log_3 x+2)=-\infty+2=-\infty$ に発散する。

$\log_3 9x = \log_3 9+\log_3 x=\log_3 x+2$，$\log_3 9 = 2\ (\because 3^2=9)$

$\log_3 x \to -\infty$ ← $a>1$ のとき，$\lim_{x\to+0}\log_a x=-\infty$

(8) $\lim_{x\to\infty}\frac{\log_2 2x}{\log_2 x}=\lim_{x\to\infty}\frac{\log_2 2+\log_2 x}{\log_2 x}=\lim_{x\to\infty}\left(\frac{1}{\log_2 x}+1\right)$

$\log_2 2 = 1$

$a>1$ のとき，$\lim_{x\to\infty}\log_a x=\infty$ → $\frac{1}{\infty}=0$

$=0+1=1$ に収束する。

(9) $\lim_{x\to+0}\frac{\log_3 3x^2}{\log_3 x}=\lim_{x\to+0}\frac{\log_3 3+\log_3 x^2}{\log_3 x}=\lim_{x\to+0}\left(\frac{1}{\log_3 x}+2\right)$

$\log_3 3 = 1$，$\log_3 x^2 = 2\log_3 x$

$a>1$ のとき，$\lim_{x\to+0}\log_a x=-\infty$ → $\frac{1}{-\infty}=0$

$=0+2=2$ に収束する。

どう？これで，かなり指数関数や対数関数の極限にも自信がついただろう？

● ネイピア数 e って，何だろう？

数学 III の微分積分でよく扱う指数関数は $y=e^x$ であり，対数関数もこの底 e を用いた $y=\log_e x$ を扱うことが多い。この e は，“**ネイピア数**”

（一般に，この底 e の表示を略して $\log x$ と表す。）

と呼ばれる定数のことで，具体的には，$e=2.7182\cdots$ という無理数なんだね。だから，$e \fallingdotseq 2.7$ と覚えておいてもいいよ。

図 1　$y=e^x$ のグラフ

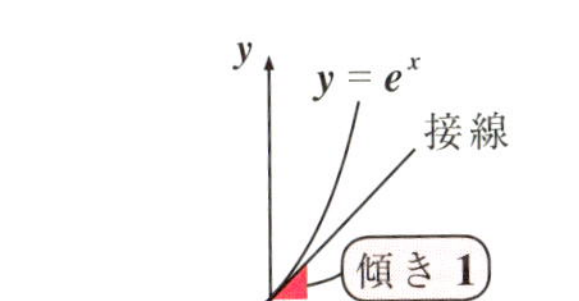

$e>1$ より，指数関数 $y=e^x$ は，図 1 に示すような点 $(0,\ 1)$ を通る単調増加関数になるのは，みんな大丈夫だね。

では，何故 e のような定数が出てくるのか。その疑問に答えておこう。一般に $a>1$ の指数関数のグラフは，底 a の値に関わらず，必ず点 $(0,\ 1)$ を通るんだったね。よって，曲線 $y=a^x$ 上の点 $(0,\ 1)$ における接線の傾きに着目すると，$y=2^x$ の場合のこの接線の傾きは 1 はより小さく，$y=3^x$ の場合のこの接線の傾きは 1 はより大きくなる。よって，この傾きが，ちょうど 1 となるような a の値は，2 と 3 の間にあるはずなんだけれど，これをみたす a が，実はネイピア数 e ということなんだね。

つまり，図 1 に示すように，指数関数 $y=e^x$ 上の点 $(0,\ 1)$ における接線の傾きは 1 であることを，シッカリ頭に入れておこう。では，このネイピア数 e はどのように求めることができるのか？これについては，この後の微分法の解説で詳しく話すけれど，ここでは，その結果だけを示しておこう。ネイピア数 e は，次のような関数の極限として定義される。これをまず，シッカリ頭に入れてくれ。今日のこれからの講義は，この e の定義式を基にして，展開させるからね。

e に近づく極限の公式

(1) $\displaystyle\lim_{x \to \pm\infty}\left(1+\frac{1}{x}\right)^x = e$　　　(2) $\displaystyle\lim_{h \to 0}(1+h)^{\frac{1}{h}} = e$

まず，(1) の公式は $x \to +\infty$ でも $x \to -\infty$ でも同じ e に収束すると言っているんだけれど，ここでは $x \to \infty$ となるときの様子を具体的に $x=10$, 100, 1000, 10000 と大きくしながら計算していってみよう。実際に x がこれらの値をとるときの $\left(1+\frac{1}{x}\right)^x$ の値を調べて，$e=2.7182\cdots$ に近づいていく様子を，関数電卓を使って確認してみようか。

(ⅰ) $x=10$ のとき

$$\left(1+\frac{1}{x}\right)^x = \left(1+\frac{1}{10}\right)^{10} = 1.1^{10} = 2.5937\cdots$$

(ⅱ) $x=100$ のとき

$$\left(1+\frac{1}{x}\right)^x = \left(1+\frac{1}{100}\right)^{100} = 1.01^{100} = 2.7048\cdots$$

(ⅲ) $x=1000$ のとき

$$\left(1+\frac{1}{x}\right)^x = \left(1+\frac{1}{1000}\right)^{1000} = 1.001^{1000} = 2.7169\cdots$$

(ⅳ) $x=10000$ のとき

$$\left(1+\frac{1}{x}\right)^x = \left(1+\frac{1}{10000}\right)^{10000} = 1.0001^{10000} = 2.7181\cdots$$

どう？ x の値が大きくなる程，$\left(1+\frac{1}{x}\right)^x$ が，ネイピア数 $e=2.7182\cdots$ に限りなく近づいていく様子が確かめられるだろう。

これは，$x=-10$, -100, -1000, $-10000\cdots$ と x を $-\infty$ に向けて限りなく小さくしていっても同様に $\left(1+\frac{1}{x}\right)^x$ が e に近づくことが確かめられる。興味のある人は実際に確かめてみるといいよ。

次，(2) の公式の解説に入ろう。これは，(1) の公式から導くことができるんだよ。(1) の公式から，$\frac{1}{x}=h$ と変数を置換すると $x\to\pm\infty$ のとき，$\frac{1}{x}\to\frac{1}{\pm\infty}=\pm 0$ より，$h\to 0$ となるのはいいね。また $\frac{1}{x}=h$ より $x=\frac{1}{h}$ となるのも大丈夫だね。

以上より

$$\lim_{x\to\pm\infty}\left(1+\frac{1}{x}\right)^{x}=\lim_{h\to 0}(1+h)^{\frac{1}{h}}=e$$ が導けるんだね。

(変数 x の極限の式から，変数 h の極限の式に書き変えた！)

つまり，e に近づく 2 つの極限の公式は，見かけ上違って見えるけれど，実は同じものだったんだね。

それでは，次の練習問題にチャレンジしてごらん。さらに理解が深まるよ。

練習問題 11　e に近づく極限の公式　CHECK 1　CHECK 2　CHECK 3

次の極限を求めよ。

(1) $\lim_{t\to\infty}\left(1+\frac{2}{t}\right)^{t}$　　(2) $\lim_{u\to 0}(1+3u)^{\frac{1}{u}}$

(1) は公式 $\lim_{x\to\infty}\left(1+\frac{1}{x}\right)^{x}=e$ を使い，(2) は $\lim_{h\to 0}(1+h)^{\frac{1}{h}}=e$ を使う問題だ。いずれも，変数を置換して公式を利用できる形にするのがポイントだ。

(1) $\lim_{t\to\infty}\left(1+\frac{2}{t}\right)^{t}=\lim_{t\to\infty}\left(1+\frac{1}{\frac{t}{2}}\right)^{t}$

(この分子・分母を 2 で割る)
(これを x とおいて，公式の形に持ち込む)

ここで，$\frac{t}{2}=x$ とおくと，$t\to\infty$ のとき $x\to\infty$ となる。

(∞になるものは 2 で割っても∞になる！)

また，$t=2x$ となることにも注意して

$$\lim_{t\to\infty}\left(1+\frac{1}{\frac{t}{2}}\right)^{t}=\lim_{x\to\infty}\left(1+\frac{1}{x}\right)^{2x}$$ ← t の極限の式を x の極限の式に置き換えた！

（$\frac{t}{2}$ → x、t → $2x$）

$$=\lim_{x\to\infty}\left\{\left(1+\frac{1}{x}\right)^{x}\right\}^{2}=e^{2}$$ となって，答えだ！

（$\left(1+\frac{1}{x}\right)^{x}$ → e　やったー！　公式の形だ！）

(2) $\lim_{u\to 0}(1+3u)^{\frac{1}{u}}$ について

（$3u$：h と置換する）

$3u=h$ とおくと，$u\to 0$ のとき $h\to 0$ となる。

（0 に近づくものは 3 倍しても 0 に近づく）

また，$\frac{1}{u}=\frac{3}{3u}=\frac{3}{h}$ となることにも注意すると

$$\lim_{u\to 0}(1+3u)^{\frac{1}{u}}=\lim_{h\to 0}(1+h)^{\frac{3}{h}}$$ ← u の極限の式を h の極限の式に置き換えた！

（$3u$ → h、$\frac{1}{u}$ → $\frac{3}{h}$）

$$=\lim_{h\to 0}\left\{(1+h)^{\frac{1}{h}}\right\}^{3}=e^{3}$$ となるんだね。

（$(1+h)^{\frac{1}{h}}$ → e　やったー！　公式の形だ！）

どう？　e に近づく極限の公式にも慣れてきただろう。ここで，$e\fallingdotseq 2.7$ と覚えるように言ったけど，さらに，$e^2\fallingdotseq 7$, $e^3\fallingdotseq 20$ も覚えておくといいよ。

● $y=e^{-x}$ のグラフも重要だ！

数学 III で指数関数といえば，$y=e^x$ のことだと言ったね。でも，$y=e^{-x}$ の形のものもよく出てくるから，このグラフの概形も知っておいた方がいいよ。

図 2　$y=e^x$ と $y=e^{-x}$ のグラフ

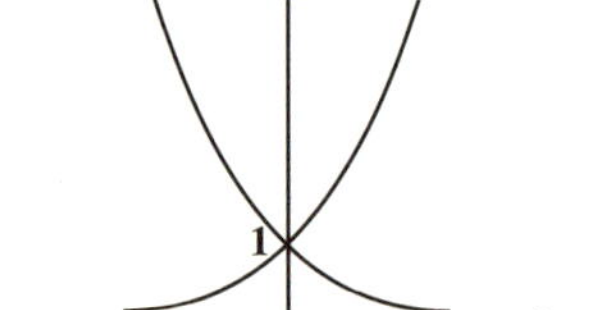

$y=e^x$ の x の代わりに $-x$ を代入しているので，$y=e^{-x}$ のグラフは $y=e^x$ のグラフと **y 軸に関して対称** になるんだね。

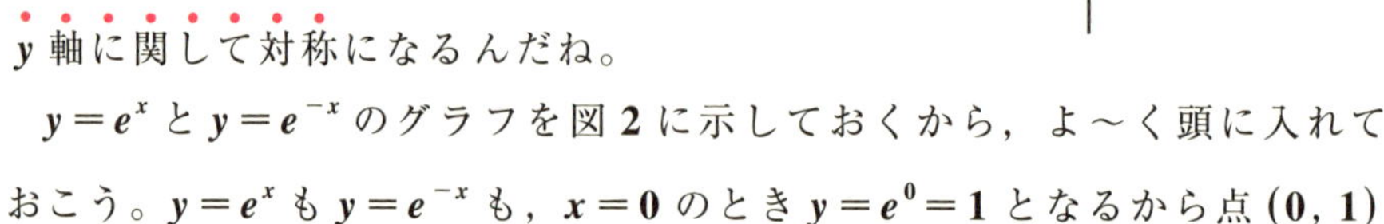

$y=e^x$ と $y=e^{-x}$ のグラフを図 2 に示しておくから，よ～く頭に入れておこう。$y=e^x$ も $y=e^{-x}$ も，$x=0$ のとき $y=e^0=1$ となるから点 $(0, 1)$

を必ず通る。そして $y=e^x$ は単調に増加する1対1対応の関数であることも分かるはずだ。また，$y=e^{-x}$ は単調に減少する1対1対応の関数であることもグラフの形から分かるね。

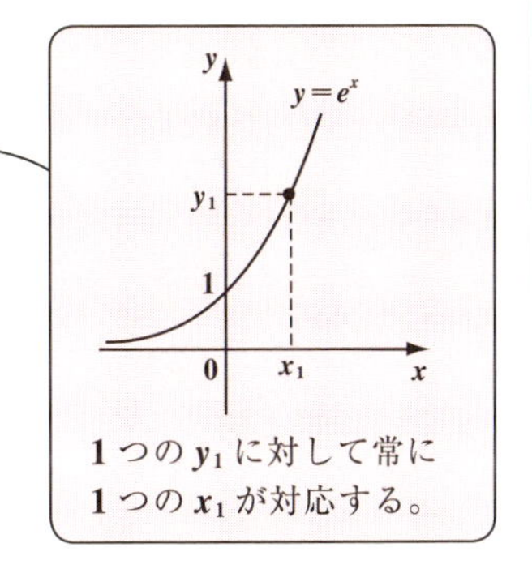

1つの y_1 に対して常に1つの x_1 が対応する。

● 自然対数って，何だろう？

では次，**自然対数**（しぜんたいすう）について解説する前に，話は少し重複するけれど，一般の対数についての基本事項から始めよう。

一般に，$a^b=c$ という式を書き変えて，$b=\log_a c$ と表し，この $\log_a c$（a：底，c：真数）のことを，“a を底とする c の対数”というんだったね。この場合，a を“**底**（てい）”，c を“**真数**（しんすう）”と呼び，底の条件として $a>0$ かつ $a \neq 1$，また真数条件として，$c>0$ があることも重要だった。

そして，この底が e の対数のことを，“**自然対数**（しぜんたいすう）”といい，表記法としては，$\log_e c$ とは書かず，底 e を省略して，$\log c$ と表すことも覚えておこう。

少し混乱してきたって？ いいよ，具体的に計算しながら，自然対数にも慣れていこう。まず，$\log 1$ って何だかわかる？ そう…，$\log 1=0$ だね。

何故なら，$\log_e 1=0 \Leftrightarrow e^0=1$ だからね。

（ここでは，底 e を書いた方が分かりやすいと思う。本当は書かない！）

このように，$\log_a c=b \Leftrightarrow a^b=c$ の定義式を念頭に置きながら考えていくと，次の各自然対数の値もスムーズに出てくると思う。

- $\log e=1$ $\quad (\because \log_e e=1 \Leftrightarrow e^1=e)$
- $\log\sqrt{e}=\dfrac{1}{2}$ $\quad \left(\because \log_e\sqrt{e}=\dfrac{1}{2} \Leftrightarrow e^{\frac{1}{2}}=\sqrt{e}\right)$
- $\log\dfrac{1}{e}=-1$ $\quad \left(\because \log_e\dfrac{1}{e}=-1 \Leftrightarrow e^{-1}=\dfrac{1}{e}\right)$

同様に考えて，$\log e^2=2$，$\log e^3=3$ となることも大丈夫だね。

● 対数関数は指数関数の逆関数だ！

数学 III で指数関数を $y=e^x$ と表すように，対数関数も底 e の自然対数で表すことになるんだよ。

$y=e^x$ は 1 対 1 対応の関数だから

その逆関数を求めると，

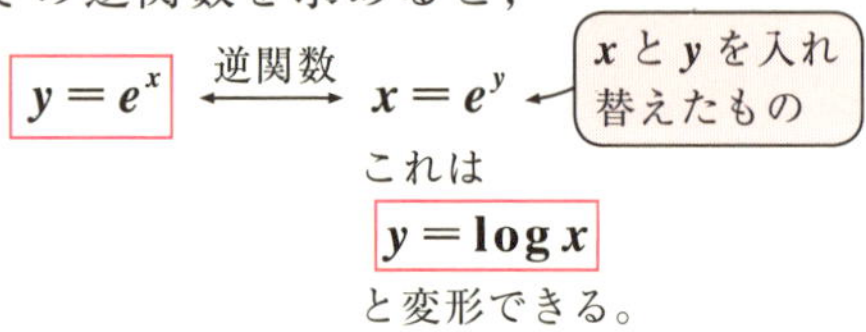

図 3 $y=\log x$ のグラフ

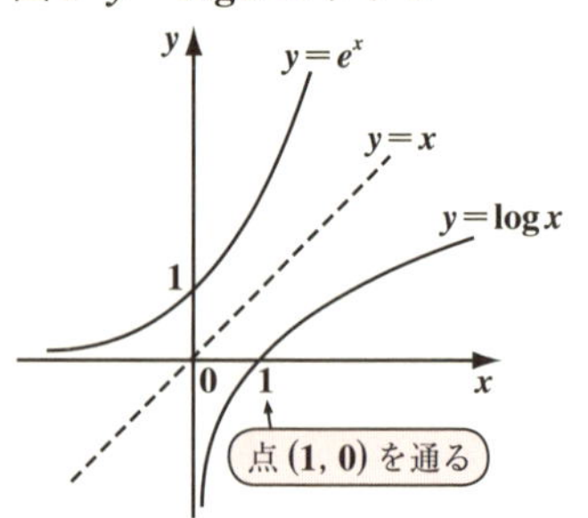

つまり，指数関数 $y=e^x$ の逆関数が，対数関数 $y=\log x$ となるので，これらは図 3 に示すように，直線 $y=x$ に関して対称なグラフになるんだね。対数関数 $y=\log x$ は，底 e の自然対数なのでこれを省略して表してるのも大丈夫だね。また，図 3 のグラフから，$x>0$（これは真数条件）となるのも分かるはずだ。

それでは，ここで，自然対数の計算公式を書いておこう。

自然対数の計算公式

(1) $\log 1=0$ (2) $\log e=1$

(3) $\log xy=\log x+\log y$ (4) $\log \frac{x}{y}=\log x-\log y$

(5) $\log x^p=p\log x$ (6) $\log x=\frac{\log_a x}{\log_a e}$

(ただし，$x>0$，$y>0$（真数条件），$a>0$ かつ $a\neq 1$（底の条件）)

これらの公式については，省略されてるけど，底が e になったというだけで，数学 II で勉強した対数の計算公式とまったく同じだね。

それじゃ，対数関数のグラフについて，次の練習問題で練習しておこう。

練習問題 12　対数関数　CHECK 1　CHECK 2　CHECK 3

次の［ア］の空欄を埋めよ。

対数関数 $y=\log x$ を，x 軸に関して対称移動した後，$(-1,\ 2)$ だけ平行移動した関数は $y=\log$［ア］となる。

一般に関数 $y=f(x)$ を，(i) x 軸に関して対称移動したかったら，y の代わりに $-y$ を代入し，(ii) $(-1,\ 2)$ だけ平行移動したかったら，x の代わりに $(x+1)$ を，y の代わりに $(y-2)$ を代入すればいいんだね。

与えられた条件に従って，$y=\log x$ を移動していくと

$$y=\log x \xrightarrow[\text{対称移動}]{x\text{軸に}} -y=\log x \xrightarrow[\text{平行移動}]{(-1,\ 2)\text{だけ}} -(y-2)=\log(x+1)$$

$y\to -y$　　$\begin{cases} x\to x+1 \\ y\to y-2 \end{cases}$

よって，$-(y-2)=\log(x+1)$　両辺に -1 をかけて

$y-2=-\log(x+1)$

$y=2-\log(x+1)$ ←（これを $y=\log$［ア］の形に変形する！）

$2 = \log e^2$

$y=\log e^2-\log(x+1)$

よって $y=\log\dfrac{e^2}{x+1}$ となる。

（公式 $\log x-\log y=\log\dfrac{x}{y}$ を使った！）

以上より，空欄［ア］は $\dfrac{e^2}{x+1}$ となるんだね。

● 対数関数と指数関数の極限にも挑戦しよう！

対数関数と指数関数の極限の 2 つの重要公式をまず示しておこう。

対数関数と指数関数の極限公式

(1) $\displaystyle\lim_{x\to 0}\frac{\log(1+x)}{x}=1$　　(2) $\displaystyle\lim_{x\to 0}\frac{e^x-1}{x}=1$

(1) は, $x \to 0$ のとき, $\dfrac{\log(1+x)}{x} \to \dfrac{\overset{0}{\log 1}}{0}$ となって $\dfrac{0}{0}$ の不定形になるし,

(2) も, $x \to 0$ のとき, $\dfrac{e^x - 1}{x} \to \dfrac{\overset{1}{e^0} - 1}{0}$ となって, これも $\dfrac{0}{0}$ の不定形だね。

でも, これらはいずれも 1 に収束することが示せるので, イメージとしては $\dfrac{0.0001}{0.0001}$ ってことなんだね。

(1) の公式は, $\lim_{h \to 0}(1+h)^{\frac{1}{h}} = e$ の公式から導けるんだよ。

$$\lim_{x \to 0}\frac{\log(1+x)}{x} = \lim_{x \to 0}\frac{1}{x}\log(1+x) = \lim_{x \to 0}\log\underbrace{(1+x)^{\frac{1}{x}}}_{e}$$

公式 : $\lim_{h \to 0}(1+h)^{\frac{1}{h}} = e$ を使った。(P44)
文字は x でも h でも何でもかまわない!

$= \log e = 1$ 　となるんだね。

$\therefore \lim_{x \to 0}\dfrac{\log(1+x)}{x} = 1$ 　が示せた。

ここで, この $\dfrac{0}{0}$ が 1 に収束するスナップショットのイメージは $\dfrac{0.0001}{0.0001}$ なので, その逆数の極限も同様に 1 に収束するはずだね。よって,

$\lim_{x \to 0}\dfrac{x}{\log(1+x)} = 1$ 　も示せるんだね。

次, (2) の公式は, $\lim_{x \to 0}\dfrac{x}{\log(1+x)} = 1$ の公式から導ける。

今回は変数の置換がポイントになるよ。

$\lim_{x \to 0}\dfrac{e^x - 1}{x}$ について, $e^x - 1 = t$ と置換すると,

$x \to 0$ のとき, $t \to \overset{e^0 - 1}{0}$ となる。

また，$e^x = 1 + t$，$x = \log(1+t)$ となるので ←（対数の定義）

$$\lim_{x \to 0} \frac{e^x - 1}{x} = \lim_{t \to 0} \frac{t}{\log(1+t)} = 1$$ となる。

（(1) の逆数の極限の公式 $\lim_{x \to 0} \frac{x}{\log(1+x)} = 1$ を使った。文字は x でも t でも何でもかまわないからね。）

それでは，次の練習問題を解いてみてごらん。

練習問題 13　対数関数と指数関数の極限　CHECK 1　CHECK 2　CHECK 3

次の極限を求めよ。

(1) $\lim_{x \to 0} \frac{\log(1+2x)}{x}$　(2) $\lim_{x \to 0} \frac{e^{3x} - 1}{x}$　(3) $\lim_{x \to 0} \frac{\log\left(1 + \frac{x}{2}\right)}{e^x - 1}$

(1) は公式 $\lim_{x \to 0} \frac{\log(1+x)}{x} = 1$ を，(2) は公式 $\lim_{x \to 0} \frac{e^x - 1}{x} = 1$ を，そして (3) ではこの両方を利用すればいいんだね。今回も，変数の変換がポイントになる。

(1) $\lim_{x \to 0} \frac{\log(1+2x)}{x}$ について，$2x = t$ とおくと

$x \to 0$ のとき $t \to 0$（2×0）となる。また，$x = \frac{t}{2}$ とも書けるので，

（0 に近づくものは 2 倍しても 0 に近づく）

$$\lim_{x \to 0} \frac{\log(1+2x)}{x} = \lim_{t \to 0} \frac{\log(1+t)}{\frac{t}{2}}$$ ←（x の極限の式を t の極限の式に書き変えた！）

$$= \lim_{t \to 0} 2 \cdot \frac{\log(1+t)}{t} = 2 \times 1 = 2$$ となって答えだ！

（やった！ 公式の形だ！）（文字は x でも t でも何でもかまわない）

(2) $\lim_{x \to 0} \frac{e^{3x}-1}{x}$ について，$3x=u$ とおくと，

$x \to 0$ のとき，$u \to 0$ となる。また，$x=\frac{u}{3}$ となる。

3×0

0に近づくものは3倍しても0に近づく

$$\lim_{x \to 0} \frac{e^{3x}-1}{x} = \lim_{u \to 0} \frac{e^u-1}{\frac{u}{3}}$$

x の極限の式を u の極限の式に書き変えた！

$$= \lim_{u \to 0} 3 \cdot \frac{e^u-1}{u} = 3\times 1 = 3 \quad \text{となる。}$$

やった！ 公式の形だ！ ← 文字は x でも u でも何でもかまわない

(3) $\lim_{x \to 0} \frac{\log\left(1+\frac{x}{2}\right)}{e^x-1}$ については，2つの極限の公式 $\lim_{t \to 0} \frac{\log(1+t)}{t}=1$

と $\lim_{x \to 0} \frac{x}{e^x-1}=1$ を利用すればいいことが分かると思う。

これは，逆数の公式だね

今回は $\frac{x}{2}=t$ とおく操作を表に出さないで頭の中だけでやって，次のように解いてもいいんだよ。

$$\lim_{x \to 0} \frac{\log\left(1+\frac{x}{2}\right)}{\frac{x}{2}} \cdot \frac{\frac{x}{2}}{e^x-1} \quad (x \to 0 \text{ のとき，} t \to 0 \text{ となる})$$

$\frac{x}{2}$ で割った分，$\frac{x}{2}$ をかけた

$$= \lim_{x \to 0} \frac{\log\left(1+\frac{x}{2}\right)}{\frac{x}{2}} \cdot \frac{x}{e^x-1} \cdot \frac{1}{2} = 1\times 1\times \frac{1}{2} = \frac{1}{2} \quad \text{となる。}$$

以上で，今日の講義は終了です。みんな，よく頑張ったね！この指数関数，対数関数の極限は，教科書では簡単にしか扱っていないけれど，受験では頻出のテーマの**1**つだから，意欲的に，ネイピア数eを使った指数関数$y=e^x$や自然対数関数$y=\log x$の極限についても解説したんだね。

そして，$x\to 0$のとき，**1**に近づく三角関数と，指数関数と，対数関数の**3**つの公式：

$$\lim_{x\to 0}\frac{\sin x}{x}=1\ ,\ \lim_{x\to 0}\frac{e^x-1}{x}=1\ ,\ \lim_{x\to 0}\frac{\log(1+x)}{x}=1$$

は，最重要公式だから，まとめて覚えておくといいと思うよ。

それでは，次回で，この“**関数の極限**”の講義も最終回になるけれど，また，ていねいに分かりやすく解説するから，みんな楽しみに待っててくれ。

じゃ，みんな体調に気を付けて，今日やった内容もシッカリ復習して，次回の講義に臨んでくれ！それでは，さようなら…。

4th day　関数の連続性，中間値の定理

みんな，おはよう！ 元気そうで，何よりだ！さぁ，“**関数の極限**”も最終章に入ろう。最後のテーマは“**関数の連続性**”と“**中間値の定理**”だ。

この関数の連続性は前に教えた右側極限，左側極限 (**P22**) とも密接に関係している。また中間値の定理は関数の連続性を利用して，方程式の解の存在を調べたりするのに有効なんだね。

では，早速講義を始めよう！みんな準備はいい？

● 関数の連続性を押さえよう！

関数 $f(x)$ を調べる場合，その $y=f(x)$ の曲線が連続的につながってるのか？あるいはプツンと切れた不連続点があるのか？大事な問題になるんだね。ここで，関数 $f(x)$ が $x=a$ で連続となるための条件をまず下に示そう。

（もちろん，$x=a$ は関数 $f(x)$ の定義域に含まれるものとするよ。）

関数 $f(x)$ の連続性

> 関数 $f(x)$ が，その定義域内の $x=a$ で連続であるための条件は
> $\lim_{x \to a} f(x)$ の極限値が存在し，かつ
> $\lim_{x \to a} f(x) = f(a)$ ……①が成り立つことである。

ン？抽象的で分かりづらいって !? いいよ，具体例を示そう。

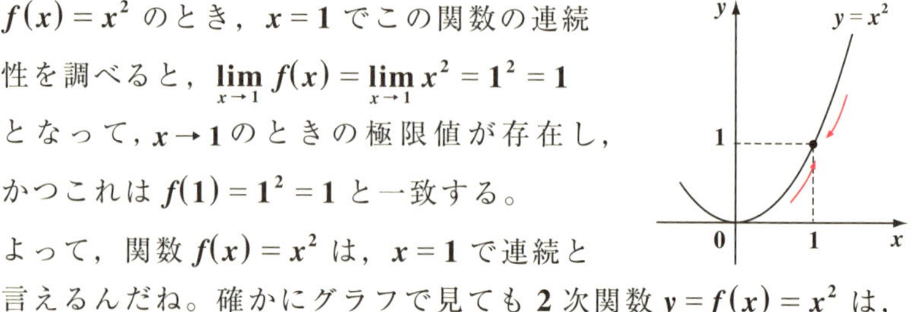

(ex1) $f(x)=x^2$ のとき，$x=1$ でこの関数の連続性を調べると，$\lim_{x \to 1} f(x) = \lim_{x \to 1} x^2 = 1^2 = 1$

となって，$x \to 1$ のときの極限値が存在し，

かつこれは $f(1)=1^2=1$ と一致する。

よって，関数 $f(x)=x^2$ は，$x=1$ で連続と言えるんだね。確かにグラフで見ても 2 次関数 $y=f(x)=x^2$ は，

$x=1$ で連続なのは明らかだね。

ン？簡単すぎるって？そうだね，これまで学習した2次関数 $y=x^2+1$ や三角関数 $y=\sin x$ や $y=\cos 2x$，それに指数関数 $y=e^x$ などは，すべての定義域 $(-\infty<x<\infty)$ で，千切れているところのない連続な関数であることは，一目瞭然だからね。

では，次の例題で不連続点をもつ関数を示そう。

(ex2) 関数 $f(x)$ が，次のように定義されているとき，$x=\pi$ で，この関数が連続でないことを示そう。

$$f(x)=\begin{cases}\cos x & (x\neq\pi \text{ のとき}) \\ 1 & (x=\pi \text{ のとき})\end{cases}$$

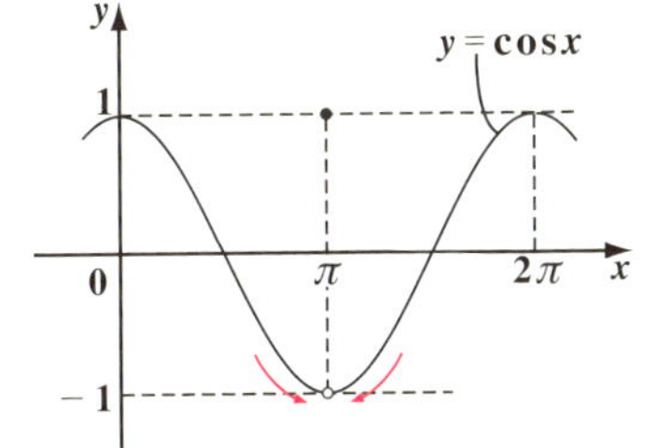

$x\to\pi+0$ の右側極限と

$x\to\pi-0$ の左側極限を

求めてみると，

$$\lim_{x\to\pi+0}f(x)=\lim_{x\to\pi+0}\cos x=\cos\pi=-1$$

> $x\to\pi+0$ のとき，x は π より大きい側から，π に限りなく近づくけれど π ではない。つまり $x\neq\pi$ より，$f(x)=\cos x$ を用いるんだね。
> $x\to\pi-0$ のときも，同様に，$f(x)=\cos x$ を用いる。

$\displaystyle\lim_{x\to\pi-0}f(x)=\lim_{x\to\pi-0}\cos x=\cos\pi=-1$ となって，右側と左側の極限が一致する。よって，

$\displaystyle\lim_{x\to\pi}f(x)=-1$ となる。しかし，ここでは，$x=\pi$ のとき $f(x)$ を $f(\pi)=1$ と定義しているので

$\displaystyle\lim_{x\to\pi}f(x)\neq f(\pi)$ となる。よって，この関数 $f(x)$ は $x=\pi$ で不連続となるんだね。納得いった？

ン？でも，これは $x=\pi$ で，ワザと不連続になるように関数を作ったからだろうって!? 確かにその通りだね。

では次，無理関数 $f(x)=\sqrt{x-1}$ $(x\geqq 1)$ のように，定義域の端点（この場合，$x=1$）で，関数が連続と言えるのか，どうかについても解説しておこう。

(ⅰ) $x=a$ が，定義域の左端である場合，

つまり，$f(x)$ $(a \leqq x)$のとき

$\lim_{x \to a+0} f(x) = f(a)$ が成り立つ

この場合，右側極限しかない！

ならば，$f(x)$は $x=a$で連続であると言える。

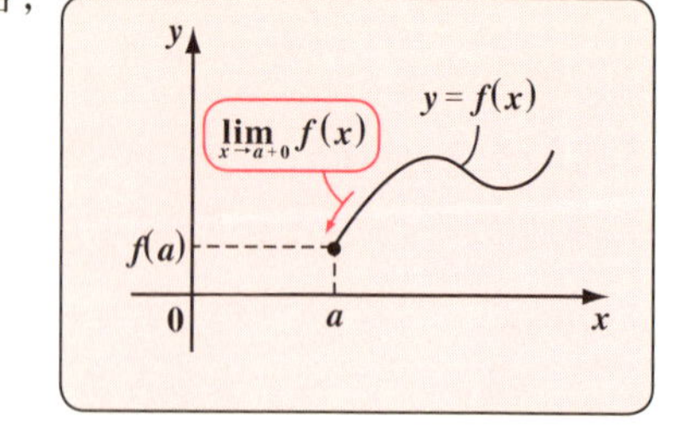

(ⅱ) $x=b$ が，定義域の右端である場合，

つまり，$f(x)$ $(x \leqq b)$のとき

$\lim_{x \to b-0} f(x) = f(b)$ が成り立つ

この場合，左側極限しかない！

ならば，$f(x)$は $x=b$で連続であると言える。

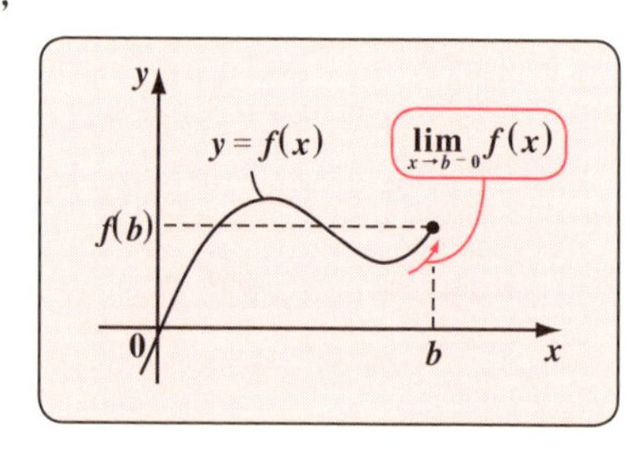

したがって，先程の例 $f(x)=\sqrt{x-1}$ $(x \geqq 1)$は

$\lim_{x \to 1+0} f(x) = \lim_{x \to 1+0} \sqrt{x-1} = \sqrt{1-1} = 0$

また，$f(1)=\sqrt{1-1}=0$より

$\lim_{x \to 1+0} f(x) = f(1)$が成り立つ。

よって，$f(x)=\sqrt{x-1}$は $x=1$で連続と言えるんだね。納得いった？

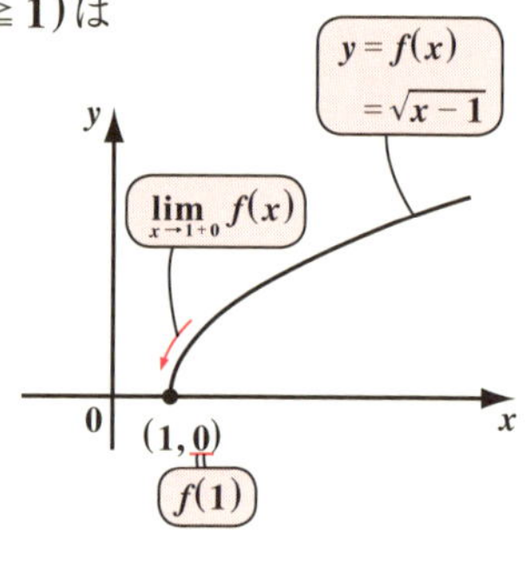

では次，分数関数 $g(x)=\frac{1}{x+1}$ $(x \neq -1)$についても話しておこう。

右のグラフから，これは $x=-1$で不連続だと思うって？ウ〜ン，でも $x=-1$で分母が0になるから $y=g(x)$は元々$x=-1$では定義されていない。

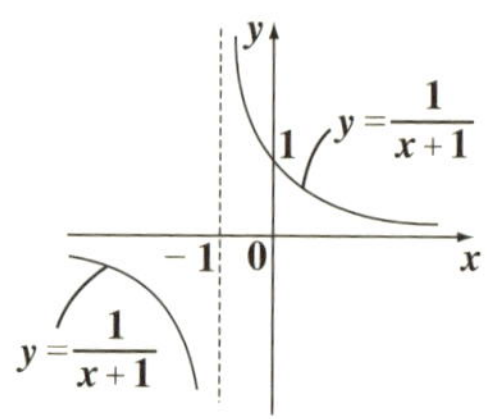

したがって，「この分数関数 $g(x)$は，$x \neq -1$，すなわち $x=-1$を除くすべての定義域において連続である」ということになるんだね。一般に，すべての定義域における x で連続な関数を“**連続関数**(れんぞくかんすう)”と呼ぶことも覚えておこう。

● ガウス記号もマスターしよう！

では，連続でない典型的な関数として，"**ガウス記号**" $[x]$について解説しよう。xを越えない最大の整数を，$[x]$で表し，[ ]をガウス記号と呼ぶ。

（これは "x のガウス" とでも読めばいいよ。）

まだピンとこないだろうから，具体例をいくつか示そう。

$[4.7]=4$（4.7 を越えない最大の整数は，4），$[15.31]=15$（15.31 を越えない最大の整数は，15 だね），$[0.02]=0$（0.02 を越えない最大の整数は，0）

$[7]=7$（7 を越えない最大の整数は，7），$[-2.9]=-3$（-2.9 を越えない最大の整数は，-3），$[-11.1]=-12$（-11.1 を越えない最大の整数は，-12）

つまり，nを整数とするとき，$n \leqq x < n+1$であるならば，xを越えない最大の整数$[x]$は，$[x]=n$となるんだね。大丈夫？

だから，$y=[x]$ とおくと

$-1 \leqq x < 0$のとき，$y=[x]=-1$

$0 \leqq x < 1$のとき，$y=[x]=0$

$1 \leqq x < 2$のとき，$y=[x]=1$

$2 \leqq x < 3$のとき，$y=[x]=2$

$3 \leqq x < 4$のとき，$y=[x]=3$

図 1　$y=[x]$ のグラフ

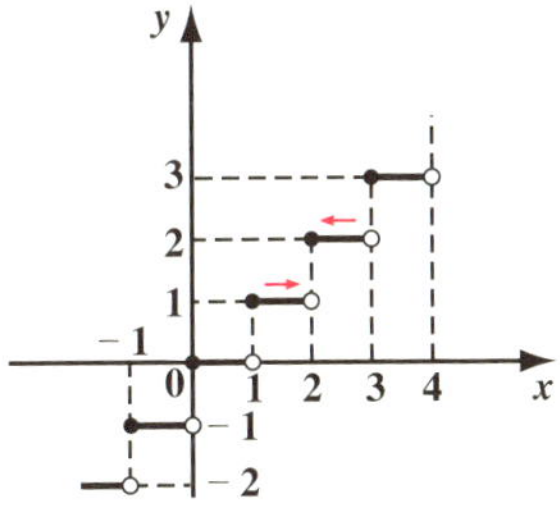

となるので $y=[x]$ のグラフは，図 1 に示すように，すべての x で定義されているけれど，x が，…，-1，0，1，2，3，4，…と整数の値を取るときに不連続であることが分かるはずだ。

したがって，$f(x)=[x]$ が，$x=2$ で連続でないことを示したかったら，左側極限 $\lim_{x \to 2-0}[x]=1$ と，右側極限 $\lim_{x \to 2+0}[x]=2$ が一致しないことを示せばいいんだね。

（$[1.99\cdots9]=1$）　（$[2.00\cdots01]=2$ のイメージだ。）

他の整数における不連続性も，自分で確認してみるといい。

ここで，x の値の範囲，すなわち"区間(くかん)"についても話しておこう。一般に，$a \leqq x \leqq b$ のように両端を含む区間を"閉区間(へいくかん)"といい，$[a,\ b]$ で表す。これに対して，$a < x < b$ のように両端を含まない区間を"開区間(かいくかん)"といい，$(a,\ b)$ で表す。したがって，

・$[a,\ b)$ は，$a \leqq x < b$ のことだし，

・$(a,\ b]$ は，$a < x \leqq b$ のことだ。また，

・$(a,\ \infty)$ は，$a < x < \infty$，つまり $a < x$ のことだし，

・$(-\infty,\ b]$ は，$-\infty < x \leqq b$，つまり $x \leqq b$ のことなんだね。

そして，ある区間のすべての x で連続ならば，$f(x)$ はその区間で連続という。したがって，関数 $f(x)=[x]$ は右図から $[1,\ 2)$ の区間で連続ということができるんだね。納得いった？

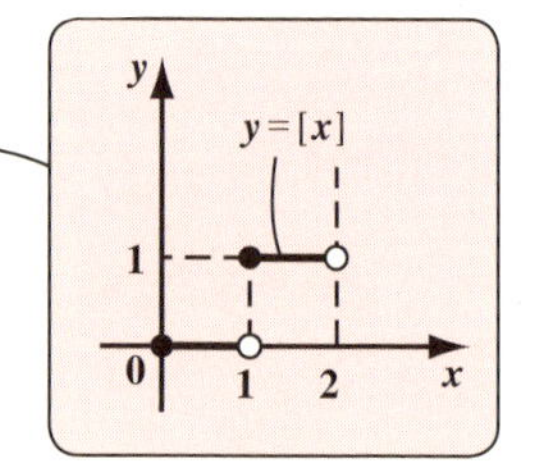

それでは，ガウス記号の関数と連続性について，次の練習問題を解いておこう。

練習問題 14 ガウス記号の関数 CHECK 1 CHECK 2 CHECK 3

関数 $y=f(x)=[x^2]$ について $[0,\ \sqrt{5})$ の範囲のグラフを描け。

また，$x=\sqrt{2}$ で，$f(x)$ は不連続であることを示せ。

$0 \leqq x < 1$，$1 \leqq x < \sqrt{2}$，$\sqrt{2} \leqq x < \sqrt{3}$，$\sqrt{3} \leqq x < 2$，$2 \leqq x < \sqrt{5}$ の区間に分けて，$y=f(x)=[x^2]$ の値を調べればいいんだね。頑張れ！

$y=f(x)=[x^2]$ は，$n \leqq x^2 < n+1$ のとき，すなわち $\sqrt{n} \leqq x < \sqrt{n+1}$ のとき，

($\sqrt{n} \leqq x < \sqrt{n+1}$)

$[x^2]=n$ となるので，$n=0,\ 1,\ 2,\ 3,\ 4$ のときを調べればいい。

・$0 \leqq x < 1$ のとき，　$f(x)=[x^2]=0$ ← $n=0$ のとき

・$1 \leqq x < \sqrt{2}$ のとき，　$f(x)=[x^2]=1$ ← $n=1$ のとき

・$\sqrt{2} \leqq x < \sqrt{3}$ のとき，$f(x)=[x^2]=2$ ← $n=2$ のとき

・$\sqrt{3} \leqq x < 2$ のとき，　$f(x)=[x^2]=3$ ← $n=3$ のとき

・$2 \leqq x < \sqrt{5}$ のとき，　$f(x)=[x^2]=4$ ← $n=4$ のとき

以上より，区間 $[0, \sqrt{5})$ における
($0 \leqq x < \sqrt{5}$ のこと)
関数 $y = f(x) = [x^2]$ のグラフを右に示す。

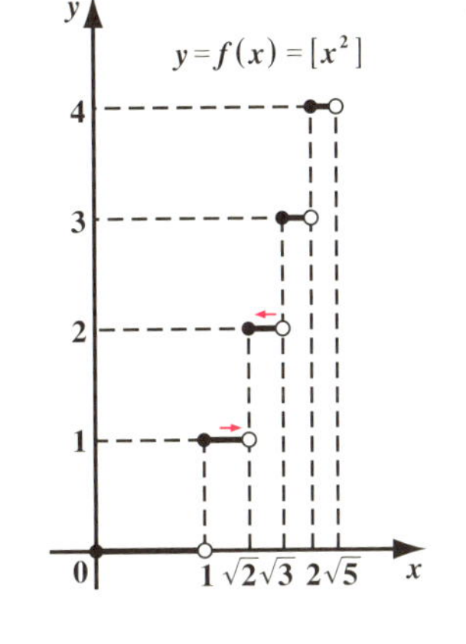

次に，$x = \sqrt{2}$ での $f(x) = [x^2]$ の連続性を調べるために，この点での左側極限と右側極限を調べると，

$$\begin{cases} \cdot\ \text{左側極限}\ \lim_{x \to \sqrt{2}-0} f(x) = \lim_{x \to \sqrt{2}-0} [x^2] = 1\ \text{と，} \\ \cdot\ \text{右側極限}\ \lim_{x \to \sqrt{2}+0} f(x) = \lim_{x \to \sqrt{2}+0} [x^2] = 2\ \text{となって，一致しない。} \end{cases}$$

よって関数 $y = f(x) = [x^2]$ は $x = \sqrt{2}$ で不連続であることが，分かった。どう？面白かった？

● 中間値の定理もマスターしよう！

では次，閉区間 $[a, b]$ で連続な関数 $y = f(x)$ について，次のような“**中間値の定理**(ちゅうかんち)”が成り立つんだね。

中間値の定理

関数 $y = f(x)$ が，閉区間 $[a, b]$ で連続で，かつ $f(a) \neq f(b)$ ならば，
(両端点の y 座標が異なるということ)
$f(a)$ と $f(b)$ の間の定数 k に対して，$f(c) = k$ をみたす実数 c が，a と b の間に少なくとも 1 つ存在する。

これは，図 2 を見ると分かりやすいはずだ。閉区間 $a \leqq x \leqq b$ で連続な関数 $y = f(x)$ があって，両端点の y 座標 $f(a)$ と $f(b)$ が異なる，つまり $f(a) \neq f(b)$ であったとしよう。

図 2 中間値の定理

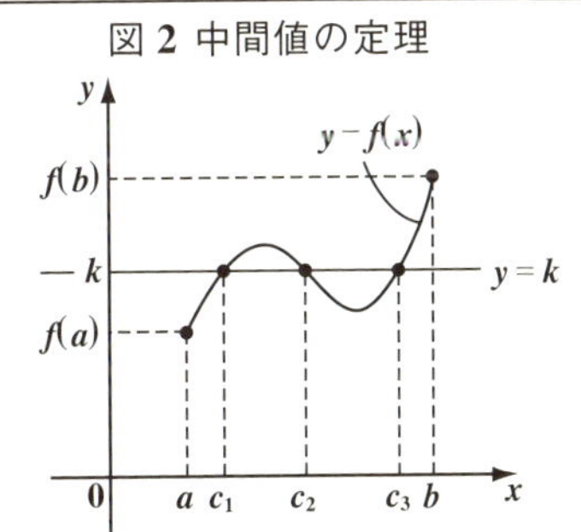

すると，$f(a)$ と $f(b)$ の間に実数定数 k が存在するので，x 軸と平行な直線

$y=k$ を考えよう。すると，閉区間 $[a,\ b]$ で連続で切れ目のない曲線 $y=f(x)$ ……① と $y=k$ ……② とは，必ず少なくとも 1 個の共有点をもつはずだね。その x 座標を c とおくと，c は①と②から，y を消去した方程式：$f(x)=k$ の実数解となる。つまり $f(c)=k$ をみたす c が開区間 $(a,\ b)$ の間に少なくとも 1 つは存在することになるんだね。図 2 では，c_1，c_2，c_3 と，3 個の c の値が存在する場合を示しておいた。グラフで考えれば，当たり前のことだね。この中間値の定理は，$k=0$ とすると，区間 $(a,\ b)$ に方程式 $f(x)=0$ の実数解が存在することを示す有力な手法になるんだね。

それでは，次の練習問題をやっておこう。

練習問題 15　中間値の定理　CHECK 1　CHECK 2　CHECK 3

方程式 $\sin x+x-1=0$ ……① は，$0<x<\frac{\pi}{2}$ の範囲に少なくとも 1 つの実数解をもつことを示せ。

$f(x)=\sin x+x-1$ とおくと，これは $0\leqq x\leqq\frac{\pi}{2}$ の範囲で連続で，$f(0)=-1<0$，$f\left(\frac{\pi}{2}\right)=\frac{\pi}{2}>0$ となる。後は分かるね。

$f(x)=\sin x+x-1$ ……②とおくと，
$f(x)$ は，$-\infty<x<\infty$ で連続な関数なので当然，閉区間 $\left[0,\ \frac{\pi}{2}\right]$ でも連続な関数だね。

$y=\sin x$ と $y=x-1$ は共に連続な関数なので，その和も連続関数になる。

一般に，2 つの連続関数 $f(x)$ と $g(x)$ について
- $f(x)+g(x)$ も
- $f(x)-g(x)$ も
- $f(x)\times g(x)$ も，そして
- $\frac{f(x)}{g(x)}$ $(g(x)\neq 0)$ も

連続な関数になる。

ここで，$x=0$ と $x=\frac{\pi}{2}$ のとき，

$$\begin{cases} f(0)=\sin 0+0-1=-1<0 \\ f\left(\frac{\pi}{2}\right)=\underbrace{\sin\frac{\pi}{2}}_{1}+\frac{\pi}{2}-1=\frac{\pi}{2}>0 \end{cases}$$

よって，中間値の定理より，方程式
$f(x)=0$，すなわち
$\sin x+x-1=0$ ……①をみたす
実数解 $x=c$ が，$0<x<\frac{\pi}{2}$ の範囲に
少なくとも1つ存在すると言えるん
だね。大丈夫？

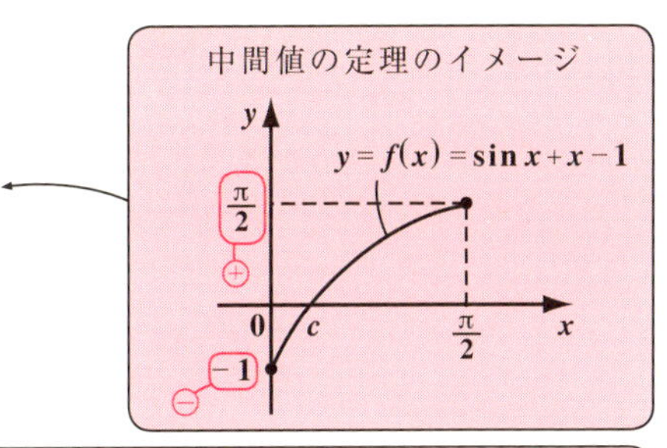

これは，連続関数 $y=f(x)$ が，$x=0$ で⊖の値をとり，$x=\frac{\pi}{2}$ で⊕の値をとるわけだから，$0<x<\frac{\pi}{2}$ の範囲で，$y=f(x)$ は x 軸を必ず1回はよぎることになる。その交点の x 座標が $f(x)=0$ の解で，それを c とおくと，$0<x<\frac{\pi}{2}$ をみたす $x=c$ が，少なくとも1個は存在することになるんだね。

以上で，“**関数の極限**”の講義もすべて終了です。これは，次回から学習する“**微分**（びぶん）”や“**積分**（せきぶん）”の前準備であったんだけれど，これはこれでかなり骨があったと思う。だから，何回も自分で納得がいくまで，そして練習問題を解答を見ずにスラスラ解けるようになるまで，反復練習しておいてくれ。「初めから始める」講義ではあるんだけれど，高校の授業の補習だけでなく，これで受験基礎力まで養うことができるわけだから，頑張る価値が十分にあるんだね。

それでは次回から“**微分法**”の講義に入ろう。また，ていねいに分かりやすく解説するからね。それじゃ，みんな，次回の講義まで体調に気を付けてくれ！また，会おう！さようなら……。

第1章 ● 関数の極限　公式エッセンス

1. 分数関数

(Ⅰ) 基本形：$y=\dfrac{k}{x}$ $(x \neq 0)$　　(Ⅱ) 標準形：$y=\dfrac{k}{x-p}+q$

基本形 $y=\dfrac{k}{x}$ を，(p, q) だけ平行移動したもの

2. 無理関数

(Ⅰ) 基本形：$y=\sqrt{ax}$　　(Ⅱ) 標準形：$y=\sqrt{a(x-p)}+q$

基本形 $y=\sqrt{ax}$ を，(p, q) だけ平行移動したもの

3. 逆関数の公式

$y=f(x)$ が1対1対応の関数のとき，

$y=f(x)$ ←逆関数→ $x=f(y)$

元の $y=f(x)$ の x と y を入れ替えたもの

これを，$y=(x$ の式$)$ の形に変形

→ $y=f^{-1}(x)$

$y=f(x)$ と $y=f^{-1}(x)$ は，直線 $y=x$ に関して対称なグラフになる。

4. 度とラジアンの換算式

$180°=\pi$ （ラジアン）

5. 三角関数の極限の公式 (θ の単位はすべてラジアン)

(1) $\displaystyle\lim_{\theta \to 0}\frac{\sin\theta}{\theta}=1$　(2) $\displaystyle\lim_{\theta \to 0}\frac{\tan\theta}{\theta}=1$　(3) $\displaystyle\lim_{\theta \to 0}\frac{1-\cos\theta}{\theta^2}=\frac{1}{2}$

6. e に近づく極限の公式

(1) $\displaystyle\lim_{x \to \pm\infty}\left(1+\frac{1}{x}\right)^x=e$　　(2) $\displaystyle\lim_{h \to 0}(1+h)^{\frac{1}{h}}=e$

7. 対数関数と指数関数の極限公式

(1) $\displaystyle\lim_{x \to 0}\frac{\log(1+x)}{x}=1$　　(2) $\displaystyle\lim_{x \to 0}\frac{e^x-1}{x}=1$

8. 中間値の定理

関数 $f(x)$ が $[a, b]$ で連続，かつ $f(a) \neq f(b)$ のとき，$f(c)=k$ (k は，$f(a)$ と $f(b)$ の間の定数) をみたす c が，a と b の間に少なくとも1つ存在する。

第 2 章
CHAPTER

2 微分法

テーマ

▶ 微分係数と導関数

▶ 微分計算（Ⅰ）

▶ 微分計算（Ⅱ）

5th day　微分係数と導関数

みんな，おはよう！ 今日から，新しいテーマ“**微分法**”について解説していこう。エッ，“**微分法**”だったら既に数学**II**でもやったって？ そうだね。でも，数学**II**の微分法で扱った関数は，**2**次関数や**3**次関数など，限られたものにすぎなかったんだね。でも，これから解説する数学**III**の微分法では，三角関数，指数関数，対数関数，それに分数関数や無理関数など，これまで勉強してきたすべての関数が対象になるんだよ。

エッ，迫力ありそうだって？ そうだね，学ぶべきことは沢山ある。でもまた初めから親切に教えていくから，安心して勉強していってくれ。あっ，それで言い忘れるところだったけど，今日の講義でネイピア数(自然対数の底) e の秘密がすべて明らかになるよ。これも楽しみにしてくれ。

● 微分係数って，“あなたがいるから，ボクがいる”!?

これから，**微分係数** $f'(a)$ について解説しよう。

図**1**に示すように，xy 平面上に滑らかな曲線 $y=f(x)$ が与えられたものとしよう。そして図**1**(i)に示すように，この曲線 $y=f(x)$ 上に異なる**2**点A，Bをとることにしよう。そして，**2**点A，Bの x 座標をそれぞれ a，$a+h$ とおくと，y 座標はそれぞれ $f(a)$，$f(a+h)$ となるので，**2**点A，Bの座標は，$A(a,\ f(a))$，$B(a+h,\ f(a+h))$ となる。ここまで，大丈夫だね。

図**1**　平均変化率

(i)

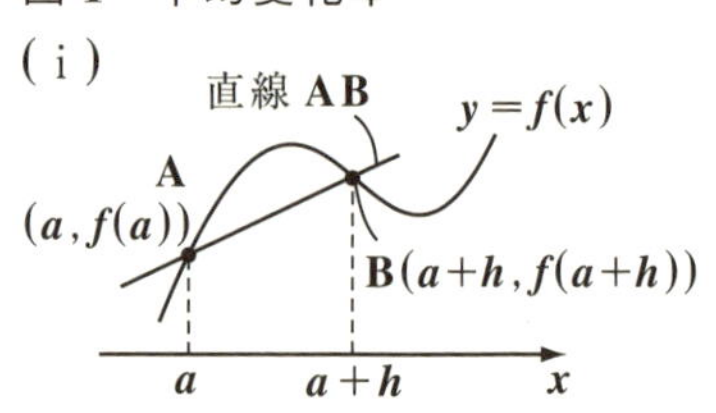

(ii) 直線ABの傾き $\dfrac{f(a+h)-f(a)}{h}$

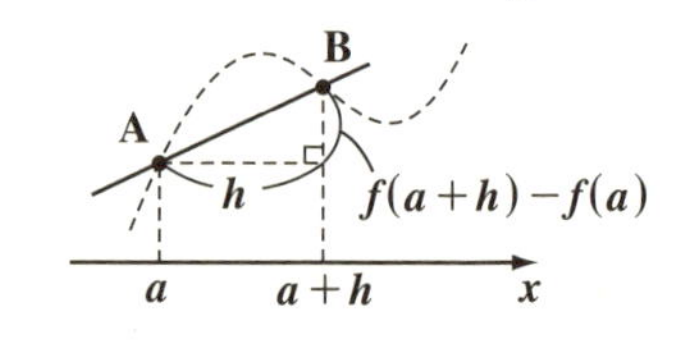

そして，この**2**点を通る直線ABの傾きを求めてみると，

$$\text{直線 AB の傾き} = \frac{f(a+h)-f(a)}{\cancel{a}+h-\cancel{a}}$$

$$= \frac{f(a+h)-f(a)}{h} \quad \text{となる。}$$

2点 $A(x_1, y_1)$, $B(x_2, y_2)$ を通る直線の傾きは $\frac{y_2-y_1}{x_2-x_1}$ だからね。

この直線 AB の傾きのことを，“**平均変化率**(へいきんへんかりつ)”ということも覚えておこう。さァ，ここで，この平均変化率の式の h を $h \to 0$ と 0 に限りなく近づけていったら，どうなると思う。そう…，

$$\lim_{h \to 0} \frac{f(a+h)-f(a)}{h} = \frac{f(a)-f(a)}{0} = \frac{0}{0} \text{ の不定形になるんだね。}$$

だから，これはいつもある値(極限値)に収束するとは限らない。でも，もし，これがある極限に収束するならば，$f(x)$ は，$x=a$ で**微分可能**(びぶんかのう)という。そして，その極限値を，$y=f(x)$ の $x=a$ における“**微分係数**”と呼び，$f'(a)$ とおくんだよ。

だから，微分係数 $f'(a)$ の定義式は，次のように書ける。

$$f'(a) = \lim_{h \to 0} \frac{f(a+h)-f(a)}{h}$$

ボクがいる ← あなたがいるから

$a+h=x$ とおくと，$h=x-a$
そして，$h \to 0$ のとき，$x \to a$ となるね。
$\therefore f'(a) = \lim_{x \to a} \frac{f(x)-f(a)}{x-a}$ とも表せる。

でも，これは「右辺の $\frac{0}{0}$ の極限がある有限な極限値に収束するならば，それを $f'(a)$ とおく」という意味だから，この微分係数の公式は，「あなたがいるから，ボクがいる」と覚えておくと忘れないはずだ。そして，関数 $y=f(x)$ が，連続で滑らかなグラフである限り，この極限値は存在するので，微分係数 $f'(a)$ もこの式で定義できるんだよ。

それでは，この微分係数 $f'(a)$ の図形的な意味についてもこれから解説していこう。

2 点 $\mathbf{A}(a,\ f(a))$, $\mathbf{B}(a+h,\ f(a+h))$ を結ぶ直線 **AB** の傾き（平均変化率）は,

$$\frac{f(a+h)-f(a)}{h}$$ で,

この式の h を $h \to 0$ とするということは, 図 2（i）に示すように, 点 **A** は定点として固定されているけれど, 点 **B** が点 **A** に向かって, ススス…と近づいてくることになるんだね。そして, 点 **B** が, 図 2（ii）のように極限的に **A** に近づくと, もはや直線 **AB** は, 滑らかな曲線 $y=f(x)$ 上の点 $\mathbf{A}(a,\ f(a))$ における接線になってしまうことが分かるだろう。その接線の傾きが, 微分係数 $f'(a)$ ということになるんだ。これで, 微分係数 $f'(a)$ の図形的な意味もよ〜く分かったと思う。

図 2　微分係数 $f'(a)$ の図形的な意味

（i）

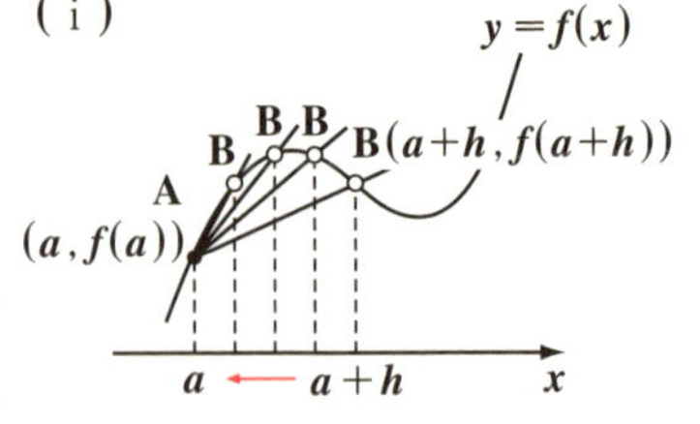

（ii）

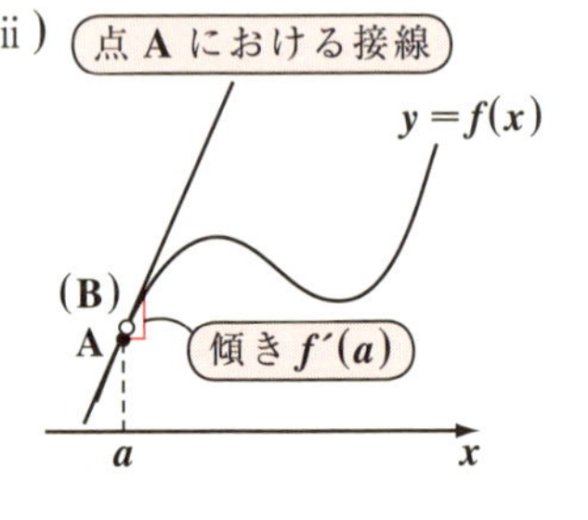

それでは, 微分係数の定義式をもう 1 度書いておこう。

微分係数の定義式

連続で滑らかな曲線 $y=f(x)$ に対して微分係数 $f'(a)$ は次のように定義される。

$$f'(a)=\lim_{h \to 0}\frac{f(a+h)-f(a)}{h}$$

（これは, $y=f(x)$ 上の点 $(a,\ f(a))$ における接線の傾きを表す。）

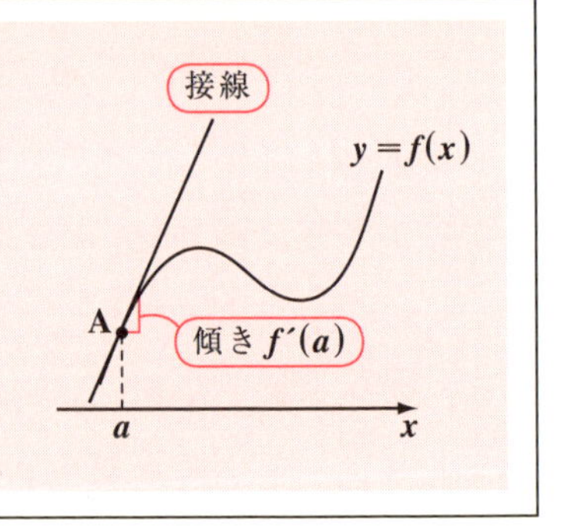

エッ, 理論は分かったから, 実際に微分係数の値を求めてみたいって？いいよ, 実際に計算することによってより理解が深まるからね。それじゃ, 次の練習問題で, 具体的に微分係数の値を求めてみよう。

練習問題 16　微分係数の定義式　CHECK 1　CHECK 2　CHECK 3

(1) $y=f(x)=\dfrac{1}{x}$ $(x \neq 0)$ のとき，微分係数 $f'(1)$ を求めよ。

(2) $y=g(x)=\sqrt{x}$ $(x \geqq 0)$ のとき，微分係数 $g'(2)$ を求めよ。

(1) は，$f'(1)=\displaystyle\lim_{h\to 0}\frac{f(1+h)-f(1)}{h}$ を，また (2) は，$g'(2)=\displaystyle\lim_{h\to 0}\frac{g(2+h)-g(2)}{h}$ を求めればいいんだね。いずれも，$\dfrac{0}{0}$ の不定形だけど，ある極限値をもつよ。

(1) $f(x)=\dfrac{1}{x}$ $(x \neq 0)$ より，$f(1)=\dfrac{1}{1}=1$，$f(1+h)=\dfrac{1}{1+h}$ となる。

よって，求める微分係数 $f'(1)$ は

$$f'(1)=\lim_{h\to 0}\frac{f(1+h)-f(1)}{h}$$

（公式 $f'(a)=\displaystyle\lim_{h\to 0}\frac{f(a+h)-f(a)}{h}$ の a に 1 を代入したものだ！）

$$=\lim_{h\to 0}\frac{\dfrac{1}{1+h}-1}{h}$$

（$\dfrac{1}{1+h}-1=\dfrac{1-(1+h)}{1+h}=\dfrac{-h}{1+h}$）

$$=\lim_{h\to 0}\frac{\dfrac{-h}{1+h}}{h}$$

$$=\lim_{h\to 0}\left\{\frac{-h}{h(1+h)}\right\}$$

（$\dfrac{0}{0}$ の不定形の部分が消えた！）

$$=\lim_{h\to 0}\left(-\frac{1}{1+h}\right)=-\frac{1}{1+0}=-1$$

（これは，$y=f(x)$ 上の点 $(1,\ 1)$ における接線の傾きが -1 であることを示しているんだね。）

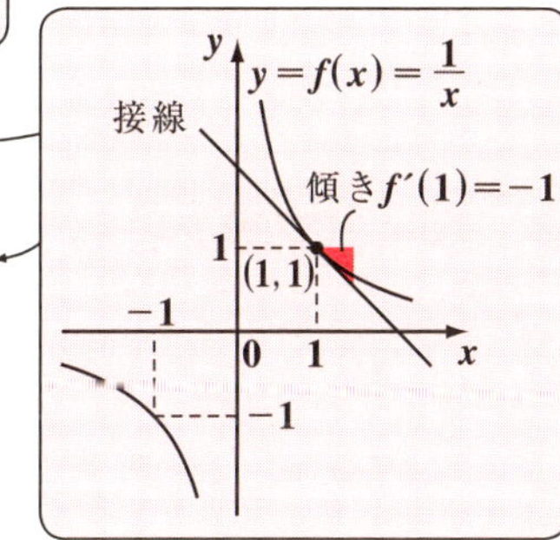

(2) $g(x)=\sqrt{x}$ $(x \geqq 0)$ より，$g(2)=\sqrt{2}$，$g(2+h)=\sqrt{2+h}$ となる。よって，

求める微分係数 $g'(2)$ は

$$g'(2)=\lim_{h\to 0}\frac{g(2+h)-g(2)}{h}$$

公式 $g'(a)=\lim_{h\to 0}\frac{g(a+h)-g(a)}{h}$ の $a=2$ のときのものだね。（関数名は $f(x)$ でも $g(x)$ でもなんでもいい）

$$=\lim_{h\to 0}\frac{\sqrt{2+h}-\sqrt{2}}{h}$$

$(\sqrt{2+h})^2-(\sqrt{2})^2=2+h-2=h$

$$=\lim_{h\to 0}\frac{(\sqrt{2+h}-\sqrt{2})(\sqrt{2+h}+\sqrt{2})}{h(\sqrt{2+h}+\sqrt{2})}$$

分子・分母に $\sqrt{2+h}+\sqrt{2}$ をかけた

$$=\lim_{h\to 0}\frac{h}{h(\sqrt{2+h}+\sqrt{2})}$$

$\frac{0}{0}$ の不定形の要素が消えた！

$$=\lim_{h\to 0}\frac{1}{\sqrt{2+h}+\sqrt{2}}=\frac{1}{\sqrt{2+0}+\sqrt{2}}$$

$$=\frac{1}{2\sqrt{2}}=\frac{\sqrt{2}}{4}\ \text{となる。}$$

これは，$y=g(x)$ 上の点 $(2,\ \sqrt{2})$ における接線の傾きが $\frac{\sqrt{2}}{4}$ であることを示しているんだ！

どう？　これで微分係数 $f'(a)$ の計算法にも慣れただろう？　それでは，この微分係数が，実はネイピア数 e と直接的に関係しているので，これまで謎につつまれていた（?）ネイピア数の秘密をここですべて明らかにしておこう。

● ネイピア数 e をもう1度考えてみよう！

指数関数 $y=a^x$（a：1以外の正の定数）のうち，この曲線上の点 $(0,\ 1)$ における接線の傾きが1となるときの a の値をネイピア数 e とおいたのは覚えているね。ということは，ネイピア数 e は微分係数 $f'(0)$ と密接に関

係しているってことなんだね。

早速，$y=f(x)=a^x$ $(a>0$ かつ $a \neq 1)$ とおいて，この指数関数の点$(0,\ 1)$における接線の傾き $f'(0)$ を，定義式から求めてみよう。

$f(0)=a^0=1$，$f(0+h)=a^{0+h}=a^h$ より，

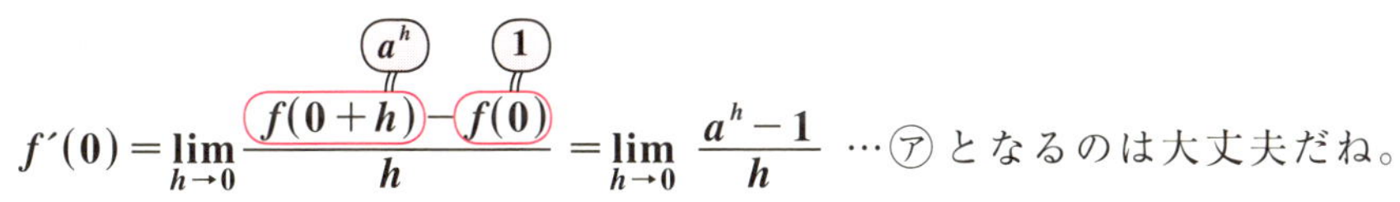

$$f'(0)=\lim_{h\to 0}\frac{f(0+h)-f(0)}{h}=\lim_{h\to 0}\frac{a^h-1}{h}$$

…㋐となるのは大丈夫だね。

ここで，この $x=0$ における接線の傾き $f'(0)$ が 1 となるときの a の値をネイピア数 e とおくわけだから，㋐より，

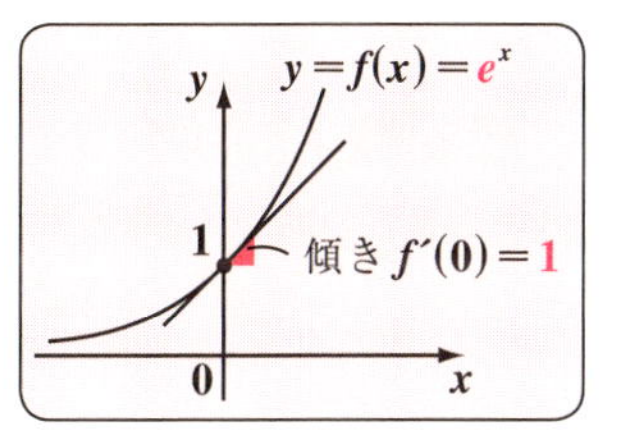

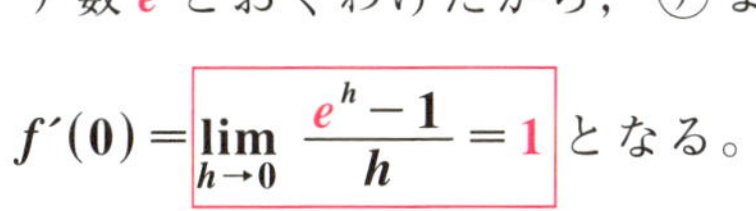

$$f'(0)=\lim_{h\to 0}\frac{e^h-1}{h}=1$$ となる。

ここで，文字 h を x とおいても同じことだから，

$$\lim_{x\to 0}\frac{e^x-1}{x}=1$$ ……①の公式が導けるんだね。

そして，ここで $e^x-1=t$ と置換すると，$x\to 0$ のとき，$t\to 0$（e^0-1）

また，$e^x=1+t$　　$x=\log(1+t)$ より，

①の x の極限を t の極限に書き変えると，

$$\lim_{x\to 0}\frac{e^x-1}{x}=\lim_{t\to 0}\frac{t}{\log(1+t)}=1$$ となって，

$$\lim_{x\to 0}\frac{\log(1+x)}{x}=1$$ ……②の公式も導ける。

$\dfrac{0.0001}{0.0001}\to 1$ のパターンより，逆数の極限をとっても 1 に収束する。また，文字 t を x とおいてもいいので，②が導ける。

そして，②より，

$$\lim_{x\to 0}\frac{1}{x}\log(1+x)=\lim_{x\to 0}\log(1+x)^{\frac{1}{x}}=1=\log e$$ から，

$\lim_{x \to 0}(1+x)^{\frac{1}{x}} = e$ ……③の公式も導かれるんだね。

どう？ 微分係数の定義式から，ネイピア数 e や指数関数，対数関数の極限公式がすべて導かれたんだね。実は，この導かれる順序は，前回解説した "**関数の極限**" のときとまったく逆になってるんだけどね。でも，これで，ネイピア数 e についても，完全に分かっただろう？ よかった，よかった (^-^)！

● 導関数 $f'(x)$ の定義式もマスターしよう！

一般に関数 $f(x)$ を "**微分する**" ということは，"**導関数**（どうかんすう）$f'(x)$ **を求める**" ということなんだ。この導関数 $f'(x)$ を求めるための極限の公式を下にまず示すよ。

導関数 $f'(x)$ の定義式

連続で滑らかな曲線 $y = f(x)$ の導関数 $f'(x)$ は，次のように定義される。

$$f'(x) = \lim_{h \to 0} \frac{f(x+h) - f(x)}{h}$$

エッ，微分係数 $f'(a)$ の定義式の a が x に変わっただけで，まったく同じだって？ その通りだね。でも，a はある定数を表し，x は変数のことだから，$f'(a)$ はある定数になるけれど，$f'(x)$ は x のある関数になるんだよ。

（$x = a$ における接線の傾き）

だから，$f'(x)$ のことを "**導関数**" というんだね。この違い，分かるね。

そして，この $f'(x)$ の右辺の極限の式も，

$$\lim_{h \to 0} \frac{f(x+h) - f(x)}{h} = \frac{f(x) - f(x)}{0} = \frac{0}{0}$$ の不定形となるので，これは，

（$h \to 0$）

収束するかどうかは分からないんだね。でも，今回は，これがある数値（極限値）ではなくて，ある x の関数に収束するとき，それを導関数 $f'(x)$ と

おく，という意味なんだよ。だから今回の $f'(x)$ の定義式も，「あなたがいるから，ボクがいる。」のパターンで覚えておいたらいいんだよ。つまり「右辺の極限がある x の関数に収束するならば，それを $f'(x)$ とおく」ということなんだね。

それでは，この導関数も，次の練習問題で実際に求めてみよう。

練習問題 17 導関数の定義式 CHECK1 CHECK2 CHECK3

次の関数の導関数を求めよ。

(1) $y=\dfrac{1}{x}\quad(x\neq 0)$　　(2) $y=\sqrt{x}\quad(x\geqq 0)$　　(3) $y=e^x$

(1)(2)(3) いずれも，導関数の定義式 $f'(x)=\lim\limits_{h\to 0}\dfrac{f(x+h)-f(x)}{h}$ に従って求めてみよう。今回は，いずれも x の関数に収束するよ。

(1) $y=f(x)=\dfrac{1}{x}\ (x\neq 0)$ とおくと，$f(x+h)=\dfrac{1}{x+h}$ となる。

よって求める導関数 $f'(x)$ は，

$$f'(x)=\lim_{h\to 0}\frac{f(x+h)-f(x)}{h}=\lim_{h\to 0}\frac{\dfrac{1}{x+h}-\dfrac{1}{x}}{h}$$

$\dfrac{x-(x+h)}{x(x+h)}=\dfrac{-h}{x(x+h)}$

$$=\lim_{h\to 0}\frac{\dfrac{-h}{x(x+h)}}{h}=\lim_{h\to 0}\frac{-h}{h\cdot x(x+h)}$$

$\dfrac{0}{0}$ の不定形の要素が消えた！

$$=\lim_{h\to 0}\frac{-1}{x(x+h)}=-\frac{1}{x\cdot(x+0)}=-\frac{1}{x^2}$$ となって，答えだ。

この関数に収束した！

(2) $y=f(x)=\sqrt{x}\quad(x\geqq 0)$ とおくと，$f(x+h)=\sqrt{x+h}$ となる。

よって求める導関数 $f'(x)$ は，

$$f'(x)=\lim_{h\to 0}\frac{f(x+h)-f(x)}{h}$$

$$=\lim_{h\to 0}\frac{\sqrt{x+h}-\sqrt{x}}{h}$$

$\sqrt{\ }-\sqrt{\ }$ がきたら，分子・分母に $\sqrt{\ }+\sqrt{\ }$ をかけるとうまくいく！

$(\sqrt{x+h})^2-(\sqrt{x})^2=x+h-x=h$

$$=\lim_{h\to 0}\frac{(\sqrt{x+h}-\sqrt{x})(\sqrt{x+h}+\sqrt{x})}{h(\sqrt{x+h}+\sqrt{x})}$$

分子・分母に $\sqrt{x+h}+\sqrt{x}$ をかけた

$$=\lim_{h\to 0}\frac{h}{h(\sqrt{x+h}+\sqrt{x})}$$

$\frac{0}{0}$ の不定形の要素が消えた！

$$=\lim_{h\to 0}\frac{1}{\sqrt{x+h}+\sqrt{x}}=\frac{1}{\sqrt{x}+\sqrt{x}}=\frac{1}{2\sqrt{x}}$$ となるんだね。

（$h\to 0$）

(3) $y=f(x)=e^x$ とおくと，$f(x+h)=e^{x+h}$ となる。

よって求める導関数 $f'(x)$ は，

$$f'(x)=\lim_{h\to 0}\frac{f(x+h)-f(x)}{h}=\lim_{h\to 0}\frac{e^{x+h}-e^x}{h}$$

$e^{x+h}=e^x\cdot e^h$ ← 指数法則

$$=\lim_{h\to 0}\frac{e^x(e^h-1)}{h}=\lim_{h\to 0}e^x\cdot\frac{e^h-1}{h}$$

（$\frac{e^h-1}{h}\to 1$）

公式より，$\lim_{h\to 0}\frac{e^h-1}{h}=1$ だね。

$$=e^x\cdot 1=e^x$$ となる。

どう？　指数関数 $f(x)=e^x$ は，微分しても $f'(x)=e^x$ と同じ関数になるんだね。面白かった？

以上のように導関数 $f'(x)$ を求めたならば，後はその変数 x に好きな (?) 定数 a を代入して，微分係数 $f'(a)$ を求めればいいんだね。

例えば (1) の $f(x)=\frac{1}{x}$ のとき，$f'(x)=-\frac{1}{x^2}$ より，これに $x=1$ を代入すると，微分係数 $f'(1)=-\frac{1}{1^2}=-1$ となって，練習問題 16 (1) (P67) と同じ結果が出てくるんだね。

では最後に，連続と微分可能の関係について解説しておこう。

微分可能ならば，連続と言える!?

関数 $f(x)$ が，$x=a$ で微分可能ならば，$\displaystyle\lim_{x\to a}\frac{f(x)-f(a)}{x-a}=f'(a)$ …①が成り立つ。(P65) このとき，関数 $f(x)$ は，$x=a$ で連続ということもできるんだよ。何故なら，

$$\lim_{x\to a}\{f(x)-f(a)\}=\lim_{x\to a}\left\{\frac{f(x)-f(a)}{x-a}\times(x-a)\right\}=f'(a)\times 0=0,$$

（$x-a$ で割った分，かけた！）
（①より → $\dfrac{f(x)-f(a)}{x-a}$ は $f'(a)$（ある値），$(x-a)$ は $a-a=0$）

つまり，$\displaystyle\lim_{x\to a}\{f(x)-f(a)\}=0$ となるので，$\displaystyle\lim_{x\to a}f(x)=f(a)$ が成り立つ。
（$f(a)$：定数）

よって，$f(x)$ は $x=a$ で連続と言えるんだね。(P54) これから，
「$f(x)$ が $x=a$ で微分可能ならば，$f(x)$ は $x=a$ で連続である」ことが言えるんだね。でも，この逆は言えない。つまり，$f(x)$ が $x=a$ で連続だからと言って，$f(x)$ が $x=a$ で微分可能とは言えないんだね。これは別に難しいことではないよ。右図のように関数 $y=f(x)$ が連続ではあるけれど，尖点（せんてん）を（“とんがった点”のこと）もつ場合，尖点では接線が定まらないことが直感的に分かるだろう。つまり，このような尖点においては，接線の傾きである微分係数も定まらない。だから**微分不能**（びぶんふのう）であると理解してくれたらいいんだよ。

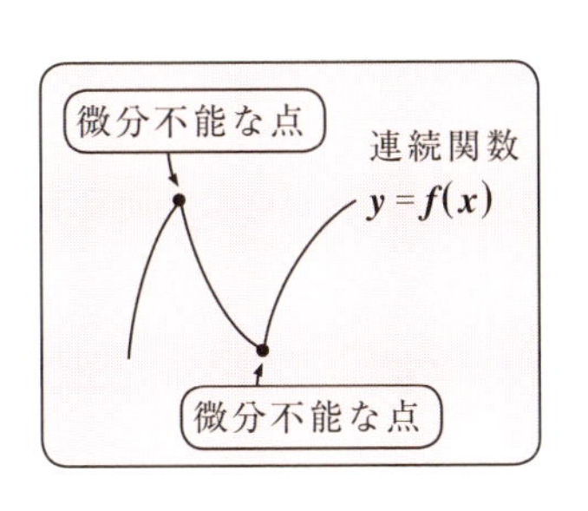

だから，数学用語でよく，“連続かつ微分可能な”関数 $f(x)$ と言うんだけれど，これは関数がその定義域内で連続でかつ尖点のない滑らかな曲線という意味なんだね。でも，本当は，これは，“微分可能な”関数 $f(x)$ だけで十分だ。だって，微分可能と言えば，連続なのは当たり前だからね。
それでは，今日の講義はここまでだ。また次回会おう！さようなら。

6th day　微分計算(Ⅰ)

みんな,おはよう！ 今日で,“**微分法**”も **2** 回目の講義に入るよ。前回は,極限の定義式に従って,$f(x)$ の導関数 $f'(x)$ を求めたね。でも,今回は,極限の定義式ではなく,もっとテクニカルに導関数 $f'(x)$ を求めるやり方を教えようと思う。

“**微分・積分**”を学習する上で,この導関数 $f'(x)$ を求める“**微分計算**”を正確に迅速に出来るかどうかが,重要なポイントになるんだ。要領を覚えたら,相当複雑な形をした関数でも,微分できるようになるんだよ。今回は,覚えないといけないことが沢山でてくるけど,これが,微分・積分をマスターする上での重要な土台となるものだから,しっかりマスターしてくれ。今回も,具体的に分かりやすく教えるからね。

● まず，微分計算の 8 つの知識を身につけよう！

数学Ⅱの微分法では,x^2 を微分したら,$(x^2)'=2x$ となること,また x^3 を微分したら,$(x^3)'=3x^2$ になることは,既に学んだね。これを一般化すると,x^n $(n=1,\ 2,\ 3,\ \cdots)$ を x で微分すると,

$(x^n)'=n\cdot x^{n-1}$ $(n=1,\ 2,\ 3,\ \cdots)$ となるんだね。

実は,この公式は n が自然数(1, 2, 3, 4, … のこと)ではなく,$\frac{3}{2}$ や $\sqrt{2}$ などの実数に拡張しても成り立つ。一般に x^α (α：0 でない実数)を x で微分すると,

$(x^\alpha)'=\alpha\cdot x^{\alpha-1}$ (α：0 でない実数)という公式が成り立つんだよ。

この 2 つの例題としては,既に練習問題 **17** (**P71**) でやったんだよ。ここでは,(1) $\frac{1}{x}$ $(x\neq 0)$ を x で微分した導関数はその極限の定義式から $\left(\frac{1}{x}\right)'=-\frac{1}{x^2}$ となったね。

この場合，$\frac{1}{x}=x^{-1}$ のことだから，公式 $(x^\alpha)'=\alpha x^{\alpha-1}$ を使っても微分できる。

$$\left(\frac{1}{x}\right)'=(x^{-1})'=-1\cdot x^{-1-1}=-x^{-2}=-\frac{1}{x^2}$$ と，同じ結果が導ける。

$(x^\alpha)'=\alpha x^{\alpha-1}$

同様に練習問題 **17(2)** では，$\sqrt{x}$ $(x\geqq 0)$ を x で微分したものは，極限の定義式を使って，$(\sqrt{x})'=\frac{1}{2\sqrt{x}}$ となった。でも，これも公式 $(x^\alpha)'=\alpha x^{\alpha-1}$ を使って，次のようにすぐ求まる。

$$(\sqrt{x})'=\left(x^{\frac{1}{2}}\right)'=\frac{1}{2}\cdot x^{\frac{1}{2}-1}=\frac{1}{2}\cdot x^{-\frac{1}{2}}=\frac{1}{2}\cdot\frac{1}{x^{\frac{1}{2}}}=\frac{1}{2}\cdot\frac{1}{\sqrt{x}}=\frac{1}{2\sqrt{x}}$$ となる。

$(x^\alpha)'=\alpha x^{\alpha-1}$

「指数部の㊀は分母にもってこい」という意味

どう？ このように，微分計算の公式を覚えておくと，毎回，極限の定義式を使わなくても，関数の導関数を簡単に求めることができるんだ。これらの公式を，**8** つの知識としてまず下に示すから頭に入れておこう。

微分計算の 8 つの知識

(1) $(x^\alpha)'=\alpha x^{\alpha-1}$ （α：実数） (2) $(\sin x)'=\cos x$

(3) $(\cos x)'=-\sin x$ (4) $(\tan x)'=\frac{1}{\cos^2 x}$

(5) $(e^x)'=e^x$ $(e\fallingdotseq 2.7)$ (6) $(a^x)'=a^x\cdot\log a$

(7) $(\log x)'=\frac{1}{x}$ $(x>0)$ (8) $\{\log f(x)\}'=\frac{f'(x)}{f(x)}$ $(f(x)>0)$

（ただし，対数はすべて自然対数，$a>0$ かつ $a\neq 1$）

前回の導関数の極限による定義式の講義で，**(1)** の $(x^\alpha)'=\alpha\cdot x^{\alpha-1}$ の例題と **(5)** の $(e^x)'=e^x$ の **2** つについては既にやったんだね。それ以外のものも，すべて導関数の極限の定義式から導くことができる。ここでは，**(2)**,

(3)，(7) を導関数の定義式：$f'(x)=\lim_{h\to 0}\frac{f(x+h)-f(x)}{h}$ を使って，証明しておこう。

(2) $(\sin x)'=\lim_{h\to 0}\frac{\sin(x+h)-\sin x}{h}$

$\sin(x+h)=\sin x\cdot\cos h+\cos x\cdot\sin h$ ← 三角関数の加法定理 $\sin(\alpha+\beta)=\sin\alpha\cos\beta+\cos\alpha\sin\beta$

$$=\lim_{h\to 0}\frac{\sin x\cdot\cos h+\cos x\cdot\sin h-\sin x}{h}$$

$$=\lim_{h\to 0}\left(\cos x\cdot\frac{\sin h}{h}-\sin x\cdot\frac{1-\cos h}{h}\right)$$

$$=\lim_{h\to 0}\left(\cos x\cdot\frac{\sin h}{h}-\sin x\cdot\frac{1-\cos h}{h^2}\times h\right)$$

（h で割った分，h をかけた！）

（$\frac{\sin h}{h}\to 1$，$\frac{1-\cos h}{h^2}\to\frac{1}{2}$，$h\to 0$）

三角関数の極限：$\lim_{x\to 0}\frac{\sin x}{x}=1$，$\lim_{x\to 0}\frac{1-\cos x}{x^2}=\frac{1}{2}$

$=\cos x\times 1-\sin x\times\frac{1}{2}\times 0=\cos x$ となるね。

(3) $(\cos x)'=\lim_{h\to 0}\frac{\cos(x+h)-\cos x}{h}$

$\cos(x+h)=\cos x\cdot\cos h-\sin x\cdot\sin h$ ← 三角関数の加法定理 $\cos(\alpha+\beta)=\cos\alpha\cos\beta-\sin\alpha\sin\beta$

$$=\lim_{h\to 0}\frac{\cos x\cdot\cos h-\sin x\cdot\sin h-\cos x}{h}$$

$$=\lim_{h\to 0}\left(-\sin x\cdot\frac{\sin h}{h}-\cos x\cdot\frac{1-\cos h}{h^2}\times h\right)$$

（h で割った分，h をかけた！）

（$\frac{\sin h}{h}\to 1$，$\frac{1-\cos h}{h^2}\to\frac{1}{2}$，$h\to 0$）

$=-\sin x\times 1-\cos x\times\frac{1}{2}\times 0=-\sin x$ となるんだね。

納得いった？

(7) $(\log x)' = \lim_{h \to 0} \frac{\log(x+h) - \log x}{h} = \lim_{h \to 0} \frac{1}{h}\left\{\log(x+h) - \log x\right\}$

公式：$\log x - \log y = \log \frac{x}{y}$ → $\log \frac{x+h}{x}$

x で割った分，x をかけた！

$= \lim_{h \to 0} \frac{1}{h}\log\left(1 + \frac{h}{x}\right) = \lim_{h \to 0} \frac{1}{x} \cdot \frac{x}{h}\log\left(1 + \frac{h}{x}\right)$（$\frac{x}{h} = \frac{1}{t}$，$\frac{h}{x} = t$）

ここで，$\frac{h}{x} = t$ とおくと，$\frac{x}{h} = \frac{1}{t}$ となり，

また，$h \to 0$ のとき，$t \to 0$ となる。よって，

$(\log x)' = \lim_{t \to 0} \frac{1}{x} \cdot \frac{1}{t}\log(1+t)$

公式：
$\log x^p = p\log x$

$= \lim_{t \to 0} \frac{1}{x} \cdot \log(1+t)^{\frac{1}{t}}$（$\to e$）

e に収束する公式：
$\lim_{x \to 0}(1+x)^{\frac{1}{x}} = e$

$= \lim_{t \to 0} \frac{1}{x} \cdot \log e = \frac{1}{x}$ となるんだね。大丈夫だった？

1 ($\because e^1 = e$)

証明って結構大変なんだね。でも，公式は証明より，利用するものなんだね。もう **1** 度下に微分計算の **8** つの知識を示しておくから，シッカリ頭に入れよう。

(1) $(x^\alpha)' = \alpha x^{\alpha - 1}$　(2) $(\sin x)' = \cos x$　(3) $(\cos x)' = -\sin x$

(4) $(\tan x)' = \frac{1}{\cos^2 x}$　(5) $(e^x)' = e^x$　(6) $(a^x)' = a^x \cdot \log a$

(7) $(\log x)' = \frac{1}{x}$　(8) $\{\log f(x)\}' = \frac{f'(x)}{f(x)}$

まだ証明していないものも，この後すべて証明するから，もう少し待ってくれ。ここでは，先にこれらの公式の利用法について解説しておくね。

まず，(1) の公式 $(x^{\alpha})'=\alpha x^{\alpha-1}$ (α：実数) を使えば，次のように x^{α} の微分が自由に行えるようになるんだね。

(ex1) $(x^2\sqrt{x})'=\left(x^{\frac{5}{2}}\right)'=\frac{5}{2}\cdot x^{\frac{5}{2}-1}=\frac{5}{2}x^{\frac{3}{2}}=\frac{5}{2}x\sqrt{x}$ となる。

$x^2\cdot x^{\frac{1}{2}}=x^{2+\frac{1}{2}}$　　$x^1\cdot x^{\frac{1}{2}}$

次，(2), (3), (4) の公式は，三角関数に関する微分公式だ。

(2) $(\sin x)'=\cos x$ となることは示した。(3) $(\cos x)'=-\sin x$ の公式は $\sin x$ に㊀がつくことに気を付けよう。(4) の $\tan x$ の微分が，$(\tan x)'=\frac{1}{\cos^2 x}$ となることは P82 の (ex7) で示すな。

(5) の指数関数 e^x は微分しても変化しない特殊な関数なんだね。だから，$(e^x)'=e^x$ になる。

(6) の底が e 以外の指数関数の場合，a^x を微分すると，

$(a^x)'=a^x\cdot\log a$ と，a^x に $\log a$ がかかることに注意しよう。

自然対数 (底が e の対数)

例で示すと，

(ex2) $(2^x)'=2^x\cdot\log 2$

(ex3) $(3^x)'=3^x\cdot\log 3$ となるんだ。

(7) 自然対数 $\log x$ を x で微分すると，$(\log x)'=\frac{1}{x}$ となることは示したね。

(8) は，(7) のさらに応用で，$\log f(x)$ を x で微分すると，

$\{\log f(x)\}'=\frac{f'(x)}{f(x)}$ となる。これは例題で練習しておこう。

(ex4) $\{\log(x^2+1)\}'=\frac{(x^2+1)'}{x^2+1}=\frac{2x}{x^2+1}$ となるんだ。大丈夫？

どう？ 微分計算の 8 つの知識は身についた？ これが基本中の基本だから，スラスラ言えるようになるまで，毎日練習してくれ。

● 微分計算の 2 つの性質も利用しよう！

これまで勉強した“**微分計算の 8 つの知識**”と，これから解説する“**微分計算の 2 つの性質**”を利用することにより，微分できる関数のヴァリエーションがさらに広がるんだよ。

それでは，微分計算の 2 つの性質を下に示すので，まず頭に入れておこう。

微分計算の 2 つの性質

(Ⅰ) $\{f(x)+g(x)\}'=f'(x)+g'(x)$

$\{f(x)-g(x)\}'=f'(x)-g'(x)$

関数が“たし算”や“引き算”されたものは，項別に微分できる！

(Ⅱ) $\{kf(x)\}'=kf'(x)$ （k：実数定数）

関数を実数倍したものの微分では，関数を微分して，その後で実数をかければいい。

これから，2 つ以上の関数の和や差の微分では，項別に微分できるし，また，関数を実数倍したものの微分では，まず関数を微分して，それに実数係数をかければいいんだね。これから，次のような関数の微分も可能になるんだよ。

練習問題 18	微分計算（Ⅰ）	CHECK 1	CHECK 2	CHECK 3

次の各関数を微分せよ。

(1) $y=\dfrac{1}{\sqrt{x}}+\log x$　　(2) $y=3\sin x-2\cos x$

(3) $y=2e^x+3^x$　　(4) $y=2\tan x+\log(\cos x)$

少し複雑に見えるけれど，微分計算の 8 つの知識と，2 つの性質を利用すれば，みんな解ける問題だよ。頑張ろうな！

(1) $y=\frac{1}{\sqrt{x}}+\log x=x^{-\frac{1}{2}}+\log x$ を x で微分すると,

($\frac{1}{\sqrt{x}}=x^{-\frac{1}{2}}$)

$y'=(x^{-\frac{1}{2}}+\log x)'=(x^{-\frac{1}{2}})'+(\log x)'$

たし算は，項別に微分できる。

($(x^{-\frac{1}{2}})'=-\frac{1}{2}\cdot x^{-\frac{1}{2}-1}$, $(\log x)'=\frac{1}{x}$)

公式 $\cdot(x^{\alpha})'=\alpha x^{\alpha-1}$
$\cdot(\log x)'=\frac{1}{x}$

$=-\frac{1}{2}\cdot x^{-\frac{3}{2}}+\frac{1}{x}=-\frac{1}{2x\sqrt{x}}+\frac{1}{x}=\frac{2\sqrt{x}-1}{2x\sqrt{x}}$ となる。大丈夫？

($x^{-\frac{3}{2}}=\frac{1}{x^{\frac{3}{2}}}=\frac{1}{x\sqrt{x}}$)

(2) $y=3\sin x-2\cos x$ を x で微分すると,

$y'=(3\sin x-2\cos x)'$

$=3(\sin x)'-2\cdot(\cos x)'$

・ひき算は項別に微分できる。
・係数は，別に微分して，後でかける。

($(\sin x)'=\cos x$, $(\cos x)'=-\sin x$)

公式 $\cdot(\sin x)'=\cos x$
$\cdot(\cos x)'=-\sin x$

$=3\cos x+2\sin x$ となって答えだ。

(3) $y=2e^x+3^x$ を x で微分すると,

$y'=(2e^x+3^x)'$

$=2(e^x)'+(3^x)'$

・たし算は項別に微分できる。
・係数は，別に微分して，後でかける。

($(e^x)'=e^x$, $(3^x)'=3^x\cdot\log 3$)

公式 $\cdot(e^x)'=e^x$
$\cdot(a^x)'=a^x\cdot\log a$

$=2e^x+3^x\cdot\log 3$ となる。

(4) $y=2\tan x+\log(\cos x)$ を x で微分すると,

$y'=\{2\tan x+\log(\cos x)\}'$

$=2\cdot(\tan x)'+\{\log(\cos x)\}'$

・たし算は項別に微分できる。
・係数は，別に微分して，後でかける。

($(\tan x)'=\frac{1}{\cos^2 x}$, $\{\log(\cos x)\}'=\frac{(\cos x)'}{\cos x}=\frac{-\sin x}{\cos x}$)

公式 $\cdot(\tan x)'=\frac{1}{\cos^2 x}$
$\cdot\{\log f(x)\}'=\frac{f'(x)}{f(x)}$

$=\frac{2}{\cos^2 x}-\frac{\sin x}{\cos x}=\frac{2-\sin x\cdot\cos x}{\cos^2 x}$ となって，答えだ！

微分計算の 8 つの知識と 2 つの性質を組み合わせるだけでも，かなり複雑な関数の微分が出来るようになったね。

● 2関数の積と商の微分公式もマスターしよう！

さらに，“**2つの関数の積と商の微分公式**” をマスターすると，もっと複雑な微分計算もできるようになるんだよ。まず，その公式を下に示そう。

2つの関数の積と商の微分公式

2つの関数 $f(x)$ と $g(x)$ を，それぞれ f, g と簡略化して書くと，

(Ⅰ) f と g の積の微分公式

$$(f\cdot g)'=f'\cdot g+f\cdot g'$$

(Ⅱ) f と g の商の微分公式

$$\left(\frac{g}{f}\right)'=\frac{g'\cdot f-g\cdot f'}{f^2}$$

この公式は，

$$\left(\frac{分子}{分母}\right)'=\frac{(分子)'\cdot 分母-分子\cdot(分母)'}{(分母)^2}$$

と，口ずさみながら覚えると忘れないよ！

(Ⅰ)の公式から，**2**つの関数の積の微分は，いずれか一方ずつを微分したものの積の和になるんだね。また，(Ⅱ)の**2**つの関数の商の微分では，「分母分の分子の微分は，分母の**2**乗分の，分子ダッシュかけ分母ひく分子かけ分母ダッシュ」と口ずさみながら覚えるといい。いくつか例題で練習しておこう。

(ex5) $(x\cdot\sin x)'=\underbrace{x'}_{1}\cdot\sin x+x\cdot\underbrace{(\sin x)'}_{\cos x}$ ← 公式 $(f\cdot g)'=f'\cdot g+f\cdot g'$

$=\sin x+x\cdot\cos x$ となる。

(ex6) $(x^2\cdot\log x)'=\underbrace{(x^2)'}_{2x}\cdot\log x+x^2\cdot\underbrace{(\log x)'}_{\frac{1}{x}}$ ← 公式 $(f\cdot g)'=f'\cdot g+f\cdot g'$

$=2x\cdot\log x+x^2\cdot\dfrac{1}{x}=2x\log x+x$

$=x(2\log x+1)$ となる。

それでは，次，$\left(\dfrac{g}{f}\right)'=\dfrac{g'\cdot f-g\cdot f'}{f^2}$ の公式を使う例題もやっておこう。

(ex7) $(\tan x)' = \left(\dfrac{\sin x}{\cos x}\right)'$

公式
$\left(\dfrac{g}{f}\right)' = \dfrac{g'\cdot f - g\cdot f'}{f^2}$

$= \dfrac{(\sin x)'\cdot\cos x - \sin x\cdot(\cos x)'}{\cos^2 x}$ 　（$(\sin x)' = \cos x$, $(\cos x)' = -\sin x$）

$= \dfrac{\sin^2 x + \cos^2 x}{\cos^2 x} = \dfrac{1}{\cos^2 x}$ ← 公式 (4) $(\tan x)' = \dfrac{1}{\cos^2 x}$ のこと

(ex8) $\left(\dfrac{x}{e^x}\right)' = \dfrac{x'\cdot e^x - x\cdot(e^x)'}{(e^x)^2}$ 　（$x' = 1$, $(e^x)' = e^x$）

公式
$\left(\dfrac{g}{f}\right)' = \dfrac{g'\cdot f - g\cdot f'}{f^2}$

$= \dfrac{e^x - x\cdot e^x}{e^{2x}} = \dfrac{e^x(1-x)}{e^{2x}} = \dfrac{1-x}{e^x}$ となる。（$e^{2x} = e^x\cdot e^x$）

さらに次の練習問題で $(f\cdot g)'$ と $\left(\dfrac{g}{f}\right)'$ の公式を使う練習をしておこう。

練習問題 19　微分計算 (II)　CHECK 1　CHECK 2　CHECK 3

次の各関数を微分せよ。

(1) $y = x\cdot\log(x^2+1)$　　(2) $y = x\sqrt{x}\,e^x$

(3) $y = \dfrac{\tan x}{x}$　　(4) $y = \dfrac{x^2}{1+x^2}$

(1), (2) は，公式 $(f\cdot g)' = f'\cdot g + f\cdot g'$ を使い，(3), (4) は，公式 $\left(\dfrac{g}{f}\right)' = \dfrac{g'\cdot f - g\cdot f'}{f^2}$ を使って解けばいい。これで，公式の使い方にも慣れるはずだ！

(1) $y = x\cdot\log(x^2+1)$ を x で微分して，

公式
$(f\cdot g)' = f'\cdot g + f\cdot g'$

$y' = \{x\cdot\log(x^2+1)\}' = x'\log(x^2+1) + x\{\log(x^2+1)\}'$ 　（$x' = 1$, $\{\log(x^2+1)\}' = \dfrac{(x^2+1)'}{x^2+1} = \dfrac{2x}{x^2+1}$）

$= \log(x^2+1) + \dfrac{2x^2}{x^2+1}$ となって，答えだ！

(2) $y = x\sqrt{x} \cdot e^x = x^{\frac{3}{2}} \cdot e^x$ を x で微分して，

$x \cdot x^{\frac{1}{2}} = x^{1+\frac{1}{2}} = x^{\frac{3}{2}}$

$$y' = \left(x^{\frac{3}{2}} \cdot e^x\right)' = \left(x^{\frac{3}{2}}\right)' \cdot e^x + x^{\frac{3}{2}} \cdot (e^x)'$$

$\left(x^{\frac{3}{2}}\right)' = \frac{3}{2}x^{\frac{1}{2}}$, $(e^x)' = e^x$

公式 $(f \cdot g)' = f' \cdot g + f \cdot g'$

公式 $\cdot (x^\alpha)' = \alpha x^{\alpha-1}$ $\cdot (e^x)' = e^x$

$$= \frac{3}{2}\sqrt{x}e^x + x\sqrt{x}e^x$$

$$= \frac{1}{2}\sqrt{x}e^x(3+2x)$$ となるね。

(3) $y = \dfrac{\tan x}{x}$ を x で微分して，

$$y' = \left(\frac{\tan x}{x}\right)' = \frac{(\tan x)' \cdot x - \tan x \cdot x'}{x^2}$$

$(\tan x)' = \dfrac{1}{\cos x^2}$, $x' = 1$

公式 $\left(\dfrac{g}{f}\right)' = \dfrac{g' \cdot f - g \cdot f'}{f^2}$

$$= \frac{\dfrac{x}{\cos^2 x} - \tan x}{x^2} = \frac{\dfrac{x - \sin x\cos x}{\cos^2 x}}{x^2}$$

$\tan x = \dfrac{\sin x}{\cos x}$

$$= \frac{x - \sin x\cos x}{x^2\cos^2 x}$$ となって，答えだ。

(4) $y = \dfrac{x^2}{1+x^2}$ を x で微分して，

$$y' = \left(\frac{x^2}{1+x^2}\right)' = \frac{(x^2)' \cdot (1+x^2) - x^2 \cdot (1+x^2)'}{(1+x^2)^2}$$

$(x^2)' = 2x$, $(1+x^2)' = 2x$

公式 $\left(\dfrac{g}{f}\right)' = \dfrac{g' \cdot f - g \cdot f'}{f^2}$

$$= \frac{2x(1+x^2) - x^2 \cdot 2x}{(1+x^2)^2} = \frac{2x}{(1+x^2)^2}$$ となる。大丈夫だった？

● さらに，合成関数の微分までマスターしよう！

これまで，“**8 つの知識**”，“**2 つの性質**”，そして“**積と商の微分公式**”を使うことによって，相当複雑な関数の微分計算までできるようになったんだね。でも，まだもう **1** つ重要な公式をマスターしてもらわないといけない。エッ，もう十分だって？ でも，たとえば，$\sin 3x$ や e^{-x} を微分せよって，言われてできる？ 確かに，$(\sin x)' = \cos x$ や $(e^x)' = e^x$ となるのは大丈夫だろうけど，今の状況では $(\sin 3x)' = ?$，$(e^{-x}) = ??\cdots$ の状態だと思う。

これを解決してくれるのが，“**合成関数の微分**(ごうせいかんすう　びぶん)”なんだよ。エッ，何だか難しそうだって？ 慣れればそうでもないよ。微分の操作を **2** 段階に分けてやるのが，この“**合成関数の微分**”なんだ。これから詳しく解説しよう。

まず，その前にここで微分法の表し方について言っておこう。今まで，$y = f(x)$ という x の関数を x で微分するとき，y' と“′(ダッシュ)”を

（正式には，“y プライム”と読むが，“y ダッシュ”と読んでもいいよ。）

付けて導関数を表現していた。でも，これをより明確に示したかったら，y' の代わりに $\dfrac{dy}{dx}$ と表すこともできる。これだと，“**y を x で微分する**”

（“ディー y・ディー x”と読む）

ということが明らかに分かるだろう。x や y についている“d”は“**微小な**”という意味なんだよ。

この表記法に慣れると，例えば，y が u の関数，

$y = g(u) = \sin u$ のとき，これを u で微分すると，

$$\frac{dy}{du} = (\sin u)' = \cos u$$

（公式 $(\sin x)' = \cos x$ から
$(\sin u)' = \cos u$ としてもいい。
文字は x でも u でもなんでもいいからね。）

となるんだね。

便利な表現法だろう？

さァ，それでは，この微分の表記法を使って，**“合成関数の微分”**のやり方を示そう。

合成関数の微分

x の関数 $y=f(x)$ の中の（ある x の式）$=t$ とおいて，y を t の関数と考えると，y を x で微分した導関数 y' は次のように表せる。

$$y'=\frac{dy}{dx}=\frac{dy}{dt}\cdot\frac{dt}{dx}$$

見かけ上“dt で割った分，dt をかけている”

これは x の関数 $y=f(x)$ をまず t の関数と考えると，y を x で微分した導関数 y' は，まず y を t で微分したものに，t を x で微分したものをかけたものに等しくなる，と言っているんだね。つまり下に示す通りだね。

$$y'=\frac{dy}{dx}=\frac{dy}{dt}\cdot\frac{dt}{dx}$$

（$\frac{dy}{dx}$：y を x で微分した導関数 y'，$\frac{dy}{dt}$：y を t で微分したもの，$\frac{dt}{dx}$：t を x で微分したもの）

エッ，さっぱり分からんって？ 当然だ。これから，例をたっぷり使って，絶対マスターできるようにしてあげよう。

(ex9) $y=\sin 3x$ を x で微分したい場合，公式 $(\sin x)'=\cos x$ は知ってても，$(\sin 3x)'=??$ となることは前に話した。でもここで，

$\sin 3x$ の $3x=t$ とおいて考えると，y は $y=\sin t$ と t の関数になり，これを t で微分することは簡単だね。つまり，$(\sin t)'=\cos t$ となる。

（$\sin t$ を t で微分するという意味）

さらに $t=3x$ と，t は x の関数だから t を x で微分することもできる。すなわち，$t'=(3x)'=3$ となる。

（t を x で微分するという意味）

以上を組み合わせると，合成関数の微分になるんだね。すなわち，

$y' = \frac{dy}{dx}$ （y は $\sin 3x$）について $3x = t$ とおくと，$\frac{dy}{dt} = \cos t$，$\frac{dt}{dx} = 3$ より，

（$\sin t$ を t で微分して $\cos t$ となる。）（$3x$ を x で微分して 3 となる。）

$$y' = \frac{dy}{dx} = \frac{dy}{dt} \cdot \frac{dt}{dx} = \cos t \cdot 3 = 3\cos 3x$$ となる。

（t は $3x$：最後は x の式に戻す。）

まだ，ピンとこないって？ いいよ，さらに練習しよう。

(ex10) $y = e^{-x}$ のとき，$-x = t$ とおくと，

$y = e^t$，$t = -x$ より，

（y は t の関数）（t は x の関数）

$\frac{dy}{dt} = (e^t)' = e^t$，$\frac{dt}{dx} = (-x)' = -1$ となる。

（e^t を t で微分して e^t となる）（$-x$ を x で微分して -1 となる）

$$\therefore\ y' = \frac{dy}{dx} = \frac{dy}{dt} \cdot \frac{dt}{dx} = e^t(-1) = -e^{-x}$$ となる。

（t は $-x$：最後は x の式に戻す。）

少し慣れてきた？ 要するに直接 x で微分しづらい関数が出てきたとき，（ある x の式の固まり）を t とでもおいて，合成関数の微分 $\frac{dy}{dx} = \frac{dy}{dt} \cdot \frac{dt}{dx}$ にもち込めば，簡単に微分計算ができるんだよ。慣れてくれば，この t とおく操作を頭の中だけでやれるようにもなるんだよ。

（実は，u とおいても，v とおいてもなんでもかまわない。）

それでは，さらに練習問題で，合成関数の微分をもっと練習しよう。

練習問題 20　合成関数の微分　CHECK 1　CHECK 2　CHECK 3

次の各関数を微分せよ。

(1) $y=(2x+1)^4$　(2) $y=(x^2+1)^5$　(3) $y=\dfrac{1}{2x+1}$

(4) $y=\sin^3 x$　(5) $y=\cos(-2x)$　(6) $y=e^{-x^2}$

(7) $y=xe^{-x^2}$　(8) $y=\dfrac{\sin 3x}{x}$

いずれも，合成関数の微分公式 $\dfrac{dy}{dx}=\dfrac{dy}{dt}\cdot\dfrac{dt}{dx}$ を使って解ける！ 頑張ろうな！

(1) $y=(2x+1)^4$ について，$2x+1=t$ とおくと，

$y=t^4$，$t=2x+1$ となるので，導関数 $y'=\dfrac{dy}{dx}$ は，

$$y'=\frac{dy}{dx}=\frac{dy}{dt}\cdot\frac{dt}{dx}=4t^3\cdot 2=8(2x+1)^3 \text{ となる。}$$

（$y=t^4$，$t=2x+1$）

t^4 を t で微分して，

$2x+1$ を x で微分して

最後は t を x の式 $(2x+1)$ に戻しておく。

どう？ 慣れると簡単に見えてくるだろう？

(2) $y=(x^2+1)^5$ について，$x^2+1=u$ とおくと，←（t でなくてもいい！）

$y=u^5$，$u=x^2+1$ となるので，導関数 $y'=\dfrac{dy}{dx}$ は，

$$y'=\frac{dy}{dx}=\frac{dy}{du}\cdot\frac{du}{dx}=5u^4\cdot 2x=10x\cdot(x^2+1)^4 \text{ となる。}$$

（$y=u^5$，$u=x^2+1$）

u^5 を u で微分して，

x^2+1 を x で微分して

最後は u を x の式 (x^2+1) に戻しておく。

(3) $y=\dfrac{1}{2x+1}=(2x+1)^{-1}$ について，$2x+1=t$ とおくと，

$y=t^{-1}$，$t=2x+1$ となるので，導関数 $y'=\dfrac{dy}{dx}$ は，

$$y'=\frac{dy}{dx}=\frac{dy}{dt}\cdot\frac{dt}{dx}=-1\cdot t^{-2}\cdot 2=-2\cdot(2x+1)^{-2}=-\frac{2}{(2x+1)^2}$$

t^{-1} を t で微分して

$2x+1$ を x で微分して

最後は t を x の式 $(2x+1)$ に戻す。

公式 $(x^{\alpha})'=\alpha x^{\alpha-1}$ を使った。

(3) の別解

$\left(\dfrac{g}{f}\right)'$ の $g=1$ のとき，$\left(\dfrac{1}{f}\right)'=\dfrac{1'\cdot f-1\cdot f'}{f^2}=-\dfrac{f'}{f^2}$ となる。つまり，($1'=0$)

公式 $\left(\dfrac{1}{f}\right)'=-\dfrac{f'}{f^2}$ が導ける。これを用いると，

$y'=\left(\dfrac{1}{2x+1}\right)'=-\dfrac{(2x+1)'}{(2x+1)^2}=-\dfrac{2}{(2x+1)^2}$ と，同じ答えが導ける。

大丈夫？

(4) $y=\sin^3 x=(\sin x)^3$ について，$\sin x=t$ とおくと，

$y=t^3$，$t=\sin x$ となるので，導関数 $y'=\dfrac{dy}{dx}$ は，

$y'=\dfrac{dy}{dx}=\dfrac{dy}{dt}\cdot\dfrac{dt}{dx}=3t^2\cdot\cos x=3\sin^2 x\cdot\cos x$ となる。

t^3 を t で微分して

$\sin x$ を x で微分して

最後は t を x の式 $\sin x$ に戻す。

(5) $y=\cos(-2x)$ について，$-2x=t$ とおくと，

$y=\cos t$，$t=-2x$ となるので，導関数 $y'=\dfrac{dy}{dx}$ は，

$y'=\dfrac{dy}{dx}=\dfrac{dy}{dt}\cdot\dfrac{dt}{dx}=-\sin t\cdot(-2)=2\sin(-2x)$ となる。

$\cos t$ を t で微分して，

$-2x$ を x で微分して

最後は t を x の式 $(-2x)$ に戻しておく。

(6) $y=e^{-x^2}$ について，$-x^2=t$ とおくと，

$y=e^t$，$t=-x^2$ となるので，導関数 $y'=\dfrac{dy}{dx}$ は，

$$y'=\frac{dy}{dx}=\frac{dy}{dt}\cdot\frac{dt}{dx}=e^t\cdot(-2x)=-2xe^{-x^2}$$ となる。

e^t を t で微分して，

$-x^2$ を x で微分して

最後は t を x の式 $-x^2$ に戻しておく。

(7) $y=x\cdot e^{-x^2}$ について，導関数 y' は，

$$y'=(x\cdot e^{-x^2})'=x'\cdot e^{-x^2}+x\cdot(e^{-x^2})'$$

公式 $(f\cdot g)'=f'\cdot g+f\cdot g'$

$x'=1$，$(e^{-x^2})'=e^{-x^2}\cdot(-2x)$ （$\dfrac{dy}{dt}$，$\dfrac{dt}{dx}$）

$-x^2=t$ とおいて合成関数の微分

$$=1\cdot e^{-x^2}+x\cdot(-2x)\cdot e^{-x^2}$$

$$=(1-2x^2)e^{-x^2}$$ となって，答えだ。

(8) $y=\dfrac{\sin 3x}{x}$ について，導関数 y' は，

$$y'=\left(\frac{\sin 3x}{x}\right)'=\frac{(\sin 3x)'\cdot x-\sin 3x\cdot x'}{x^2}$$

$(\sin 3x)'=\cos 3x\cdot 3$ （$\dfrac{dy}{dt}$，$\dfrac{dt}{dx}$），$x'=1$

$3x=t$ とおいて合成関数の微分

公式 $\left(\dfrac{g}{f}\right)'=\dfrac{g'\cdot f-g\cdot f'}{f^2}$

$$=\frac{3x\cdot\cos 3x-\sin 3x}{x^2}$$ となるんだね。大丈夫だった？

(7) や (8) のように，合成関数の微分も，計算の一部としてさりげなく使えるようになると，オ・シ・ャ・レ (?) なんだね。

さァ，今日の講義はこれで終了です。テクニカルな微分計算ばかりだったけど，これでどんな関数でも微分ができる自信が付いたはずだ。次回の講義では，さらにこの微分計算を深めていこう。それでは，みんな元気でな。次回も元気な顔を見せてくれ！さようなら…。

7th day　微分計算（Ⅱ）

みんな，おはよう！ 今日もみんな元気そうで何よりだ！さて，前回は微分計算について様々なテクニックを教えたけれど，今日の講義ではさらにこの微分計算に磨きをかけることにしよう。

今日教える主なテーマは，"**逆関数の微分**(ぎゃくかんすう)"，"**対数微分法**(たいすうびぶんほう)"，"**$f(x,y)$ 型の式の微分**"，それに"**媒介変数表示**(ばいかいへんすうひょうじ)**された関数の微分**"だ。言葉が難しそうだって!? そうだね。でも，また分かりやすく教えるから，心配は無用だよ。微分法の考え方がさらに深まって，さらに磨きがかかるから，みんな期待していいよ。

それでは，早速講義を始めような！

● 逆関数の微分から始めよう！

$y=f(x)$ が 1 対 1 対応の関数ならば，x と y を入れ替えて $x=f(y)$ とし，これを $y=f^{-1}(x)$ の形にして，逆関数 $f^{-1}(x)$ を求めるんだったね。もう一度，これを模式図で示しておこう。

$y=f(x)$ $\xrightarrow[\text{入れ替える}]{x\text{ と }y\text{ を}}$ $x=f(y)$ ……①

（$y=f(x)$：1 対 1 対応の関数）

これを $y=(x$ の式$)$ の形にして

$y=f^{-1}(x)$（逆関数）……②が求まる。

では，この逆関数 $y=f^{-1}(x)$ の導関数の求め方を示そう。

$$y'=\{f^{-1}(x)\}'=\frac{dy}{dx}=\frac{1}{\frac{dx}{dy}}$$ ……③となる。

（dy：これを分母の分母に移動する）（$\frac{dx}{dy}$：①を y で微分したもの）

つまり，逆関数の微分公式は，$\frac{dy}{dx}$ の分子の dy を分母の分母に移動して

$$\frac{dy}{dx}=\frac{1}{\frac{dx}{dy}}$$ ……$(*)$　となるんだね。

ン？簡単すぎて，何のことか分からんって？いいよ，具体例で示そう。

指数関数 $y = e^x$ は，1 対 1 対応の関数だから，x と y を入れ替えて

$x = e^y$ ……①´ だね。これを $y = (x$ の式$)$ に変形したものが，対数関数

$y = \log x$ ……②´ というわけで，これが指数関数 $y = e^x$ の逆関数であり，$y = e^x$ と，$y = \log x$ は，直線 $y = x$ に関して対称なグラフになるんだった。さらにボク達は e^x と $\log x$ の導関数が $(e^x)' = e^x$ ……③，$(\log x)' = \dfrac{1}{x}$ ……④となることも知っている。

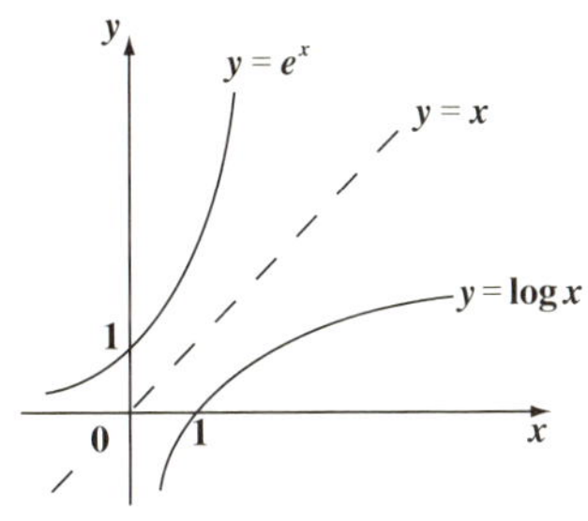

では，逆関数の微分の公式 (＊) を使って③から④を導けるので，やってみよう。これが，逆関数の微分の 1 番いい例題となるんだね。

$y = \log x$ を x で微分すると

$$y' = (\log x)' = \frac{dy}{dx} = \frac{1}{\frac{dx}{dy}} \quad \cdots\cdots ⑤$$

ここで $\dfrac{dx}{dy}$ は，$x = e^y$ ……①´ を y で微分することを意味するので

$$\frac{dx}{dy} = \frac{d(e^y)}{dy} = e^y = x \quad \cdots\cdots ⑥ \text{ となる。}$$

$(e^y)' = e^y$
(③より)

$x = e^y$
(①´より)

⑥を⑤に代入して

$y' = (\log x)' = \dfrac{1}{x}$，つまり，$(\log x)' = \dfrac{1}{x}$ ……④ が導けたんだね。

これは慣れるまで，少し時間がかかると思うので，何回か読み返して理解してくれ。

● 対数微分法をマスターしよう！

自然対数関数 $y = \log x$ の微分公式：$(\log x)' = \dfrac{1}{x}$ ……(＊1) は実は奥の深い公式なんだ。まず，この (＊1) を使って，この応用公式：

$\{\log f(x)\}' = \dfrac{f'(x)}{f(x)}$ ……$(*1)'$ が成り立つことを示してみよう。

どうするか？分かる？……，そうだね。前回やった合成関数の微分を思い出そう。

$y = \log f(x)$ の $f(x)$ を t とおくと

（t とおく）

$y = \log t$, $t = f(x)$ となるので，$\dfrac{dy}{dx}$ は

$$\frac{dy}{dx} = \{\log f(x)\}' = \frac{dy}{dt} \cdot \frac{dt}{dx} = \frac{1}{t} \cdot f'(x) = \frac{f'(x)}{f(x)}$$ となるんだね。

（最後は，t を $f(x)$ に戻す。）

これから，公式：$\{\log f(x)\}' = \dfrac{f'(x)}{f(x)}$ ……$(*1)'$ も導けた。

（これは公式 (8) (P75) だね。）

では次，$(\log x)' = \dfrac{1}{x}$ の拡張公式 $(\log|x|)' = \dfrac{1}{x}$ ……$(*1)''$ も証明しておこう。$(*1)''$ は $x<0$ のときでも $|x|>0$ となって真数条件をみたすので $x>0$，$x<0$ のいずれでも成り立つ公式なんだね。

(i) $x>0$ のとき，$|x| = x$ より

$$(\log|x|)' = (\log x)' = \frac{1}{x}$$ となって成り立つ。

(ii) $x<0$ のとき，$|x| = -x$ より

（これは⊕）

$$(\log|x|)' = \{\log(-x)\}' = \frac{(-x)'}{-x} = \frac{-1}{-x} = \frac{1}{x}$$ となって成り立つ。

（$-x = f(x)$ とおいて，$\{\log f(x)\}' = \dfrac{f'(x)}{f(x)}$ の公式を使った。）

以上 (i)(ii) より，公式：$(\log|x|)' = \dfrac{1}{x}$ ……$(*1)''$ も成り立つ。

では次，"対数微分法（たいすうびぶんほう）" という計算テクニックを教えよう。

一般に，関数 $y = f(x)$ ……①が与えられているとき，この両辺の絶対値をとると，両辺は正となるので，次のようにこの両辺の自然対数をとることができる。

$\log|y| = \log|f(x)|$ ……② （ただし，$y \neq 0$，$f(x) \neq 0$）

⊕（真数条件をみたす）

合成関数の微分だね

そして②の両辺を x で微分すると

$$\begin{cases} ②\text{の左辺} = (\log|y|)' = \dfrac{d(\log|y|)}{dx} = \dfrac{d(\log|y|)}{dy}\cdot\dfrac{dy}{dx} = \dfrac{1}{y}\cdot y' \text{ となり，} \\ ②\text{の右辺} = \{\log|f(x)|\}' = \dfrac{f'(x)}{f(x)} \text{ となる。} \end{cases}$$

（$*1$）$'$ と（$*1$）$''$ より

t とおく　$f(x)$

$\{\log|f(x)|\}' = \dfrac{d\{\log|f(x)|\}}{dx} = \dfrac{d\log|t|}{dt}\cdot\dfrac{dt}{dx} = \dfrac{1}{t}\cdot f'(x) = \dfrac{f'(x)}{f(x)}$ だね。

$\therefore \{\log|f(x)|\}' = \dfrac{f'(x)}{f(x)}$ ……（$*1$）$'''$ も公式として覚えよう。

このような手法で導関数 y' を求める方法を対数微分法というんだね。

(ex1) 対数微分法を用いて，公式：$(x^{\alpha})' = \alpha x^{\alpha-1}$ （α：実数）が成り立つことを示してみよう。

$y = x^{\alpha}$ とおくと，この両辺の絶対値をとって

$|y| = |x^{\alpha}| = |x|^{\alpha}$ となる。この両辺の自然対数をとると

$\log|y| = \log|x|^{\alpha}$

$\log|y| = \alpha\log|x|$ となる。この両辺を x で微分して

$(\log|y|)' = \alpha\cdot(\log|x|)'$ より，$\dfrac{1}{y}\cdot y' = \dfrac{\alpha}{x}$

$\dfrac{d(\log|y|)}{dy}\cdot\dfrac{dy}{dx} = \dfrac{1}{y}\cdot y'$　　$\dfrac{1}{x}$

$\therefore y' = (x^{\alpha})' = \dfrac{\alpha}{x}\cdot y = \dfrac{\alpha x^{\alpha}}{x} = \alpha x^{\alpha-1}$ より　（$y = x^{\alpha}$）

公式：$(x^{\alpha})' = \alpha x^{\alpha-1}$ が導けたんだね。← これは公式(1)(P75)だね。

ここで，α は整数でなくてもいいわけだから，たとえば

$\left(x^{\sqrt{2}}\right)' = \sqrt{2}\,x^{\sqrt{2}-1}$ や，$(x^{\pi})' = \pi\cdot x^{\pi-1}$ …などと，微分計算することもできるんだね。面白かった？

(ex2) 対数微分法を用いて，公式：$(a^x)' = a^x\log a$ $(a > 0)$が成り立つことを示してみよう。

$y = a^x$ $(a > 0)$ とおくと，この両辺は正より，この両辺の自然対数をとると

$\log y = \log a^x$ より，$\log y = x \cdot \underline{\log a}$ この両辺を x で微分して

定数

$(\log y)' = x' \cdot \log a$ より，$\frac{1}{y} \cdot y' = \log a$

（$x' = 1$）

$$\frac{d(\log y)}{dx} = \frac{d(\log y)}{dy} \cdot \frac{dy}{dx} = \frac{1}{y} \cdot y'$$

両辺に $y = a^x$ をかけて

$y' = y \cdot \log a = a^x \cdot \log a$ となる。

よって，公式：$(a^x)' = a^x\log a$ も導けたんだね。← これは公式 (6) (P75) だね。

以上で，前回教えた 8 つの微分計算の基本公式 (P75) の証明もすべてできたんだね。

(1) $(x^\alpha)' = \alpha x^{\alpha - 1}$　(2) $(\sin x)' = \cos x$　(3) $(\cos x)' = -\sin x$

(4) $(\tan x)' = \frac{1}{\cos^2 x}$　(5) $(e^x)' = e^x$　(6) $(a^x)' = a^x \log a$

(7) $(\log x)' = \frac{1}{x}$　(8) $\{\log f(x)\}' = \frac{f'(x)}{f(x)}$

これ以外にも，底が e 以外の一般の a の対数関数の微分もあるけれど，

$\log_a x = \frac{\log x}{\log a}$ より，← 公式：$\log_a b = \frac{\log_c b}{\log_c a}$

$(\log_a x)' = \left(\frac{1}{\log a} \cdot \log x\right)' = \frac{1}{\log a} \cdot (\log x)' = \frac{1}{\log a} \cdot \frac{1}{x} = \frac{1}{x\log a}$ と

（$\frac{1}{\log a}$：定数）

計算すればいいだけだから，特に問題はないね。

では，対数微分法を使って，導関数 y' を求める次の練習問題を解いてみよう。

練習問題 21　対数微分法　CHECK 1　CHECK 2　CHECK 3

$y=\left(\dfrac{x^2+1}{x^2-1}\right)^2$ $(x \fallingdotseq \pm 1)$　を対数微分法を用いて微分せよ。

いずれも，両辺の絶対値の自然対数をとって，微分すれば計算が楽になるんだね。

$y=\left(\dfrac{x^2+1}{x^2-1}\right)^2 (x \fallingdotseq \pm 1)$ の両辺の絶対値をとって，

$|y|=\left|\left(\dfrac{x^2+1}{x^2-1}\right)^2\right|=\left|\dfrac{x^2+1}{x^2-1}\right|^2$ より，$|y|=\dfrac{|x^2+1|^2}{|x^2-1|^2}$

公式：
・$\log\dfrac{x}{y}=\log x-\log y$
・$\log x^p=p\log x$

この両辺の自然対数をとって

$\log|y|=\log\dfrac{|x^2+1|^2}{|x^2-1|^2}=\log|x^2+1|^2-\log|x^2-1|^2$ より，

$\log|y|=2\log|x^2+1|-2\log|x^2-1|$ となる。

この両辺を x で微分して

$\dfrac{1}{y}\cdot y'=2\cdot\dfrac{2x}{x^2+1}-2\cdot\dfrac{2x}{x^2-1}$

$\dfrac{d(\log|f(x)|)}{dx}=\dfrac{f'(x)}{f(x)}$

$\dfrac{d(\log|y|)}{dx}=\dfrac{d(\log|y|)}{dy}\cdot\dfrac{dy}{dx}=\dfrac{1}{y}\cdot y'$

$\dfrac{1}{y}\cdot y'=\dfrac{4x(x^2-1)-4x(x^2+1)}{(x^2+1)(x^2-1)}=-\dfrac{8x}{(x^2+1)(x^2-1)}$

∴求める導関数 y' は

$y'=-\dfrac{8x}{(x^2+1)(x^2-1)}\cdot y=-\dfrac{8x}{(x^2+1)(x^2-1)}\cdot\dfrac{(x^2+1)^2}{(x^2-1)^2}=-\dfrac{8x(x^2+1)}{(x^2-1)^3}$

となる。これで，対数微分法のやり方にも慣れただろう？

● 第 n 次導関数にもチャレンジしよう！

関数 $y=f(x)$ を，何回でも微分可能な関数としよう。すると，まず1回微分した導関数を**第1次導関数**（だいいちじどうかんすう）と呼ぶと，第1次導関数は

$y'=f'(x)=\dfrac{dy}{dx}=\dfrac{df(x)}{dx}$ と表されるのはいいね。

次に，y' をさらにもう 1 回微分したものを**第 2 次導関数**(だいにじどうかんすう)と呼び，

$$y'' = f''(x) = \frac{d^2y}{dx^2} = \frac{d^2f(x)}{dx^2}$$ と表す。

さらに，これをもう 1 回 x で微分したものを**第 3 次導関数**(だいさんじどうかんすう)と呼び，

$$y''' = f'''(x) = \frac{d^3y}{dx^3} = \frac{d^3f(x)}{dx^3}$$ と表すんだね。

同様に，y を x で n 回微分したものを**第 n 次導関数**(だいえぬじどうかんすう)と呼び，

$$y^{(n)} = f^{(n)}(x) = \frac{d^ny}{dx^n} = \frac{d^nf(x)}{dx^n}$$ と表す。

> 一般に，数学では分子が頭でっかちになることを嫌う傾向があるので
> $\dfrac{df(x)}{dx}$ を $\dfrac{d}{dx}f(x)$，$\dfrac{d^2f(x)}{dx^2}$ を $\dfrac{d^2}{dx^2}f(x)$，……などと表す場合もあるが，
> この講義では意味が分かりやすいので，そのままの表記とした。

したがって $y' = y^{(1)}$，$y'' = y^{(2)}$，$y''' = y^{(3)}$，……と表してもいいし，また

$f'(x) = f^{(1)}(x)$，$f''(x) = f^{(2)}(x)$，$f'''(x) = f^{(3)}(x)$，……と表しても同じことなんだね。そして，第 2 次以上の導関数のことを**高次導関数**(こうじ)と呼ぶこともあるので，覚えておこう。

では，実際に高次導関数を求めてみよう。

練習問題 22　第 n 次導関数　CHECK 1　CHECK 2　CHECK 3

次の各関数の第 n 次導関数を求めてみよう。

(1)　$y = x^3$　　(2)　$y = e^x$　　(3)　$y = e^{-x}$

第 1 次，第 2 次，第 3 次，…と順次導関数を求めていけば，法則性がつかめるんだね。次々に微分していけばいいんだよ。

(1)　$y = x^3$ を，順に x で微分していくと

$y' = (x^3)' = 3x^2$，　$y'' = (3x^2)' = 3 \cdot 2x = 6x$

$y''' = (6x)' = 6$，　$y^{(4)} = (6)' = 0$，　$y^{(5)} = 0' = 0$，…

以上より，

$y' = 3x^2$，$y'' = 6x$，$y''' = 6$，そして $n \geqq 4$ のとき，$y^{(n)} = 0$ となる。

(2) $y = e^x$ を，順に x で微分すると

$y' = (e^x)' = e^x$，　$y'' = (e^x)' = e^x$，　$y''' = (e^x)' = e^x$，…と変化しない。

よって，$n = 1$，2，3，…に対して第 n 次導関数は，$y^{(n)} = e^x$ である。

(3) $y = e^{-x}$ を，順に x で微分すると

$y' = (e^{-x})' = -e^{-x}$，　$y'' = (-e^{-x})' = -(e^{-x})' = -(-e^{-x}) = e^{-x}$

$-x = t$ とおくと，$y = e^t$，$t = -x$ より
$\dfrac{dy}{dx} = \dfrac{dy}{dt} \cdot \dfrac{dt}{dx} = e^t \cdot (-1) = -e^{-x}$

$y''' = (e^{-x})' = -e^{-x}$，　$y^{(4)} = (-e^{-x})' = -(e^{-x})' = -(-e^{-x}) = e^{-x}$，…

よって第 n 次導関数は，

$$\begin{cases} n = 1,\ 3,\ 5,\ 7,\ \cdots(\text{奇数})\text{のとき}, & y^{(n)} = -e^{-x} \\ n = 2,\ 4,\ 6,\ 8,\ \cdots(\text{偶数})\text{のとき}, & y^{(n)} = e^{-x} \end{cases}$$
となる。大丈夫？

第 n 次導関数といっても，$f'(x)$，$f''(x)$，…と調べることによって，どうなるかを調べればいいことが分かったと思う。

● $f(x, y) = k$ の形の微分にも挑戦しよう！

これまでの微分は，すべて $y = f(x)$ という形をしたものの微分計算だったけれど，たとえば

円：$x^2 + y^2 = r^2$ や，だ円：$\dfrac{x^2}{a^2} + \dfrac{y^2}{b^2} = 1$ や，双曲線：$\dfrac{x^2}{a^2} - \dfrac{y^2}{b^2} = \pm 1$，…

などのように $f(x, y) = k$（定数）の形の関数も存在する。もちろん，これらだって，

$x^2 + y^2$ や，$\dfrac{x^2}{a^2} + \dfrac{y^2}{b^2}$ や，$\dfrac{x^2}{a^2} - \dfrac{y^2}{b^2}$，…など，ある x と y の関係式のこと

$y = f(x)$ の形にもち込める場合もあるんだけれど，$f(x, y) = k$（定数）の形のままで導関数 $y' = \dfrac{dy}{dx}$ を求める手法について，これから具体的に解説しよう。

・円：$x^2+y^2=4$ ……①について，少し乱暴に思えるかも知れないけれど，①の両辺を x で微分してみよう。すると

図1　円の導関数 $\frac{dy}{dx}=-\frac{x}{y}$

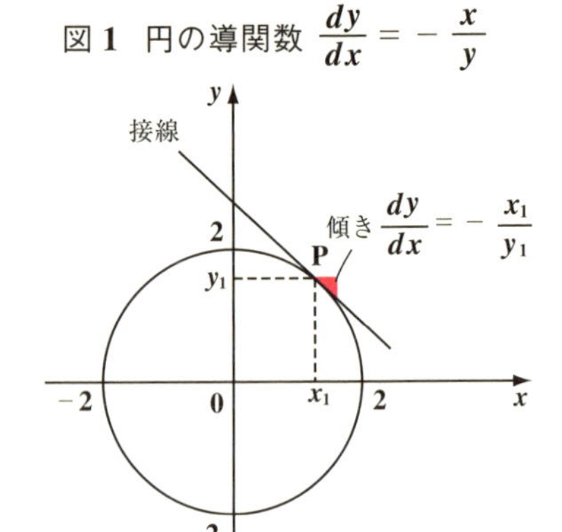

$(x^2+y^2)'=\underline{4'}$

0（定数の微分は 0 だ）

$\underline{(x^2)'}+\underline{(y^2)'}=0$

$2x$　　$\frac{dy^2}{dx}=\frac{dy^2}{dy}\cdot\frac{dy}{dx}=2y\cdot\frac{dy}{dx}$

合成関数の微分の考え方だ！

$2x+2y\cdot\frac{dy}{dx}=0$　　この両辺を 2 で割って，変形すると

これは y'，つまり導関数のことだね。

$x+y\cdot\frac{dy}{dx}=0$　　$y\cdot\frac{dy}{dx}=-x$

$\therefore\ y'=\frac{dy}{dx}=-\frac{x}{y}$ ……②　$(y\neq 0)$ が導かれるんだね。

これまでの，$y=f(x)$ の微分 $y'=\underline{f'(x)}$ のように，x だけの関数ではなく，

x の関数

②の y' は $y'=-\frac{x}{y}$ となって，x と y の関数になっているけれど，図 1 に示すように，①の円周上の点 $P(x_1,\ y_1)$ における接線の傾きは，x に x_1，y に y_1 を代入することにより，

$\frac{dy}{dx}=-\frac{x_1}{y_1}$ と求めることができるんだね。より具体的に $\underline{P(1,\ \sqrt{3})}$ であれば，点 P における接線の傾きは $\frac{dy}{dx}=-\frac{1}{\sqrt{3}}$ と求めることができるんだね。

これは，$1^2+(\sqrt{3})^2=4$ をみたす。

納得いった？

では，次は練習問題で，同様に $f(x,\ y)=k$ の形の式から導関数 y' を求めてみよう。

練習問題 23　$f(x,y)=k$ の導関数　CHECK 1　CHECK 2　CHECK 3

次の関数の導関数 $\dfrac{dy}{dx}$ を求めよ。

(1) $\dfrac{x^2}{9}+\dfrac{y^2}{4}=1$ ……①　　(2) $\dfrac{x^2}{4}-\dfrac{y^2}{2}=-1$ ……②

(1) は，横長だ円，(2) は，上下の双曲線だね。このように $f(x,\ y)=k$ の形の関数の導関数を求めたかったら，そのまま丸ごと両辺を x で微分すればいいんだね。頑張れ！頑張れ！

(1) $\dfrac{x^2}{9}+\dfrac{y^2}{4}=1$ ……①の両辺を

x で微分すると，

$$\frac{2x}{9}+\frac{2y}{4}\cdot\frac{dy}{dx}=0$$

$(x^2)'=2x$，$(y^2)'=2y\cdot y'$
だからね。スピードを上げよう！

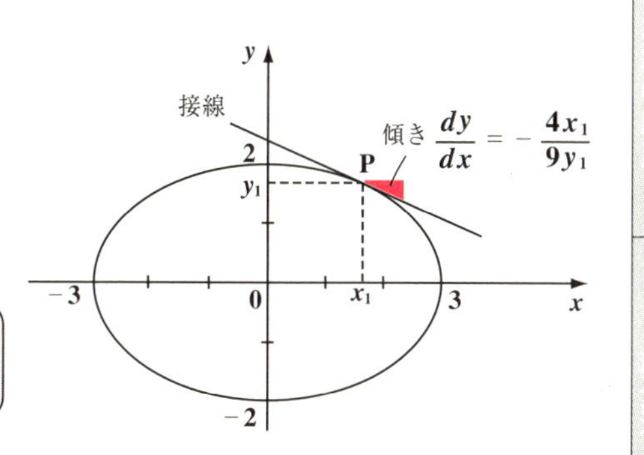

これを変形して，

$$\frac{y}{2}\cdot\frac{dy}{dx}=-\frac{2}{9}x \qquad \therefore\ \frac{dy}{dx}=-\frac{2}{9}x\times\frac{2}{y}=-\frac{4x}{9y} \text{ となる。}$$

よって，だ円①の周上の点 P を $P(x_1,\ y_1)$ とおくと，点 P における接線の傾きは $\dfrac{dy}{dx}=-\dfrac{4x_1}{9y_1}$ となるんだね。大丈夫？

(2) $\dfrac{x^2}{4}-\dfrac{y^2}{2}=-1$ ……②の両辺を x で微分すると，

$$\frac{2x}{4}-\frac{2y}{2}\cdot\frac{dy}{dx}=0 \qquad \text{これを変形して，}\ y\cdot\frac{dy}{dx}=\frac{x}{2}$$

∴求める導関数は，$\dfrac{dy}{dx}=\dfrac{x}{2y}$ となるんだね。納得いった？

● 媒介変数表示された関数の導関数も求めよう！

最後に，x と y が次のように媒介変数 t によって表される関数

$$\begin{cases} x = f(t) \quad \cdots\cdots① \\ y = g(t) \quad \cdots\cdots② \end{cases} \quad (t：媒介変数)$$

の導関数 $\frac{dy}{dx}$ の求め方についても話しておこう。これは形式的に分子・分母を dt で割ればいいだけなので，次のようになる。

導関数 $\frac{dy}{dx} = \frac{\frac{dy}{dt}}{\frac{dx}{dt}}$ ……(＊)

ここで，①より $\frac{dx}{dt} = \frac{df(t)}{dt} = f'(t)$ を求め，

また，②より $\frac{dy}{dt} = \frac{dg(t)}{dt} = g'(t)$ を求めて，(＊)の分子・分母に代入すればいいだけなんだね。超簡単だろう？もちろん，この場合の導関数は

$\frac{dy}{dx} = \frac{(t\text{の式})}{(t\text{の式})} = (t\text{の式})$ となることもいいね。

では，例題を1つやっておこう。

(ex3) $\begin{cases} x = 2t^2 + 1 \\ y = 1 - t^3 \end{cases}$ $(t：媒介変数)$ で表される関数の導関数 $\frac{dy}{dx}$ を求めよう。

$\frac{dx}{dt} = (2t^2+1)' = 4t$，$\frac{dy}{dt} = (1-t^3)' = -3t^2$ より，

求める導関数 $\frac{dy}{dx}$ は

$$\frac{dy}{dx} = \frac{\frac{dy}{dt}}{\frac{dx}{dt}} = \frac{-3t^2}{4t} = -\frac{3}{4}t$$ となって，答えだ！大丈夫？

練習問題 24　媒介変数表示の関数の導関数　CHECK 1　CHECK 2　CHECK 3

$\begin{cases} x = a(\theta - \sin\theta) \\ y = a(1 - \cos\theta) \end{cases}$ (θ：媒介変数，a：正の定数) で表される関数の導関数 $\frac{dy}{dx}$ を求めよ。

これは「初めから始める数学Ⅲ Part1」で解説したサイクロイド曲線だね。これも，導関数を公式通り求めればいいだけだから，超簡単だよ。頑張ろう！

$$\frac{dx}{d\theta} = a(\theta - \sin\theta)' = a\{\underbrace{\theta'}_{1} - \underbrace{(\sin\theta)'}_{\cos\theta}\} = a(1 - \cos\theta)$$

$$\frac{dy}{d\theta} = a(1 - \cos\theta)' = a\{\underbrace{1'}_{0} - \underbrace{(\cos\theta)'}_{(-\sin\theta)}\} = a\sin\theta$$ となる。

よって，このサイクロイド曲線の導関数 $\frac{dy}{dx}$ は

$$\frac{dy}{dx} = \frac{\frac{dy}{d\theta}}{\frac{dx}{d\theta}} = \frac{\cancel{a}\sin\theta}{\cancel{a}(1 - \cos\theta)} = \frac{\sin\theta}{1 - \cos\theta}$$ となって，答えだね。大丈夫？

以上で，今日の講義も終了です。みんな，よく頑張ったね。でも，今日の講義で "**微分法**" の解説はすべて終わったんだよ。次回からは，"**微分法の応用**" に入る。ン？応用だから，難しそうだって!? そんなことないよ。応用とは，微分法を，接線や関数のグラフの概形など…を求めるために利用するということだから，これまで勉強してきた微分法の使い方がより具体的に分かって，さらに面白く，興味深くなっていくと思うよ。

でも，そのための基礎が，これまでの "**微分法**" の解説だったわけだから，今日の講義も含めて，ヨ～ク反復練習しておいてくれ。

それでは，次回の講義もまた分かりやすく解説するから，みんな楽しみながら，強くなっていってくれ！じゃ，みんな元気でな！バイバイ…。

第2章● 微分法　公式エッセンス

1. 微分係数の定義式

$$f'(a)=\lim_{h\to 0}\frac{f(a+h)-f(a)}{h}=\lim_{x\to a}\frac{f(x)-f(a)}{x-a}$$

2. 導関数の定義式

$$f'(x)=\lim_{h\to 0}\frac{f(x+h)-f(x)}{h}$$

3. 微分計算の基本公式 (8つの知識)

(1) $(x^{\alpha})=\alpha x^{\alpha-1}$　(2) $(\sin x)'=\cos x$　(3) $(\cos x)'=-\sin x$

(4) $(\tan x)'=\dfrac{1}{\cos^2 x}$　(5) $(e^x)'=e^x$　(6) $(a^x)'=a^x\cdot\log a$

(7) $(\log|x|)'=\dfrac{1}{x}$　(8) $\{\log|f(x)|\}'=\dfrac{f'(x)}{f(x)}$

4. 微分計算の公式

(1) $(f\cdot g)'=f'\cdot g+f\cdot g'$　(2) $\left(\dfrac{g}{f}\right)'=\dfrac{g'\cdot f-g\cdot f'}{f^2}$

5. 合成関数の微分

$$\frac{dy}{dx}=\frac{dy}{dt}\cdot\frac{dt}{dx}$$

6. 逆関数の微分

$$\frac{dy}{dx}=\frac{1}{\dfrac{dx}{dy}}$$

7. 対数微分法

$y=f(x)$ の両辺の絶対値の自然対数をとって，$\log|y|=\log|f(x)|$

この両辺を x で微分する。

8. 媒介変数表示された関数の導関数

$$\frac{dy}{dx}=\frac{\dfrac{dy}{dt}}{\dfrac{dx}{dt}}\quad (t：媒介変数)$$

第３章
CHAPTER

3 微分法の応用

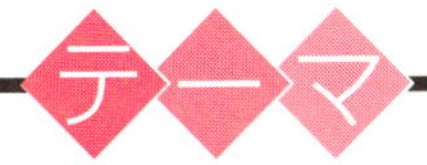

- 接線と法線，共接条件
- 関数のグラフの概形
- 方程式・不等式への応用
- 速度と近似式

8th day　接線と法線，共接条件

みんな，おはよう！ 元気そうだね。さァ，今日から“**微分法の応用**”の講義に入る。前回まで，さまざまな公式を使って，微分計算の練習を沢山したね。そして，今回からは，この微分法を利用することを考えてみよう。

まず，曲線 $y=f(x)$ 上の点における“**接線**(せっせん)”や“**法線**(ほうせん)”の方程式を微分法を使って，求めることが出来る。また，2 つの曲線が互いに接する条件，すなわち，“**2 曲線の共接条件**(きょうせつじょうけん)”，それに“**平均値の定理**(へいきんちのていり)”についても教えよう。

これらの問題を解く上で，微分計算は必要不可欠なんだ。実践的に微分計算を行っていくことにより，さらに上手(うま)くなると思うよ。

● 接線と法線の公式を使いこなそう！

図 1 に示すように，xy 平面上に滑らかな曲線 $y=f(x)$ が与えられたとき，その曲線上の点 $A(t,\ f(t))$ における接線と法線の方程式を求めることができる。

図 1　接線と法線

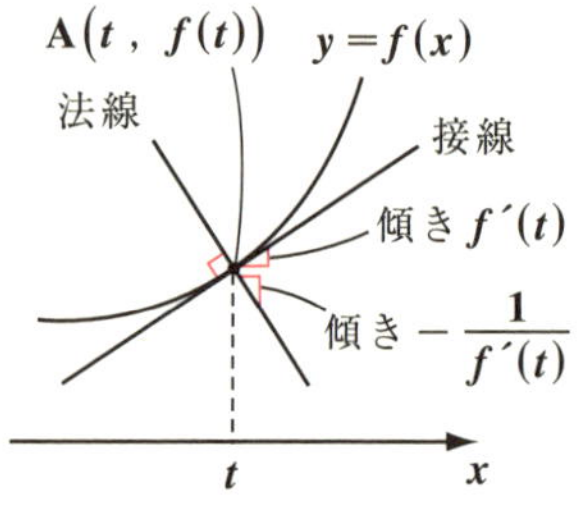

(Ⅰ) まず，接線の方程式から求めよう。

接線といっても，直線のことだから，通る点と傾きさえ分かれば，方程式は決まるんだね。この場合，図 1 から分かるように，点 $A(t,\ f(t))$ を通り，傾き $f'(t)$ の直線なので，接線の方程式は，

$$y=f'(t)(x-t)+f(t)$$ となる。

一般に，点 $(x_1,\ y_1)$ を通り傾き m の直線の方程式は，

$$y=m(x-x_1)+y_1$$

となるからね。

(Ⅱ) 次，曲線 $y=f(x)$ 上の点 $\mathrm{A}(t,\ f(t))$ における法線の方程式は，点 $\mathrm{A}(t,\ f(t))$ を通り，この点 A において接線と直交する直線なので，その傾きは $-\dfrac{1}{f'(t)}$ $(f'(t)\neq 0)$ となる。

一般に，2つの直線の傾きが，m_1，m_2 で，この2直線が直交するとき，$m_1\times m_2=-1$ となるからね。つまり，

$$f'(t)\times\left\{-\frac{1}{f'(t)}\right\}=-1 \quad だ。$$

（$f'(t)$：接線の傾き，$-\dfrac{1}{f'(t)}$：法線の傾き）

よって，求める法線の方程式は，

$$y=-\frac{1}{f'(t)}(x-t)+f(t)$$

$(ただし，f'(t)\neq 0)$ となる。

以上のことを基本事項として，下にまとめて示しておこう。

接線と法線の方程式

(Ⅰ) 曲線 $y=f(x)$ 上の点 $\mathrm{A}(t,\ f(t))$ における接線の方程式は，

$$y=f'(t)(x-t)+f(t)$$

(Ⅱ) 曲線 $y=f(x)$ 上の点 $\mathrm{A}(t,\ f(t))$ における法線の方程式は，

$$y=-\frac{1}{f'(t)}(x-t)+f(t)$$

$(ただし，f'(t)\neq 0)$

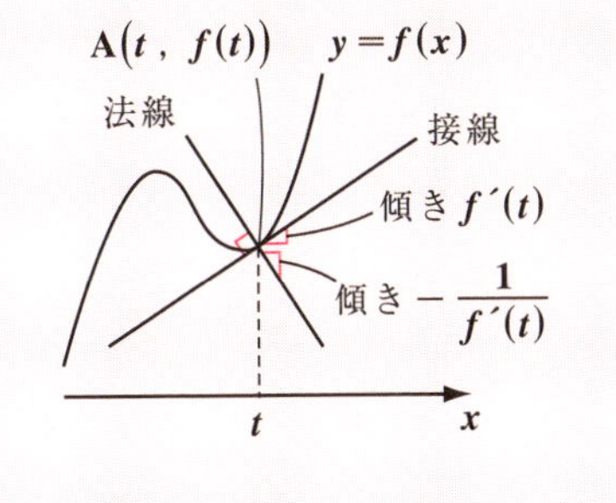

それでは，この公式を使って，実際に接線や法線の方程式を求めてみよう。まず，簡単な例題を解いてみよう。

(ex1) 曲線 $y=f(x)=\log x\ (x>0)$ 上の点 $(e,\ 1)$ における（ⅰ）接線と（ⅱ）法線の方程式を求めてみるよ。

（$x=e$ のとき，$y=\log e=1$ だからね。）

$y=f(x)=\log x\ (x>0)$ を x で微分して，

$f'(x)=(\log x)'=\frac{1}{x}$

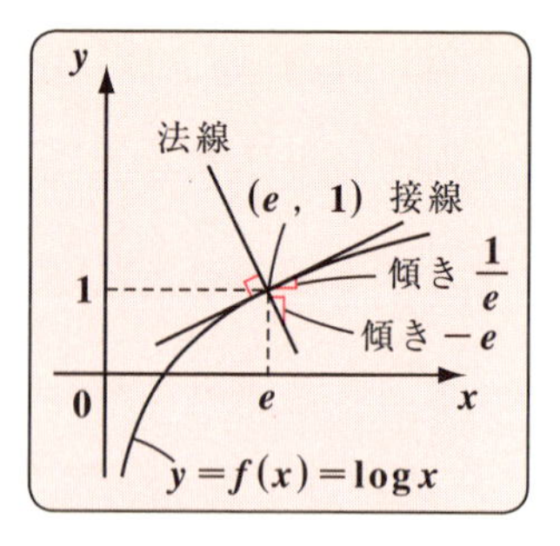

(i) $y=f(x)$ 上の点 $(e,1)$ における接線の傾きは $f'(e)=\frac{1}{e}$ より，求める接線の方程式は，

$$y=\frac{1}{e}(x-e)+1$$ ← 点 $(e,\ 1)$ を通り，傾き $\frac{1}{e}$ の直線

$$\left[y=f'(e)(x-e)+f(e)\right]$$

$$y=\frac{1}{e}x-1+1$$

$\therefore\ y=\frac{1}{e}x$ が答えだ。← 傾き $\frac{1}{e}$ で，原点を通る直線なんだね！

(ii) $y=f(x)$ 上の点 $(e,\ 1)$ における法線の傾きは，

$-\frac{1}{f'(e)}=-\frac{1}{\frac{1}{e}}=-e$ より，求める法線の方程式は，

$$y=-e(x-e)+1$$ ← 点 $(e,\ 1)$ を通り，傾き $-e$ の直線

$$\left[y=-\frac{1}{f'(e)}(x-e)+f(e)\right]$$

$\therefore\ y=-ex+e^2+1$ となる。

どう？ 実際に計算してみると，本当に公式の意味もよく分かると思う。右上に示したグラフも参考にしてくれたらいいよ。

それでは，さらに練習問題で，接線と法線の方程式を求めてみよう。今回の問題では，微分して導関数を求めるときに，“**合成関数の微分**”が必要となるよ。前回練習した成果を出してくれ！

練習問題 25　接線と法線　CHECK 1　CHECK 2　CHECK 3

次の問いに答えよ。

(1) 曲線 $y=e^{-x}$ 上の点 $(-1,\ e)$ における (i) 接線と (ii) 法線の方程式を求めよ。

(2) 曲線 $y=\sin^2 x$ 上の点 $\left(\dfrac{\pi}{4},\ \dfrac{1}{2}\right)$ における (i) 接線と (ii) 法線の方程式を求めよ。

(1)(2) 共に，接線の方程式 $y=f'(t)(x-t)+f(t)$ と法線の方程式 $y=-\dfrac{1}{f'(t)}(x-t)+f(t)$ の公式通り求めるといいんだよ。

(1) 曲線 $y=f(x)=e^{-x}$ とおくと，$x=-1$ のとき，$y=f(-1)=e^{-(-1)}=e$ となるので，点 $(-1,\ e)$ は，確かに $y=f(x)$ 上の点だね。ここで，$-x=t$ とおくと，$y=e^t$，$t=-x$ となるので，$f'(x)$ は合成関数の微分公式を使って，次のように求まる。

$$f'(x)=\frac{dy}{dx}=\frac{dy}{dt}\cdot\frac{dt}{dx}=e^t\cdot(-1)=-e^{-x}$$

（e^t を t で微分して）（$-x$ を x で微分して）

$y=f(x)=e^{-x}$

法線

$(-1,\ e)$

傾き $\dfrac{1}{e}$

傾き $-e$

接線

以上より，

(i) $y=f(x)=e^{-x}$ 上の点 $(-1,\ e)$ における接線はその傾きが，

$f'(-1)=-e^{-(-1)}=-e$ より，

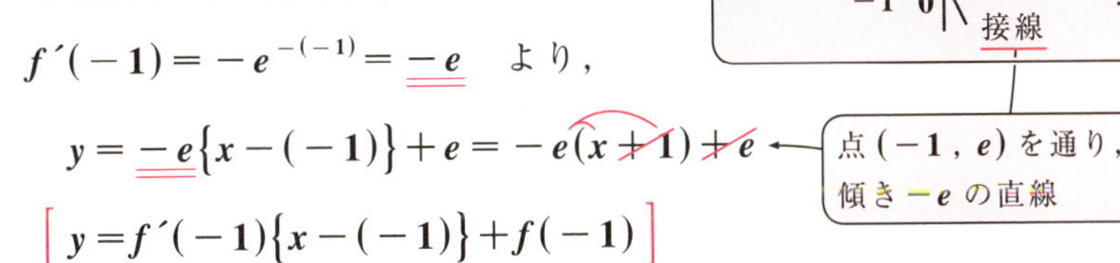

$y=-e\{x-(-1)\}+e=-e(x+1)+e$ ←（点 $(-1,\ e)$ を通り，傾き $-e$ の直線）

$[\,y=f'(-1)\{x-(-1)\}+f(-1)\,]$

$\therefore\ y=-ex$ となる。

(ⅱ) 次，$y=f(x)=e^{-x}$ 上の点 $(-1,\ e)$ における法線は，その傾きが，

$-\dfrac{1}{f'(-1)}=-\dfrac{1}{-e}=\dfrac{1}{e}$ より，

$y=\dfrac{1}{e}\{x-(-1)\}+e=\dfrac{1}{e}(x+1)+e$ ← 点 $(-1,\ e)$ を通り，傾き $\dfrac{1}{e}$ の直線

$\left[y=-\dfrac{1}{f'(-1)}\{x-(-1)\}+f(-1)\right]$

$\therefore\ y=\dfrac{1}{e}x+e+\dfrac{1}{e}$ となる。

(2) 曲線 $y=g(x)=\sin^2 x$ とおくと，

$x=\dfrac{\pi}{4}$ のとき，$y=g\left(\dfrac{\pi}{4}\right)=\sin^2\dfrac{\pi}{4}=\left(\dfrac{1}{\sqrt{2}}\right)^2=\dfrac{1}{2}$ となるので，（$\dfrac{1}{\sqrt{2}}=\sin\dfrac{\pi}{4}$）

点 $\left(\dfrac{\pi}{4},\ \dfrac{1}{2}\right)$ は，$y=g(x)$ 上の点だね。

次，導関数 $g'(x)$ を求めるのに，どうするか悩んでいない？ 今回は，$\sin x=u$ とおいて，これも合成関数の微分にもち込めばうまくいくんだよ。$y=u^2$ とおくと，$u=\sin x$ だから，

$g'(x)=\dfrac{dy}{dx}=\dfrac{dy}{du}\cdot\dfrac{du}{dx}=2u\cdot\cos x=2\sin x\cdot\cos x$ となる。

（u^2 を u で微分して）（$\sin x$ を x で微分して）

ここで，$x=\dfrac{\pi}{4}$ のとき，

$g'\left(\dfrac{\pi}{4}\right)=2\sin\dfrac{\pi}{4}\cdot\cos\dfrac{\pi}{4}=2\cdot\dfrac{1}{\sqrt{2}}\cdot\dfrac{1}{\sqrt{2}}=1$ だね。

（$\sin\dfrac{\pi}{4}=\dfrac{1}{\sqrt{2}}$，$\cos\dfrac{\pi}{4}=\dfrac{1}{\sqrt{2}}$）

以上より，

(ⅰ) $y=g(x)=\sin^2 x$ 上の点 $\left(\frac{\pi}{4},\ \frac{1}{2}\right)$ における

接線は，その傾きが，

$g'\left(\frac{\pi}{4}\right)=1$ より，

$y=1\cdot\left(x-\frac{\pi}{4}\right)+\frac{1}{2}$

$\left[y=g'\left(\frac{\pi}{4}\right)\cdot\left(x-\frac{\pi}{4}\right)+g\left(\frac{\pi}{4}\right)\right]$

$\therefore\ y=x+\frac{2-\pi}{4}$ となる。

(ⅱ) $y=g(x)=\sin^2 x$ 上の点 $\left(\frac{\pi}{4},\ \frac{1}{2}\right)$ における

法線は，その傾きが，

$-\frac{1}{g'\left(\frac{\pi}{4}\right)}=-\frac{1}{1}=-1$ より，

$y=-1\cdot\left(x-\frac{\pi}{4}\right)+\frac{1}{2}$

$\left[y=-\frac{1}{g'\left(\frac{\pi}{4}\right)}\left(x-\frac{\pi}{4}\right)+g\left(\frac{\pi}{4}\right)\right]$

$\therefore\ y=-x+\frac{2+\pi}{4}$ となるんだね。

接線や法線の方程式の公式そのものについては，数学Ⅱの“**微分法**”で習ったものとまったく同じだ。でも，数学Ⅲでは，対象となる関数(曲線)のヴァリエーションが非常に広いので，微分計算など大変に感じているかもしれないね。だけど，これも反復練習により自然に解けるようになるから，頑張ろうな！

曲線外の点から曲線に引く接線は，こう求める！

それでは次，曲線 $y=f(x)$ に，曲線外の点 $(a\ ,\ b)$ から引く接線の方程式の求め方についても，その手順を教えておこう。

(i) 図2に示すように，まず曲線 $y=f(x)$ 上の点 $(t\ ,f(t))$ における接線の方程式：

（この時点で，t はまだ未定！）

$$y=f'(t)(x-t)+f(t)\ \cdots\cdots ㋐$$

を立てる。

図2　曲線外の点から曲線に引く接線

$y=f(x)$

$(t\ ,\ f(t))$

曲線外の点 $(a\ ,\ b)$

x

(ii) 次に，この㋐が曲線外の点 $(a\ ,\ b)$ を通ることから，㋐の x ，y にそれぞれ a，b を代入して，t の方程式

$$b=f'(t)(a-t)+f(t)$$ ←（これは t の方程式になる。）

を作り，これを解いて t の値，たとえば t_1 などを求める。

（これはある定数）

(iii) t_1 を㋐の t に代入して，接線の方程式を完成させる！←（パチパチ……）

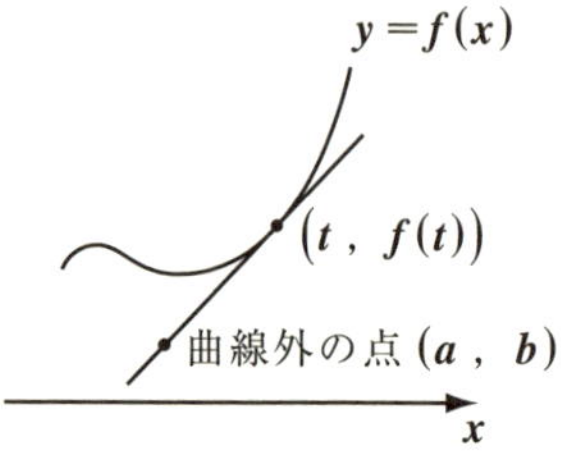

どう？ これで，やり方が分かっただろう？ 後は，実際に問題を解いてみることだね。次の練習問題を解いてごらん。

練習問題 26	曲線外の点から引いた接線	CHECK 1	CHECK 2	CHECK 3
曲線 $y=e^{2x}$ に，原点から引いた接線の方程式を求めよ。				

(i) まず，曲線上の点 $(t\ ,f(t))$ における接線の方程式を立て，(ii) 次に，それが原点を通ることから t の値を求め，(iii) それを接線の方程式に代入して，完成させる。この手順だね。頑張ろう！

$y=f(x)=e^{2x}$ とおく。$x=0$ のとき，$y=f(0)=e^{2\times 0}=e^0=1$ より，原点 $(0\ ,\ 0)$ は，この曲線 $y=f(x)$ 外の点である。（点 $(0\ ,\ 1)$ は曲線上の点）

よって，曲線外の点 $(0\ ,\ 0)$ から曲線 $y=f(x)=e^{2x}$ に引いた接線の方程式

を求める。

(i) まず，曲線上の点 $\big(t\,,\,f(t)\big)$ における接線の方程式を求める。

そのために，まず $f(x)=e^{2x}$ の導関数 $f'(x)$ を求める。

$2x=u$ とおくと，$y=e^u$，$u=2x$ より，合成関数の微分から，

$$f'(x)=\frac{dy}{dx}=\frac{dy}{du}\cdot\frac{du}{dx}=e^u\cdot 2=2e^{2x}$$ となる。

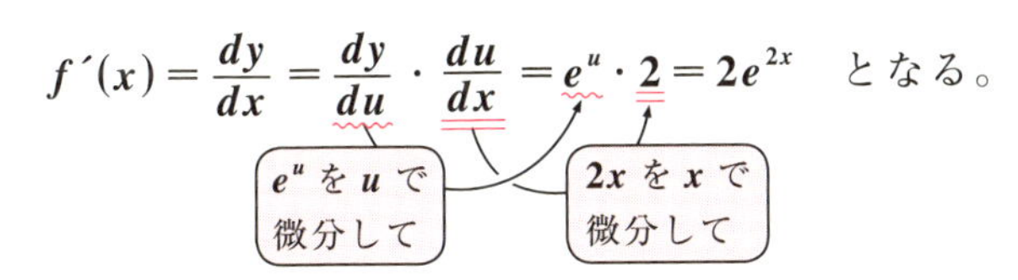

よって，$f'(t)=2e^{2t}$

以上より，曲線上の点 $\big(t\,,\,e^{2t}\big)$ における接線の方程式は，

$y=2e^{2t}(x-t)+e^{2t}$ ……㋐　となる。

$\big[\,y=f'(t)(x-t)+f(t)\,\big]$

(ii) ㋐は，曲線外の点 $(0\,,\,0)$ を通るので，㋐に $x=0\,,\,y=0$ を代入すると，

$0=2e^{2t}(0-t)+e^{2t}$

$0=-2te^{2t}+e^{2t}$

$e^{2t}(-2t+1)=0$　ここで，$e^{2t}>0$ より，両辺を e^{2t} で割って，

$-2t+1=0$　　$2t=1$　　$\therefore\ t=\frac{1}{2}$ ……㋑　となる。

(iii) ㋑を㋐に代入して，求める接線の方程式は，

$y=2e^{2\cdot\frac{1}{2}}\left(x-\frac{1}{2}\right)+e^{2\cdot\frac{1}{2}}$

$\ \ =2e\left(x-\frac{1}{2}\right)+e$

$\therefore\ y=2ex$　となる。 ← 完成！

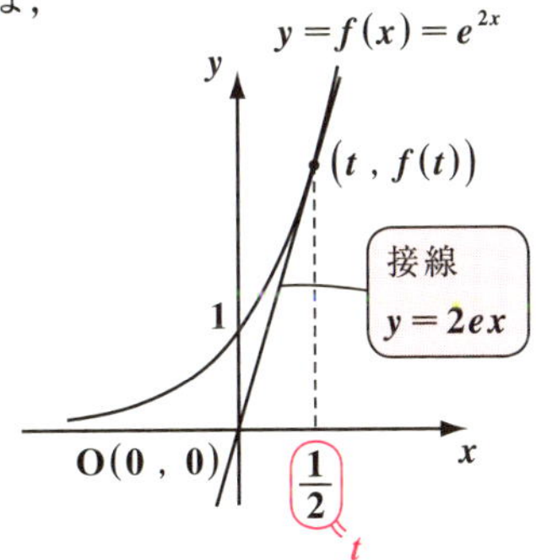

● 2曲線の共接条件にもチャレンジしよう！

2曲線 $y=f(x)$ と $y=g(x)$ が $x=t$ で接するための条件をボクは，"**2曲線の共接条件**(きょうせつじょうけん)" と呼んでいる。これも，試験ではよく問われるテーマなので，シッカリマスターしておこう。

図3　2曲線の共接条件

$f(t)=g(t)$　$y=f(x)$　共通接線　$y=g(x)$　傾き $f'(t)=g'(t)$　t　x

図3に示すように，2つの滑らかな曲線 $y=f(x)$ と $y=g(x)$ が，$x=t$ で接するとき，

(i) その点は共有点となるので，

2点 $(t, f(t))$ と $(t, g(t))$ は同じ点だね。

よって，$f(t)=g(t)$ となる。

(ii) 次に，図3に示すように，この共有点において，

$y=f(x)$ と $y=g(x)$ は共通の接線をもつのも分かるだろう。従って，$y=f(x)$ における接線および $y=g(x)$ における接線とみたときの，それぞれの接線の傾き $f'(t)$ と $g'(t)$ も，同じ共通接線の傾きを表すので，当然等しくなる。よって，$f'(t)=g'(t)$ となる。

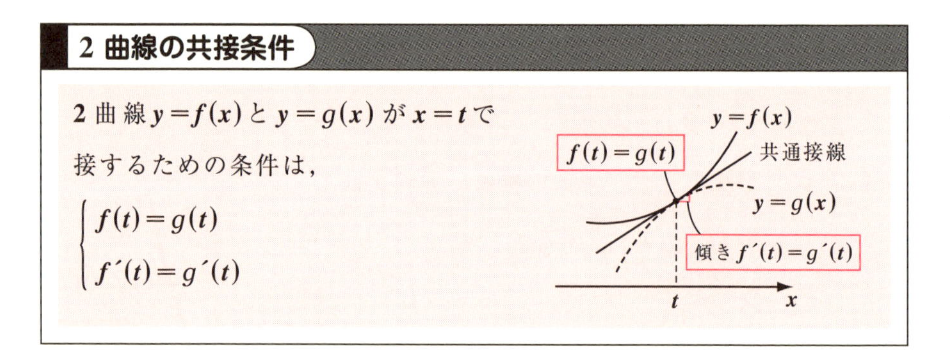

2曲線の共接条件

2曲線 $y=f(x)$ と $y=g(x)$ が $x=t$ で接するための条件は，

$$\begin{cases} f(t)=g(t) \\ f'(t)=g'(t) \end{cases}$$

それでは，この"**共接条件**"も実際に，次の練習問題を解いて，慣れることにしよう。

練習問題 27　2 曲線の共接条件　CHECK 1　CHECK 2　CHECK 3

(1) 曲線 $y=\log x$ と放物線 $y=ax^2+bx$ が，$x=1$ で接するように，a，b の値を求めよ。

(2) 2 曲線 $y=\dfrac{a}{x}$ と $y=\sqrt{x+1}$ が接するように，定数 a の値を求めよ。

2 曲線 $y=f(x)$ と $y=g(x)$ が $x=t$ で接するための条件は，(i) $f(t)=g(t)$，(ii) $f'(t)=g'(t)$ なんだね。(1) では，この t が 1 と与えられている。頑張って，解いてみてごらん。

(1) $y=f(x)=\log x\ (x>0)$ と $y=g(x)=ax^2+bx$ とおく。

これらを x で微分すると，

$f'(x)=(\log x)'=\dfrac{1}{x}$，$g'(x)=(ax^2+bx)'=2ax+b$ となる。

よって，この 2 曲線 $y=f(x)$ と $y=g(x)$ が $x=1$ で接するとき，

$$\begin{cases} \underbrace{\log 1}_{0}=a\cdot 1^2+b\cdot 1 \cdots\cdots ① & \leftarrow f(1)=g(1) \\ \dfrac{1}{1}=2a\cdot 1+b \cdots\cdots ② & \leftarrow f'(1)=g'(1) \end{cases}$$

となる。（2 曲線の共接条件）

①，②より，

$$\begin{cases} a+b=0 \cdots\cdots ①' \\ 2a+b=1 \cdots\cdots ②' \end{cases}$$

②′−①′ より，$a=1$

これを①′ に代入して，

$1+b=0$ より，$b=-1$

以上より，$a=1$，$b=-1$ となる。

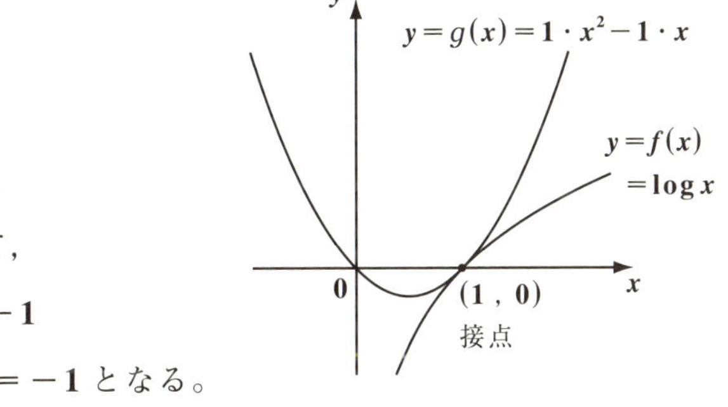

(2) $y=f(x)=\dfrac{a}{x}=a\cdot x^{-1}\ (x\neq 0)$ ← 分数関数

$y=g(x)=\sqrt{x+1}=(x+1)^{\frac{1}{2}}\ (x\geqq -1)$ とおく。（無理関数）

$y=f(x)=a\cdot x^{-1}$ を x で微分して,

公式
$(x^{\alpha})'=\alpha\cdot x^{\alpha-1}$

$f'(x)=a\cdot(-1)\cdot x^{-1-1}=-ax^{-2}=-\dfrac{a}{x^2}$ となる。

$y=g(x)=(\underbrace{x+1}_{u})^{\frac{1}{2}}$ については, $x+1=u$ とおくと,

$y=u^{\frac{1}{2}}$, $u=x+1$ より, $g'(x)$ は合成関数の微分で求まる。

$$g'(x)=\frac{dy}{dx}=\frac{dy}{du}\cdot\frac{du}{dx}=\frac{1}{2}u^{-\frac{1}{2}}\cdot 1=\frac{1}{2\sqrt{u}}=\frac{1}{2\sqrt{x+1}}$$ となる。

$u^{\frac{1}{2}}$ を u で微分して

$x+1$ を x で微分して

よって, この 2 曲線 $y=f(x)$ と $y=g(x)$ が $x=t$ で接するとき,

$$\begin{cases}\dfrac{a}{t}=\sqrt{t+1} & \cdots\cdots\cdots\cdots ③ \\ -\dfrac{a}{t^2}=\dfrac{1}{2\sqrt{t+1}} & \cdots\cdots ④\end{cases}$$

③ ← $f(t)=g(t)$

④ ← $f'(t)=g'(t)$ となる。

2 曲線の共接条件

③, ④より,

$a=t\sqrt{t+1}$ ……③′　　$a=-\dfrac{t^2}{2\sqrt{t+1}}$ ……④′

③′, ④′より a を消去して,

まず, t の方程式にして, t を求め, ③′より a を求める。

$t\sqrt{t+1}=-\dfrac{t^2}{2\sqrt{t+1}}$　　$2(\sqrt{t+1})^2=-t$　　$2(t+1)=-t$

$(\sqrt{t+1})^2 = t+1$

$3t=-2$　$\therefore\ t=-\dfrac{2}{3}$ ……⑤

⑤を③′に代入して,

$$a=-\frac{2}{3}\cdot\sqrt{-\frac{2}{3}+1}=-\frac{2}{3}\cdot\sqrt{\frac{1}{3}}=-\frac{2\sqrt{3}}{9}$$ となる。

これで, 2 曲線の共接条件の問題の解法にも, 自信がもてるようになっただろう？

● 様々な接線と法線も求めよう！

では次，2 次曲線（放物線，だ円，双曲線）上の点における接線や法線の問題も解いておこう。

例題として，次の練習問題で，だ円周上の点における接線と法線の方程式を求めてみよう。

練習問題 28	だ円の接線と法線	CHECK 1	CHECK 2	CHECK 3

だ円 $\frac{x^2}{4}+\frac{y^2}{2}=1$ …① 上の点 $A(\sqrt{2},\ 1)$ における（i）接線と（ii）法線の方程式を求めよ。

まず，$f(x,\ y)=1$ …①′ の形をしただ円の導関数を求めたかったならば，①′ の両辺をそのまま x で微分すればいいんだね。導関数 y' は，x と y の式で表されるから，$x=\sqrt{2}$，$y=1$ を代入すれば，点 A における接線の傾きが求まるはずだ。

$\frac{x^2}{4}+\frac{y^2}{2}=1$ …① 上の点 $A(\sqrt{2},\ 1)$ における接線の傾きを求めよう。

$x=\sqrt{2}$，$y=1$ を①の左辺に代入すると，$\frac{(\sqrt{2})^2}{4}+\frac{1^2}{2}=\frac{1}{2}+\frac{1}{2}=1$（＝①の右辺）となって，①をみたす。よって，点 A は①のだ円周上の点なんだね。

①の両辺を x で微分して，

$$\frac{2x}{4}+\frac{2y}{2}\cdot\frac{dy}{dx}=0$$

$(x^2)'=2x$，$(y^2)'=2y\cdot y'$

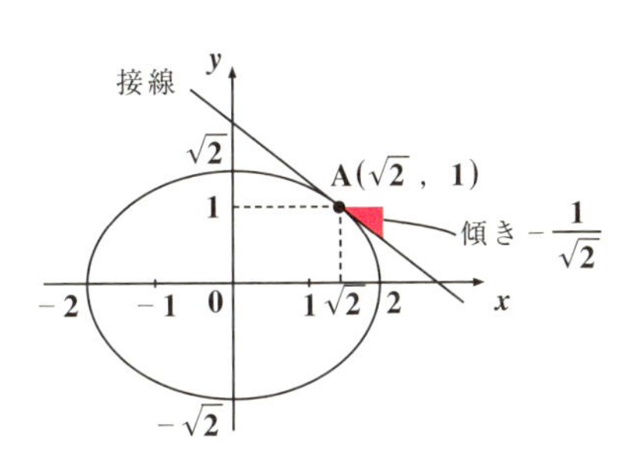

$\frac{x}{2}+y\cdot y'=0$ より，$yy'=-\frac{x}{2}$

∴導関数 $y'=-\frac{x}{2y}$ ……②

②に $x=\sqrt{2}$，$y=1$ を代入すると，

右上図の点 A における接線の傾きが

$y'=-\frac{\sqrt{2}}{2\cdot 1}=-\frac{1}{\sqrt{2}}$ となって，求まるんだね。よって，

(ⅰ) だ円 $\frac{x^2}{4}+\frac{y^2}{2}=1$ …① 上の点 $A(\sqrt{2},\ 1)$ における接線の方程式は，

点 A を通り，傾き $-\frac{1}{\sqrt{2}}$ の直線なので，

$$y=-\frac{1}{\sqrt{2}}(x-\sqrt{2})+1=-\frac{1}{\sqrt{2}}x+1+1$$

$\therefore\ y=-\frac{1}{\sqrt{2}}x+2$ 　となって，答えだ！ 次に，

(ⅱ) 同じく，点 A における法線の方程式は，点 A を通り，傾き $\sqrt{2}$ の直線なので，

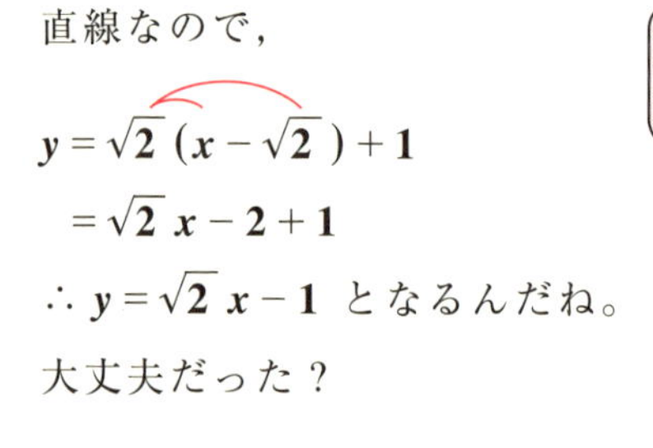

$$y=\sqrt{2}(x-\sqrt{2})+1$$
$$=\sqrt{2}x-2+1$$

$\therefore\ y=\sqrt{2}x-1$ となるんだね。

大丈夫だった？

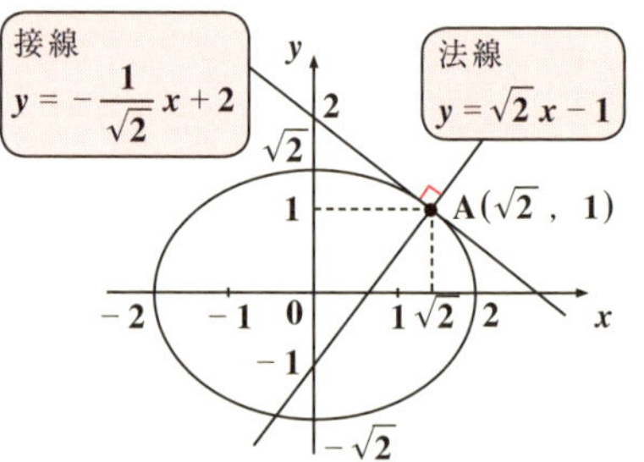

それじゃ，さらに媒介変数表示された曲線の接線も求めてみよう。次の練習問題で，サイクロイド曲線の接線を求めてみよう。

練習問題 29	サイクロイド曲線の接線	CHECK 1	CHECK 2	CHECK 3

サイクロイド曲線 $\begin{cases} x=\theta-\sin\theta \\ y=1-\cos\theta \end{cases}$ …① （θ：媒介変数）上の，$\theta=\frac{\pi}{2}$ のときの点 $A\left(\frac{\pi}{2}-1,\ 1\right)$ における接線の方程式を求めよ。

一般のサイクロイド曲線 $x=a(\theta-\sin\theta)$，$y=a(1-\cos\theta)$ の $a=1$ の場合が，①の方程式なんだね。で，$\theta=\frac{\pi}{2}$ のとき①の $x=\frac{\pi}{2}-\sin\frac{\pi}{2}=\frac{\pi}{2}-1$，また①の $y=1-\cos\frac{\pi}{2}=1$ より，$\theta=\frac{\pi}{2}$ のときの点が点 $A\left(\frac{\pi}{2}-1,\ 1\right)$ となるんだね。

①の x を θ で微分して，$\frac{dx}{d\theta}=(\theta-\sin\theta)'=1-\cos\theta$ ……②

①の y を θ で微分して，$\dfrac{dy}{d\theta} = (1-\cos\theta)' = 0-(-\sin\theta) = \sin\theta$ ……③

よって，この導関数 $\dfrac{dy}{dx}$ は，③÷②で求まるんだね。

$$\frac{dy}{dx} = \frac{\dfrac{dy}{d\theta}}{\dfrac{dx}{d\theta}} = \frac{\sin\theta}{1-\cos\theta} \quad \cdots④$$

$\sin\theta$（③より）

$1-\cos\theta$（②より）

これが，媒介変数表示された曲線の導関数を求めるやり方なんだね。(P100)

よって，$\theta = \dfrac{\pi}{2}$ のときの曲線上の点 $\mathrm{A}\left(\dfrac{\pi}{2}-1,\ 1\right)$ における接線の傾きは，④の θ に $\dfrac{\pi}{2}$ を代入すれば求まる。よって，

$$\frac{dy}{dx} = \frac{\sin\dfrac{\pi}{2}}{1-\cos\dfrac{\pi}{2}} = \frac{1}{1-0} = 1 \quad \text{となる。}$$

（$\sin\dfrac{\pi}{2}$ → 1，$\cos\dfrac{\pi}{2}$ → 0）

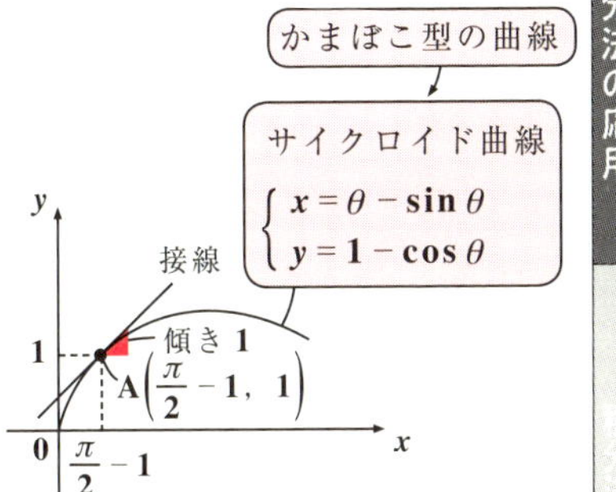

以上より，求める接線は，点 $\mathrm{A}\left(\dfrac{\pi}{2}-1,\ 1\right)$ を通り，傾き 1 の直線より，

$$y = 1\cdot\left\{x-\left(\frac{\pi}{2}-1\right)\right\}+1$$

$\therefore\ y = x-\dfrac{\pi}{2}+2$ 　となるんだね。

● 平均値の定理もマスターしよう！

では次，"平均値の定理"の解説に入ろう。これは，図4に示すように，$[a,\ b]$ で連続で，（$a \leqq x \leqq b$ のこと）かつ $(a,\ b)$ で微分可能な滑らかな曲線 $y=f(x)$ に（$a<x<b$ のこと）ついての定理なんだ。

図4　平均値の定理

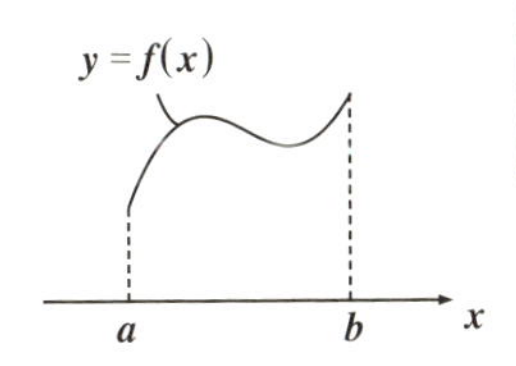

平均値の定理

関数 $f(x)$ が閉区間 $[a,\ b]$ で連続，開区間 $(a,\ b)$ で微分可能であるとき，

$$\frac{f(b)-f(a)}{b-a}=f'(c) \quad \cdots\cdots ①$$

をみたす実数 c が開区間 $(a,\ b)$ の範囲に少なくとも 1 つ存在する。

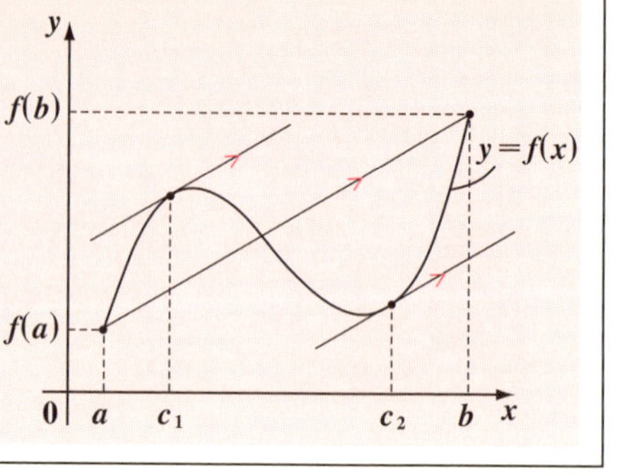

何のことか，分からんって!? いいよ，解説しよう。$a \leqq x \leqq b$ の範囲で定義された滑らかな（微分可能な）曲線 $y=f(x)$ について，①の左辺 $=\dfrac{f(b)-f(a)}{b-a}$ は，平均変化率，つまり，2 点 $A(a,\ f(a))$ と $B(b,\ f(b))$ を結ぶ直線の傾きになっているんだね。

すると，上の図のように，関数 $y=f(x)$ は滑らかな曲線なので，この直線 AB の傾きと同じ傾きをもつ接線の接点が $a<x<b$ の範囲に少なくとも 1 つは存在するね。したがって，この接点の x 座標を c とおくと，$\dfrac{f(b)-f(a)}{b-a}=f'(c)$ が成り立つ。上の図では，c_1 と c_2 の 2 つが存在する場合のグラフを示してたんだね。納得いった？

そして，この平均値の定理を使うと，様々な不等式の証明もできる。次の練習問題で練習しておこう。

練習問題 30　平均値の定理　CHECK 1　CHECK 2　CHECK 3

実数 $a,\ b\ (a<b)$ について，次の不等式が成り立つことを，平均値の定理を用いて示せ。

$$(b-a)e^a < e^b - e^a < (b-a)e^b \quad \cdots\cdots(*)$$

どうしていいか，分からないって？この場合，$b-a>0$ より，$(*)$ の各辺を $b-a$ で割っても不等号の向きは変わらないので，$e^a<\dfrac{e^b-e^a}{b-a}<e^b$ となる。このまん中の式が，$f(x)=e^x$ とおくと $\dfrac{f(b)-f(a)}{b-a}$ と，平均値の定理が使える，平均変化率の式になっているんだね。今日の最後の問題だ！頑張ろう!!

$b>a$ より，$b-a>0$　よって，$(*)$ の各辺を $b-a$ で割って

$e^a<\dfrac{e^b-e^a}{b-a}<e^b$ ……$(*)'$ となるので，$(*)'$ が成り立つことを示せばいいんだね。

ここで，$f(x)=e^x$ とおくと，

$f'(x)=(e^x)'=e^x$

$f(x)$ は，$[a,\ b]$ で連続，かつ $(a,\ b)$ で微分可能な曲線より，平均値の定理を用いると，

$\dfrac{f(b)-f(a)}{b-a}=f'(c)$，つまり，

$\dfrac{e^b-e^a}{b-a}=e^c$ …①をみたす c が，a と b の間に必ず存在する。

つまり，$a<c<b$ となる。ここで，

$f(x)=e^x$ は，単調増加関数より，

右図から明らかに，

$e^a<e^c<e^b$ …②　となるね。

よって，①を②に代入すると，

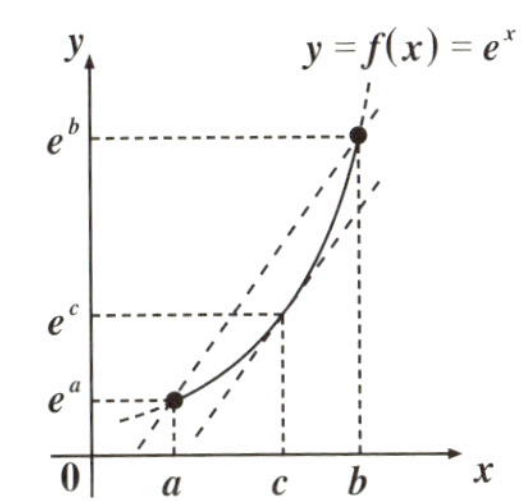

$e^a<\dfrac{e^b-e^a}{b-a}<e^b$ ……$(*)'$ が成り立つ，つまり各辺に $b-a$ をかけて，

$(b-a)e^a<e^b-e^a<(b-a)e^b$ ……$(*)$ が成り立つことが示せたんだね。

みんな，大丈夫だった？

以上で，今日の講義はオシマイです。内容が満載だったので，よ～く復習しておいてくれ！では，次回また会おうな！元気で…。

9th day　関数のグラフ（極値，最大・最小）

みんな，おはよう！これから，微分法の応用の 2 回目の講義に入ろう。今回解説するテーマは“**関数のグラフ**”だ。これまで勉強した様々な知識を活かして，複雑な関数のグラフの概形を描いてみることにしよう。

ここでは，微分法だけでなく，関数の極限も大いに役に立つ。そして，さらに，微分による増減表を使わなくても，複雑な関数の概形を予測するとっておきの手法も教えようと思う。面白いから，楽しみにしてくれ。

● 導関数から，関数の極値が分かる！

これまで，関数 $y=f(x)$ が与えられたらこれを微分して，導関数 $f'(x)$ を計算する手法について勉強した。そしてこの導関数 $f'(x)$ は元の関数 $y=f(x)$ 上の点における接線の傾きを表す関数だったんだね。だから，図 1 に示すように，導関数 $f'(x)$ が $x=\alpha$，β の時に 0 になり，その前後で，⊕から⊖，そして⊖から⊕に符号が変わるとき，それに従って，元の関数 $y=f(x)$ も，増加から減少，そして減少から増加に転ずることが分かるはずだ。この様子を表にしたものが，右の“**増減表**（ぞうげんひょう）”と呼ばれるもので，これから，$x=\alpha$ のとき山の頂きを表し，$x=\beta$ のとき谷の底を表すことが分かるね。ここで，$f(\alpha)$，$f(\beta)$ のそれぞれの値を求めると図 2 に示すような $y=f(x)$ のグラフの概形が描ける

図 1　導関数 $f'(x)$ と極値

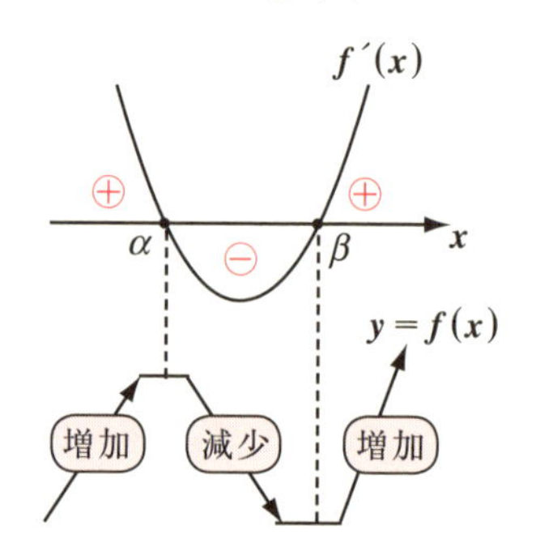

増減表 1

x		α		β	
$f'(x)$	$+$	0	$-$	0	$+$
$f(x)$	↗	極大	↘	極小	↗

図 2　元の関数 $y=f(x)$ の概形

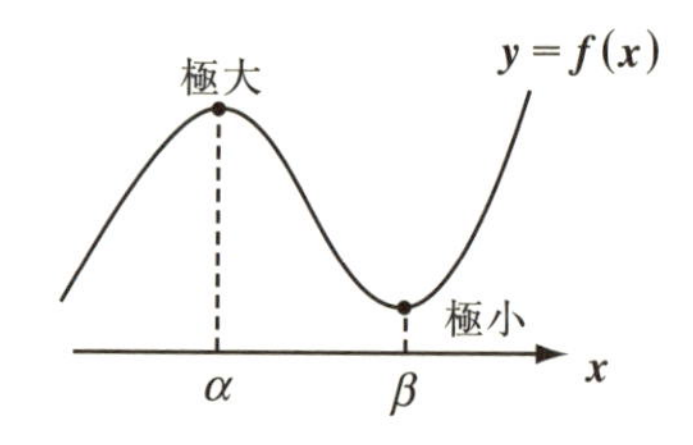

んだね。ここで，山の頂きの値 $f(\alpha)$ のことを"**極大値**(きょくだいち)"，谷の底の値 $f(\beta)$ のことを"**極小値**(きょくしょうち)"と呼ぶ。

そして，この極大値と極小値をまとめて言う場合の総称が"**極値**(きょくち)"であることも覚えておこう。

極限が収束するときの"極限値"とは違うよ。区別して覚えてくれ！

また，関数 $y=f(x)$ の定義域の範囲で，y 座標が最大となるとき，その値を**最大値**(さいだいち)と呼び，y 座標が最小となるとき，その値を**最小値**(さいしょうち)と呼ぶ。極大値，極小値とは区別して覚えておこう。

それでは，例題で実際に極値を求めることにするよ。

(ex 1) $y=f(x)=\dfrac{1}{x^2+1}$ の極値を求めてみよう。

$y=f(x)=(x^2+1)^{-1}$ より，$x^2+1=u$ とおくと，

$y=u^{-1}$，$u=x^2+1$ より，$f'(x)$ は，

$$f'(x)=\frac{dy}{dx}=\frac{dy}{du}\cdot\frac{du}{dx}=-u^{-2}\cdot 2x=-(x^2+1)^{-2}\cdot 2x$$

u^{-1} を u で微分して

x^2+1 を x で微分して

合成関数の微分に慣れると，u は頭の中だけの操作にして，直接ここにもち込めるようになるんだよ。

$$=\frac{-2x}{(x^2+1)^2}$$ となる。

ここで，ボク達は $f'(x)$ が⊕か⓪か⊖かの符号にしか興味がないので，x の関数だから値としてはもちろん変化するんだけれど常に正である $(x^2+1)^2$ の部分には全く興味がないんだね。よって，

$$f'(x)=\frac{-2x}{(x^2+1)^2}$$

$f'(x)$ の符号に関する本質な部分，$\widetilde{f'(x)}$ とおこう！

常に⊕で興味のない部分

のうち，符号に関する本質的な部分として $-2x$ のみを取り出し，これを $\widetilde{f'(x)}=-2x$ とおくことにしよう。もちろんこの $\widetilde{f'(x)}$ の記号はボクが勝手に作ったもので数学的に正式な表記法ではないんだ

これは"f・ダッシュ・x の波"とでも読めばいい

けれど，$f'(x)$ を計算したら，その中で，常に正の不要な部分を除いて，必ず符号に関する本質的な部分 $\widetilde{f'(x)}$ を捜すようにするといいんだよ。

今回も $\widetilde{f'(x)}=-2x$ が⊕，⓪，⊖のとき，$f'(x)$ はそれに従って，⊕，⓪，⊖となるのが分かるね。そして $\widetilde{f'(x)}=-2x=0$ のとき，$x=0$ となりその前後で $\widetilde{f'(x)}$ は⊕から⊖に転ずる。よって，図3に示すように，$y=f(x)$ は

・$x<0$ のとき，増加し

・$x=0$ で，極大となり

・$x>0$ のとき，減少するグラフとなり，

その極大値は $f(0)=\dfrac{1}{0^2+1}=1$ となる。

図3　$\widetilde{f'(x)}=-2x$ の符号と $y=f(x)$ の増減

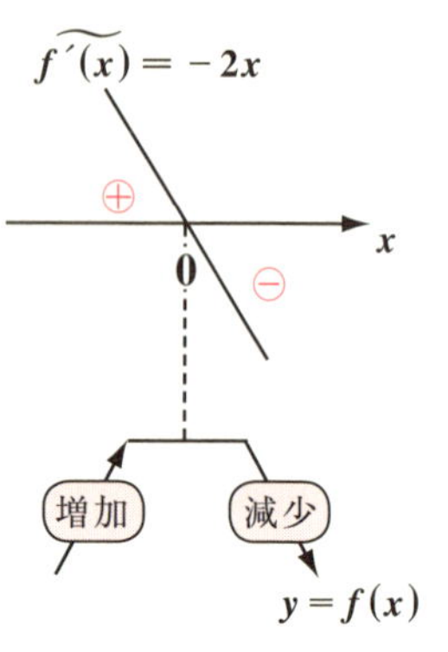

増減表2

x		0	
$f'(x)$	$+$	0	$-$
$f(x)$	↗	1	↘

極大値

● 偶関数 $y=f(x)=\dfrac{1}{x^2+1}$ のグラフを描こう！

これまで，$y=f(x)=\dfrac{1}{x^2+1}$ の導関数 $f'(x)$ を求め，さらにその本質的な部分 $\widetilde{f'(x)}$ を調べることにより，$y=f(x)$ のグラフの増減を調べることができたんだね。でも，逆に言うと，導関数 $f'(x)$ からボク達が得られる情報はこの増減だけなんだ。上で求めた増減表2だけでは，$y=f(x)$ のグラフの本当の概形が　か，　か，　か，　…か，どうなのか，まだまだ全然分かっていないんだね。

そこで，導関数に頼らなくても，グラフの概形を予めつかんでしまうとっておきの手法をまず，$y=f(x)=\dfrac{1}{x^2+1}$ を例にとって，これから詳しく解説していこう。

(i) $f(-x)=\dfrac{1}{(-x)^2+1}=\dfrac{1}{x^2+1}=f(x)$ より，
$y=f(x)$ は偶関数だね。よって，y 軸に対称なグラフとなるので $x\geqq 0$ についてのみ調べればいい。

(ii) $x^2\geqq 0$ より，$x^2+1>0$

$\therefore\ f(x)=\dfrac{1}{x^2+1}>0$

よって，$y>0$ の領域に $y=f(x)$ は存在するはずだ。

(iii) $f(0)=\dfrac{1}{0^2+1}=1$

∴点 $(0,\ 1)$ を通る。

(iv) $\displaystyle\lim_{x\to\infty}f(x)=\lim_{x\to\infty}\frac{1}{x^2+1}=\frac{1}{\infty}=0$

（x^2+1 → ∞ (2次)）

(v) 点 $(0,\ 1)$ と，$x\to\infty$ へ向かう曲線との間はニョロニョロする程複雑じゃないので，滑らかな曲線で結ぶ。

(vi) $y=f(x)$ は偶関数より，y 軸に関して左右対称なグラフとなるので，$x\geqq 0$ で調べたグラフを y 軸に対して折り返せば，$y=f(x)=\dfrac{1}{x^2+1}$ のグラフの概形が完成する。

(i) $y=f(x)$ は偶関数，まず，$x\geqq 0$ のみを調べればいい。

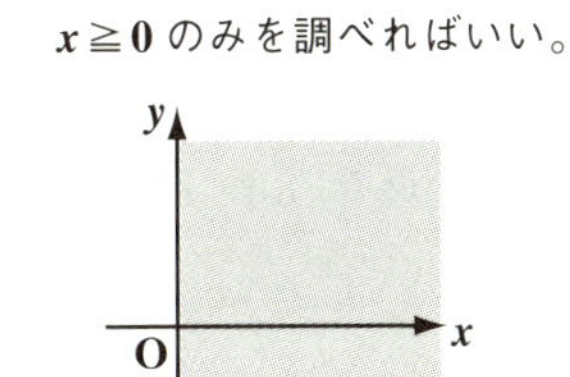

(ii) $y=f(x)>0$

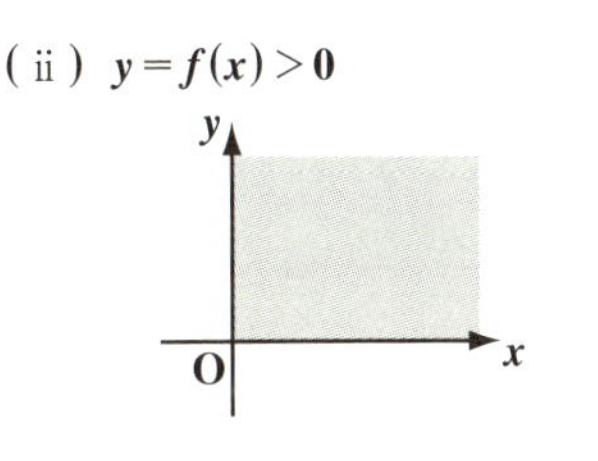

(iii) $(0,\ 1)$ を通る

(iv) $\displaystyle\lim_{x\to\infty}f(x)=0$

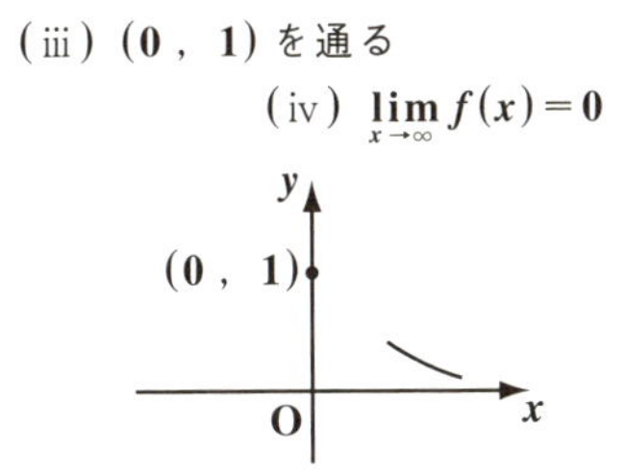

(v) 曲線をつなぐ

(vi) 左右対称

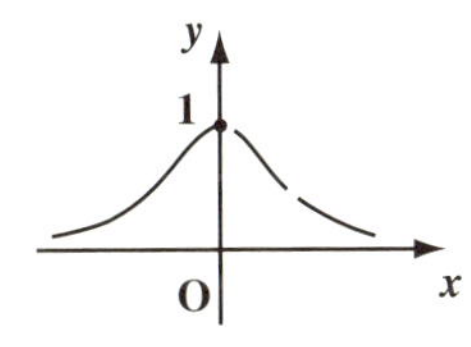

これで，曲線 $f(x)=\dfrac{1}{x^2+1}$ のグラフの概形が完成！

どう？偶関数や極限を調べることにより，導関数 $f'(x)$ を使わなくても，曲線 $y=f(x)=\dfrac{1}{x^2+1}$ のグラフの概形が見事につかめてしまっただろう。面白かった？

このように，数学がデキルようになると，関数 $y=f(x)$ の式を見ただけで，そのグラフの大体の概形はつかめるようになるんだよ。ただし，グラフの概形を求めよと，問題文で問われたならば，以上のことは計算用紙にでも書いておいて実際の答案にはあくまでも，導関数と増減表を中心に，解答していけばいいんだ。次の練習問題で練習しておこう。

練習問題 31　偶関数のグラフ　CHECK 1　CHECK 2　CHECK 3

関数 $y=f(x)=\dfrac{1}{x^2+1}$ のグラフを描け。

$y=f(x)=\dfrac{1}{x^2+1}=(x^2+1)^{-1}$ について，

偶関数の定義 $f(-x)=f(x)$

$f(-x)=\dfrac{1}{(-x)^2+1}=\dfrac{1}{x^2+1}=f(x)$ より，$y=f(x)$ は偶関数である。

よって，$y=f(x)$ は y 軸に関して対称なグラフになるので，

まず，$x\geqq 0$ についてのみ調べる。

$y=f(x)$ を x で微分して

$$f'(x)=-1\cdot(x^2+1)^{-2}\cdot 2x=\frac{-2x}{(x^2+1)^2}$$

合成関数の微分

$\widetilde{f'(x)}=\begin{cases}\oplus\\0\\\ominus\end{cases}$　$f'(x)$ の符号に関する本質的な部分

$f'(x)=0$ のとき，$-2x=0$　$\therefore x=0$

$f(x)$ の増減表 $(x\geqq 0)$

x	0	
$f'(x)$	0	$-$
$f(x)$	1	↘

ここで，$x>0$ のとき，$f'(x)=\dfrac{-2\cdot x}{(x^2+1)^2}<0$

より，$y=f(x)$ は単調に減少する。

$y=f(x)$ は y 軸に関して対称なグラフより，$x=0$ のとき極大となる。

極大値 $f(0)=\dfrac{1}{0^2+1}=1$ より，増減表が上のようになることが分かる。

次に，極限 $\lim_{x\to\infty} f(x) = \lim_{x\to\infty} \frac{1}{x^2+1} = 0$

2 次の∞

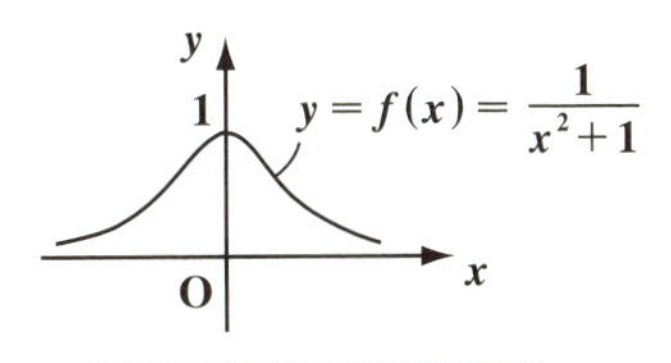

また，$y=f(x)$ の y 軸に関する対称性も考慮にいれると $y=f(x)$ の概形は右図のようになる。

$y=f(x)$ は，$x=0$ で極大値（かつ最大値）1 をとる。

これで，答案の書き方の要領も分かった？

● 奇関数のグラフも書いてみよう！

$f(-x) = -f(x)$ をみたす関数 $y=f(x)$ を奇関数といい，これは原点に関して対称なグラフとなるんだったね。この奇関数のグラフの概形の求め方についても教えるよ。

次の練習問題を使って解説しよう。

練習問題 32	奇関数のグラフ	CHECK 1	CHECK 2	CHECK 3

関数 $y = g(x) = \frac{2x}{x^2+1}$ のグラフの概形を描け。

$y=g(x)$ のグラフの概形も，まず直感的につかんでしまおう！

(i) $g(-x) = \frac{2(-x)}{(-x)^2+1} = -\frac{2x}{x^2+1} = -g(x)$

より，$y=g(x)$ は奇関数。よって，原点 O に関して対称なグラフとなるので，まず $x \geqq 0$ についてのみ調べればいい。

(i) $y=g(x)$ は奇関数。まず，$x \geqq 0$ についてのみ調べればいい。

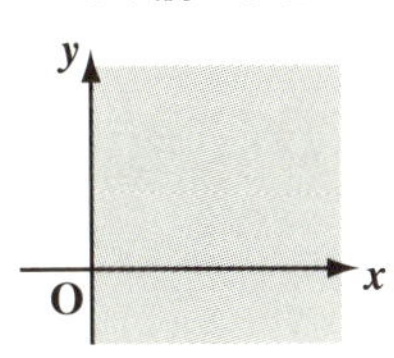

(ii) $x \geqq 0$ のとき，$g(x) = \frac{2x}{x^2+1} \geqq 0$ より，

（分子の x：0 以上，分母 x^2+1：⊕）

$y \geqq 0$ の領域に，$y=g(x)$ は存在する。

(ii) $y=g(x) \geqq 0$

(iii) $g(0)=\dfrac{2\times0}{0^2+1}=0$

∴点 $O(0,\ 0)$ を通る。

(iv) $\displaystyle\lim_{x\to\infty}g(x)=\lim_{x\to\infty}\frac{2x}{x^2+1}$ $\left[\dfrac{弱い\infty\ (1次)}{強い\infty\ (2次)}\right]$

$=0$

(v) 原点 $O(0,\ 0)$ と，$x\to\infty$ に向かう曲線との間はニョロニョロする程複雑じゃないので，1 山曲線ができるはずだ。

(vi) $y=g(x)$ は奇関数より，原点 O に関して対称なグラフとなるので $x\geqq0$ の範囲で調べたグラフを原点のまわりに 180° 回転したものを加えれば，

$y=g(x)=\dfrac{2x}{x^2+1}$ のグラフの概形が完成する。

(iii) $(0,\ 0)$ を通る
(iv) $\displaystyle\lim_{x\to\infty}g(x)=0$

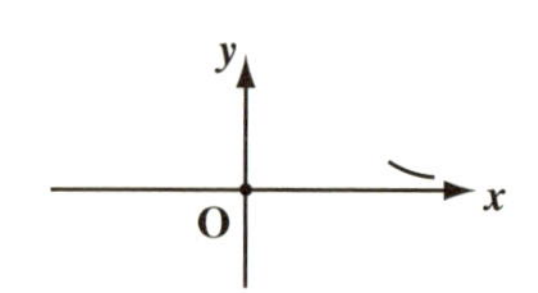

(v) 1 山できる (vi) 原点対称

これで，$y=g(x)=\dfrac{2x}{x^2+1}$ のグラフの完成だ！

どう？ もう，これでグラフの概形がつかめただろう。でも，以上のことは計算用紙にでも，サッと書いておいて，これから実際の答案書きに入るんだよ。

$y=g(x)=\dfrac{2x}{x^2+1}$ について

$g(-x)=\dfrac{2\cdot(-x)}{(-x)^2+1}=-\dfrac{2x}{x^2+1}=-g(x)$ より，$y=g(x)$ は奇関数である。

奇関数の定義
$g(-x)=-g(x)$

よって，$y=g(x)$ は原点に関して対称なグラフになるので，まず，$x\geqq0$ についてのみ調べる。

$y=g(x)$ を x で微分して

公式 $\left(\dfrac{g}{f}\right)' = \dfrac{g'\cdot f - g\cdot f'}{f^2}$

$$g'(x) = 2\cdot\left(\frac{x}{x^2+1}\right)' = 2\cdot\frac{\overset{1}{x'}(x^2+1) - x\overset{2x}{(x^2+1)'}}{(x^2+1)^2}$$

（定数係数は別扱い）

$$= 2\cdot\frac{x^2+1-2x^2}{(x^2+1)^2} = \frac{2(1-x^2)}{(x^2+1)^2}$$

$$= \frac{2(1+x)(1-x)}{(x^2+1)^2}$$

$\widetilde{g'(x)} = \begin{cases} \oplus \\ 0 \\ \ominus \end{cases}$ ← $g'(x)$ の符号に関する本質的な部分

$\oplus$（$x \geqq 0$ より，$1+x>0$ だね）

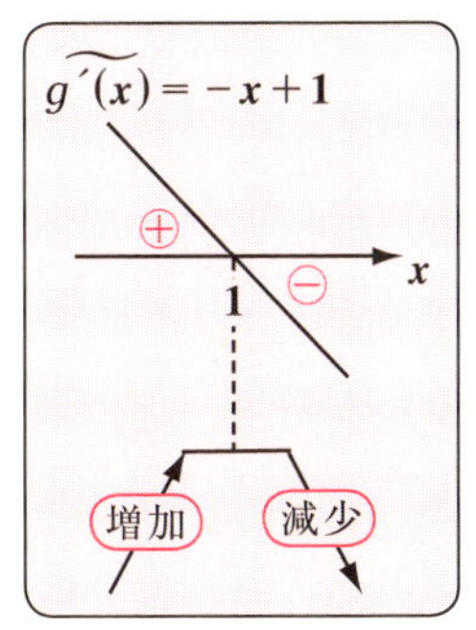

よって，$g'(x)=0$ のとき，$1-x=0$　$\therefore x=1$

よって，$g'(x)$ は $x=1$ を境に正から負に符号が変化するので，$x=1$ で極大となる。

$\therefore$ 極大値 $g(1) = \dfrac{2\cdot 1}{1^2+1} = \dfrac{2}{2} = 1$

また，$g(0)=0$ より，$y=g(x)$ の $x\geqq 0$ の範囲における増減表は右のようになる。

$g(x)$ の増減表 ($x \geqq 0$)

x	0		1	
$g'(x)$		+	0	−
$g(x)$	0	↗	1	↘

（1：極大値）

次に，極限 $\displaystyle\lim_{x\to\infty} g(x) = \lim_{x\to\infty}\frac{2x}{x^2+1}$　$\left[\dfrac{弱い\infty}{強い\infty}\right]$

$= 0$ となる。

また，$y=g(x)$ は，原点 O に関して対称なグラフになることも考慮に入れると，

$y=g(x)=\dfrac{2x}{x^2+1}$ のグラフの概形は右のようになる (^-^)!

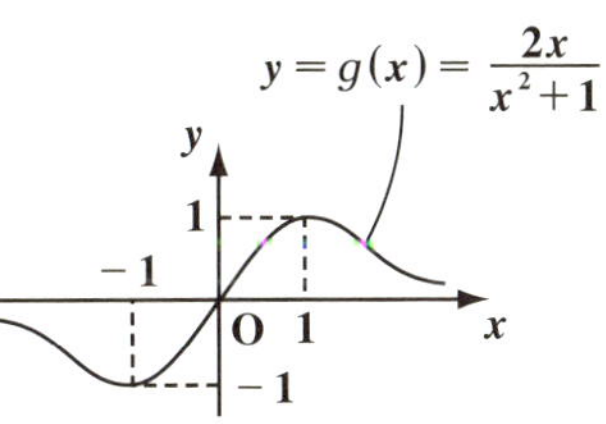

グラフから，$y=g(x)$ は，$x=1$ のとき，極大値（かつ最大値）1 をとり，$x=-1$ のとき，極小値（かつ最小値）-1 をとる。

● e^x はゴジラの∞，$\log x$ は赤ちゃんの∞！？

これまで，まず微分をする前に直感的にグラフの概形をとらえる手法について話してきたね。そしてその際，関数の極限，$\lim_{x\to\infty} f(x)$ や $\lim_{x\to-\infty} f(x)$ がとても重要な役割を演じることが分かったと思う。

ここでは，$x\to\infty$ のとき，$\frac{\infty}{\infty}$ の不定形ではあるけれど，∞の強弱によって，その極限が決まってしまう典型的な例を下に示しておこう。

関数の極限の知識

(1) $\lim_{x\to\infty} \frac{x^\alpha}{e^x} = 0$ $\left[= \frac{\text{中位の}\infty}{\text{強い}\infty}\right]$，$\lim_{x\to\infty} \frac{e^x}{x^\alpha} = \infty$ $\left[= \frac{\text{強い}\infty}{\text{中位の}\infty}\right]$

(2) $\lim_{x\to\infty} \frac{\log x}{x^\alpha} = 0$ $\left[= \frac{\text{弱い}\infty}{\text{中位の}\infty}\right]$，$\lim_{x\to\infty} \frac{x^\alpha}{\log x} = \infty$ $\left[= \frac{\text{中位の}\infty}{\text{弱い}\infty}\right]$

（ただし，α は正の定数）

これらはみんな，$\frac{\infty}{\infty}$ の不定形だけど，∞といってもその強弱に大きな差があるので，0 に収束したり，∞に発散することが決まってしまうんだ！

$y=e^x$，$y=x^\alpha$，$y=\log x$ は $x\to\infty$ のとき，いずれも $+\infty$ に発散する関数

（$y=x^\alpha$：$y=x^{\frac{1}{2}}$，$y=x^1$，$y=x^2$，$y=x^{\frac{5}{2}}$ …などの関数を表す）

なんだけれど，図 4 に示すように，その∞に大きくなっていく速さに大きな違いがあることが分かるだろう。ここでは $y=x^\alpha$ の代表として，$\alpha=1$ のとき，すなわち $y=x$ のグラフを示した。

図 4　強い∞，中位の∞，弱い∞

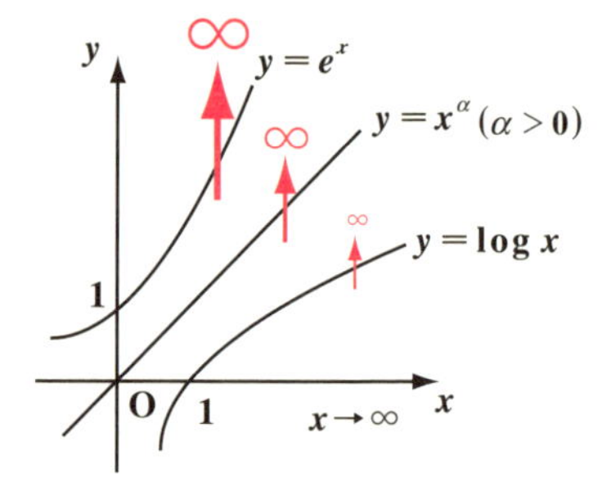

エッ，実際にどの位の差があるのかって？う〜ん，極限とは動きのあるものだから正確には伝えにくいんだけど，$x\to\infty$ になっていく途中の $x=100$ のときのスナップ写真で比べてみようか。

$x=100$ のとき，

(ｉ) $y=e^x=e^{100}\fallingdotseq 2.688\times 10^{43}$

(ⅱ) $y=x=100$　　10^{43} とは，1兆の1兆倍の1兆倍のそのまた1千万倍の数だ！

(ⅲ) $y=\log x=\log 100\fallingdotseq 4.61$

どう？ $x\to\infty$ のとき e^x も x^α も $\log x$ もみんな∞に発散するといっても，その実状に大きな差があることが分かっただろう。つまり，$x\to\infty$ のとき，

(ｉ) e^x は，急激に大きくなる，超巨大怪獣ゴジラのように強力な∞なんだね。

(ⅱ) これに対して，x^α は，着実に大きくなっていく中位の強さの∞だ。

(ⅲ) そして，$\log x$ は，x が大きくなってもなかなか大きくならない赤ちゃんのように弱〜い∞なんだね。でも，これでも∞に向かって発散していくんだけどね。

以上より，次のようなイメージで覚えておいても忘れないだろうね。

(1) $\lim_{x\to\infty}\frac{x^\alpha}{e^x}=\frac{\infty}{\infty}=0$,　　$\lim_{x\to\infty}\frac{e^x}{x^\alpha}=\frac{\infty}{\infty}=\infty$

(2) $\lim_{x\to\infty}\frac{\log x}{x^\alpha}=\frac{\infty}{\infty}=0$,　　$\lim_{x\to\infty}\frac{x^\alpha}{\log x}=\frac{\infty}{\infty}=\infty$

ここで，x^α も正の数 α の値によって，$x\to\infty$ のとき，x^1 より x^2 の方が，また x^2 より x^3 の方が強い∞になることは知ってるね。でも，

・α が 100，1000 とどんなに大きくなっても，x^α より e^x の方が強い∞であり

・α が $\frac{1}{2}$，$\frac{1}{3}$ とどんなに小さくなっても，x^α より $\log x$ の方が弱い∞であることも覚えておこう。つまり，次のようなイメージになる。

弱い∞ ←　　　　→強い∞

$\log x$ ……… $x^{\frac{1}{3}}$，$x^{\frac{1}{2}}$，x^1，x^2，x^3 ………e^x

弱い∞　　　中位の∞　　　強い∞

納得いった？ じゃ，次の練習問題を解いてごらん。

練習問題 33　関数の極限　CHECK 1　CHECK 2　CHECK 3

次の関数の極限を求めよ。

(1) $\lim_{x\to\infty} x\log x$　　(2) $\lim_{x\to\infty} \dfrac{\log x}{\sqrt{x}}$　　(3) $\lim_{x\to\infty} \dfrac{e^x}{x^2+1}$

(4) $\lim_{x\to\infty} xe^{-x}$　　(5) $\lim_{x\to+0} x\log x$　　(6) $\lim_{x\to-\infty} xe^x$

(1)～(4) は，みんな大丈夫だと思う。(5) は $\dfrac{1}{x}=t$ と，(6) は $-x=t$ と置換すると話が見えてくるはずだ！ 頑張ろう！

(1) $\lim_{x\to\infty} x\cdot\log x = \infty\times\infty=\infty$ に発散する。

（x は中位，$\log x$ は弱い）（強弱はどうであれ，2つの∞をかけたものは∞だ！）

(2) $\lim_{x\to\infty} \dfrac{\log x}{\sqrt{x}}$ $\left(=\dfrac{弱い\infty}{中位の\infty}\right)=0$ に収束する。

(3) $\lim_{x\to\infty} \dfrac{e^x}{x^2+1}$ $\left(=\dfrac{強い\infty}{中位の\infty}\right)=\infty$ に発散する。

(4) $\lim_{x\to\infty} x\cdot e^{-x}=\lim_{x\to\infty}\dfrac{x}{e^x}$ $\left(=\dfrac{中位の\infty}{強い\infty}\right)=0$ に収束する。

（$e^{-x}=\dfrac{1}{e^x}$）

(5) $\lim_{x\to+0} x\log x$ について，

（$x\to+0$，$\log x\to-\infty$ より $+0\times(-\infty)$ の不定形）

$\dfrac{1}{x}=t$ とおくと，$x\to+0$ のとき $t\to+\infty$ となる。（$\dfrac{1}{+0}$）

また，$x=\dfrac{1}{t}$ ともおけるので，t での極限の式に書き変えると，

$$\lim_{x \to +0} x \cdot \log x = \lim_{t \to +\infty} \frac{1}{t} \cdot \log \frac{1}{t} = \lim_{t \to \infty} \frac{-\log t}{t} \left(= \frac{弱い-\infty}{中位の\infty} \right) = -0 \text{ に収束。}$$

$\log t^{-1} = -\log t$

⊖側から $\mathbf{0}$ に近づくことが分かる。
もちろんこれをただ $\mathbf{0}$ と書いてもいい。

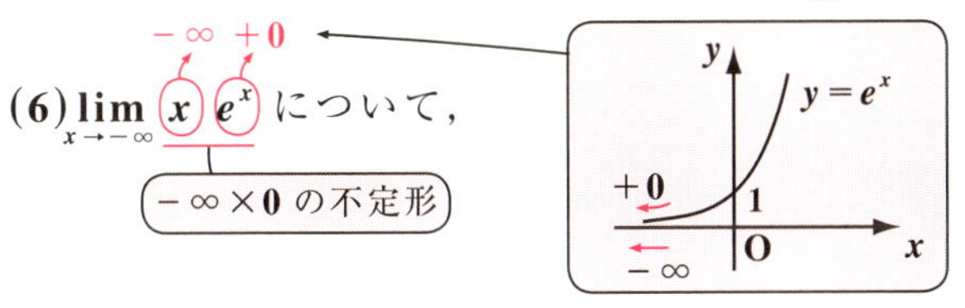

$-x = t$ とおくと，$x \to -\infty$ のとき，$t \to +\infty$ となる。（$-(-\infty)$）

また，$x = -t$ ともおけるので，t での極限の式に書き変えると，

$$\lim_{x \to -\infty} x e^x = \lim_{t \to +\infty} (-t) \cdot e^{-t} = \lim_{t \to \infty} \frac{-t}{e^t} \left(= \frac{中位の-\infty}{強い\infty} \right) = -0 \text{ に収束する。}$$

$\mathbf{0}$ としてもいい。

どう？ これで，関数の実践的な極限の考え方が分かったはずだ。この考え方は複雑な関数のグラフの概形を求める際に，とても役に立つんだよ。

● 積の形の関数のグラフを描いてみよう！

それでは，$\mathbf{2}$ つの関数の積の形の関数のグラフ描きにチャレンジしてみようか？ 例として，関数 $y = f(x) = -x \cdot e^{-x}$ のグラフの概形を考えてみよう。エッ，難しそうだって？ そうだね，今回は $\mathbf{2}$ つの関数 $-x$ と e^{-x} の積の形の複雑な関数だからね。でも，ステップバイステップに考えていけば，意外とアッサリグラフの概形がつかめるんだよ。面白くなるから，尻込みせず，話を聞いてくれ。

(i) まず，$y = f(x) = -x \cdot e^{-x}$ は，$x = 0$ を代入すると，

$y = f(0) = -0 \cdot e^{-0} = 0 \times 1 = 0$ となるので，（$e^{-0} = 1$）

原点 $\mathrm{O}(0,\ 0)$ を通る。

(ⅱ) 次，e^{-x} は，すべての x に対して，$e^{-x}>0$ となる。

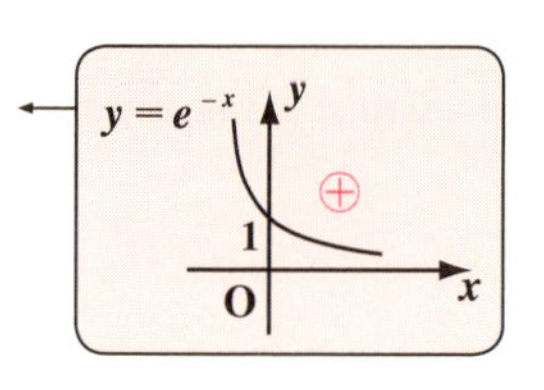

よって，$y=f(x)=\boxed{-x}\,e^{-x}$ の符号に関する

（$-x$ は $\widetilde{f(x)}$，e^{-x} は ⊕）

本質的な部分を $\widetilde{f(x)}$ とおくと，

$\widetilde{f(x)}=-x$ より，

・$x>0$ のとき，$f(x)<0$

・$x<0$ のとき，$f(x)>0$ より，

この領域に $y=f(x)$ は存在するんだね。

(ⅰ) $(0,\ 0)$ を通る

(ⅱ) $x>0$ のとき，$f(x)<0$

　　$x<0$ のとき，$f(x)>0$

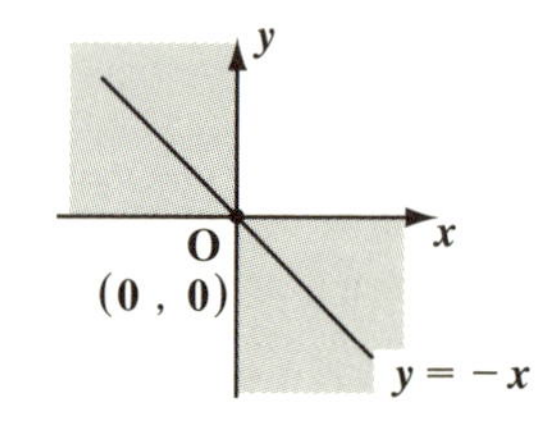

(ⅲ) $x\to-\infty$ のとき，

$$\begin{cases} -x\to+\infty \\ e^{-x}\to+\infty \end{cases}$$ より，

$$\lim_{x\to-\infty}f(x)=\lim_{x\to-\infty}(\underset{+\infty}{-x}\ \underset{\infty}{e^{-x}})=\infty$$ となる。

(ⅲ) $\displaystyle\lim_{x\to-\infty}f(x)=\infty$

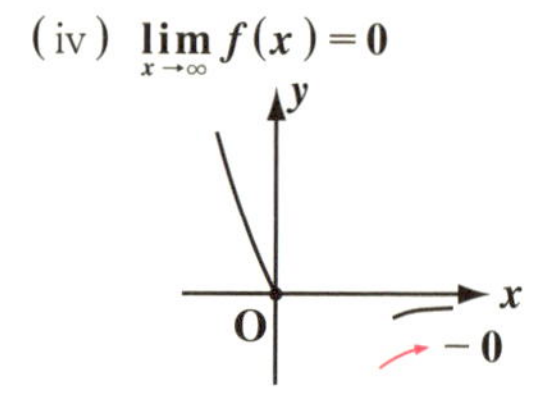

(ⅳ) $x\to\infty$ のとき，$f(x)$ は

$$\lim_{x\to\infty}f(x)=\lim_{x\to\infty}(\underset{-\infty}{-x}\ \underset{0}{e^{-x}})$$

$$=\lim_{x\to\infty}\frac{-x}{e^{x}}\left(=\frac{\text{中位の}-\infty}{\text{強い}\infty}\right)=-0$$

⊖側から0に近づく

(ⅳ) $\displaystyle\lim_{x\to\infty}f(x)=0$

(ⅴ) 原点Oと $x\to\infty$ に向かう曲線との間は，グニョグニョする程複雑ではないから，その間に1つ谷ができて，滑らかな曲線で結べるはずだね。

これで，$y=f(x)=-x\cdot e^{-x}$ のグラフの概形が直感的にだけど分かったんだね。どう？ 超面白かっただろう？

(ⅴ) 1つ谷ができる

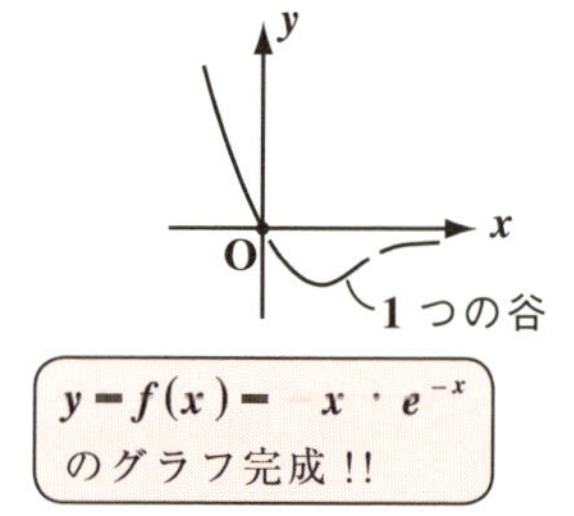

$y=f(x)=-x\cdot e^{-x}$ のグラフ完成!!

ただし，x がどんな値のときに，どんな極小値をとるかについては，キチンと微分して調べないといけないんだね。

それでは，次の練習問題で，$y=f(x)=-x\cdot e^{-x}$ のグラフの概形を，答案形式で求めてみることにしよう。

練習問題 34　積の形の関数のグラフ　CHECK 1　CHECK 2　CHECK 3

関数 $y=f(x)=-x\cdot e^{-x}$ のグラフの概形を描け。

直感的に，$y=f(x)$ のグラフの概形は既につかんでいる。後は，導関数を求めて増減表を作り，極小値を求めて，答案として完成させればいいんだね。

$y=f(x)=-x\cdot e^{-x}$ について ← これは，$f(-x)=f(x)$ も $f(-x)=-f(x)$ もみたさないので，偶関数でも奇関数でもない。

これを x で微分すると，

$$f'(x)=(-x)'e^{-x}+(-x)\cdot(e^{-x})'$$

$(-x)'=-1$，$(e^{-x})'=e^{-x}\cdot(-1)=-e^{-x}$ ← $t=-x$ とおいて合成関数の微分

$$=-1\cdot e^{-x}+x\cdot e^{-x}$$

$$=(x-1)\cdot e^{-x}$$

（e^{-x} は ⊕）

$\widetilde{f'(x)}=x-1$ は ⊕，0，⊖ ← $f'(x)$ の符号に関する本質的な部分

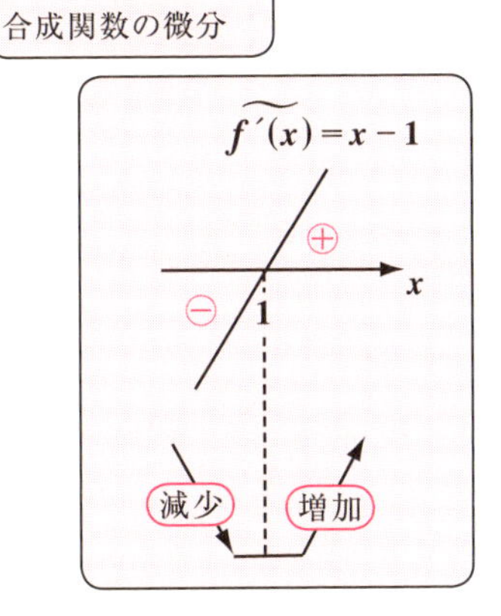

$f'(x)=0$ のとき，$x-1=0$ より　$x=1$

$x=1$ の前後で，$f'(x)$ は負から正に転ずる。

よって $y=f(x)$ の増減表は右のようになる。

また，$x=1$ で $y=f(x)$ は極小となる。

極小値 $f(1)=-1\cdot e^{-1}=-\frac{1}{e}$

さらに，$x\to-\infty$，$x\to\infty$ のときの $f(x)$ の極限を調べると，

$f(x)$ の増減表

x		1	
$f'(x)$	$-$	0	$+$
$f(x)$	↘	$-\frac{1}{e}$	↗

最小値でもある → 極小値

$$\lim_{x\to-\infty} f(x) = \lim_{x\to-\infty} (\underbrace{-x}_{+\infty}\ \underbrace{e^{-x}}_{+\infty}) = \infty$$

$$\lim_{x\to\infty} f(x) = \lim_{x\to\infty} \frac{-x}{e^x} \left(= \frac{中位の -\infty}{強い\infty} \right) = 0$$

以上より，求める関数 $y = f(x) = -x \cdot e^{-x}$ のグラフの概形は右図のようになる。

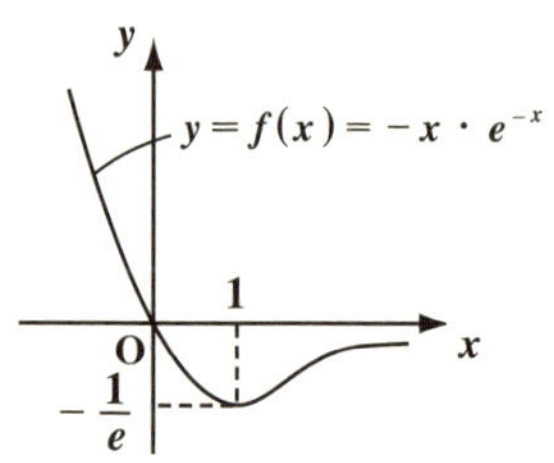

● 和の形の関数のグラフも描いてみよう！

最後に，2 つの関数の和の形の関数のグラフの描き方にもチャレンジしてみよう。ここでは，関数 $y = g(x) = 2\sqrt{x} + \frac{1}{x}$ $(x > 0)$ について考えてみよう。

$\sqrt{x}$ より $x \geqq 0$ かつ，$\frac{1}{x}$ より $x \neq 0$ この 2 つの条件より $x > 0$ となる。

関数 $y = g(x)$ は，2 つの関数 $2\sqrt{x}$ と $\frac{1}{x}$ の和の形をしているんだね。エッ，こんな関数のグラフをどうやって描くのかって？ この場合，この分解した 2 つの関数を本当に $y = 2\sqrt{x}$ と $y = \frac{1}{x}$ $(x > 0)$ とおいて，それぞれの y 座標同士をたすことにより，$y = g(x)$ の y 座標を求めるんだよ。

図 5(ⅰ)

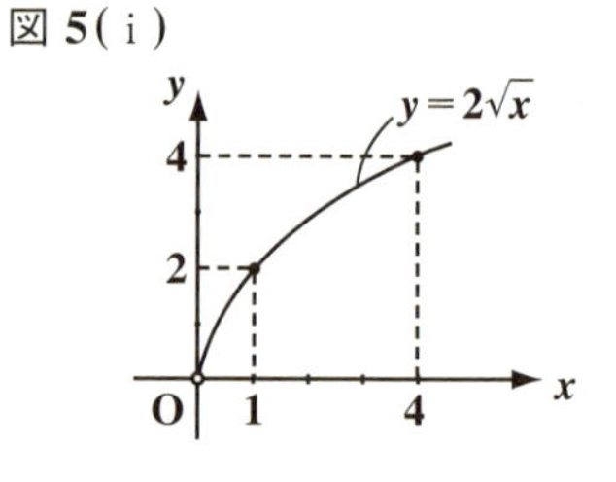

(ⅰ) $y = 2\sqrt{x}$ $(x > 0)$ は，

$x = 1$ のとき，$y = 2 \cdot \sqrt{1} = 2$

$x = 4$ のとき，$y = 2 \cdot \sqrt{4} = 2 \cdot 2 = 4$

よって，原点 O，(1，2)，(4，4)

$x > 0$ より，これは含まない

を通る図 5(ⅰ) のような曲線になる。

(ⅱ)

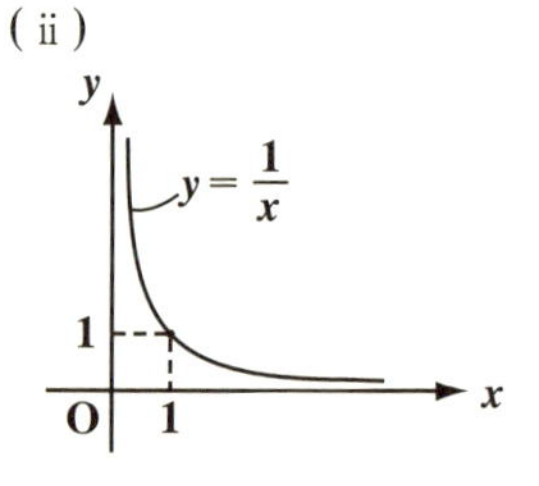

(ⅱ) $y = \frac{1}{x}$ $(x > 0)$ は，点 (1，1) を通る図 5(ⅱ) のような曲線だね。

図5(ⅰ)，(ⅱ)で表した2つの関数 $y=2\sqrt{x}$ と $y=\dfrac{1}{x}$ の y 座標同士をたした
$y=g(x)=2\sqrt{x}+\dfrac{1}{x}$　$(x>0)$ のグラフの概形を図6に示す。$x>0$ の範囲で，極小値を1つだけもつ曲線になることがすぐに分かってしまっただろう。でも，x がどんな値のときに，どのような極小値をもつのかは，微分して調べてみないと分からないんだね。

図6　$y=g(x)=2\sqrt{x}+\dfrac{1}{x}$ のグラフ

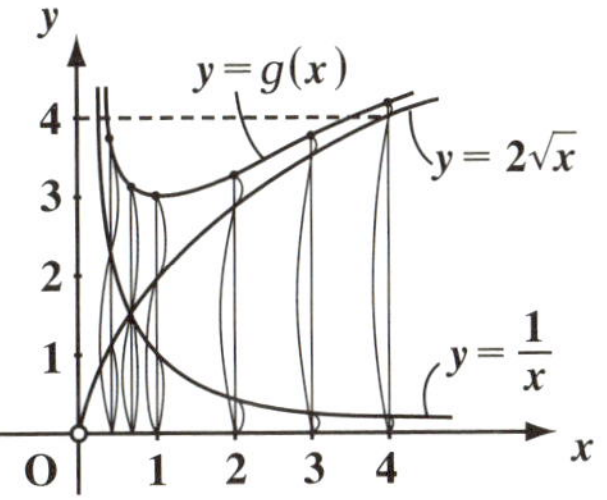

練習問題 35　和の形の関数のグラフ　CHECK 1　CHECK 2　CHECK 3

関数 $y=g(x)=2\sqrt{x}+\dfrac{1}{x}$　$(x>0)$ のグラフの概形を描け。

$g'(x)$ を求めて，極小値を調べ，$\displaystyle\lim_{x\to+0}g(x)=\infty$，$\displaystyle\lim_{x\to\infty}g(x)=\infty$ からグラフが描ける。

$y=g(x)=2\sqrt{x}+\dfrac{1}{x}=2x^{\frac{1}{2}}+x^{-1}$ $(x>0)$ について，

これを，x で微分すると，

$$g'(x)=\left(2x^{\frac{1}{2}}+x^{-1}\right)'=2\cdot\left(x^{\frac{1}{2}}\right)'+\left(x^{-1}\right)'$$

$\left(x^{\frac{1}{2}}\right)'=\dfrac{1}{2}\cdot x^{-\frac{1}{2}}$，$\left(x^{-1}\right)'=-1\cdot x^{-2}$

公式
$(x^{\alpha})'=\alpha\cdot x^{\alpha-1}$

$$=x^{-\frac{1}{2}}-x^{-2}=\frac{1}{x^{\frac{1}{2}}}-\frac{1}{x^2}=\frac{x^{\frac{3}{2}}}{x^2}-\frac{1}{x^2}$$

$$=\frac{x^{\frac{3}{2}}-1}{x^2}$$

x^2：⊕ $(\because x>0)$

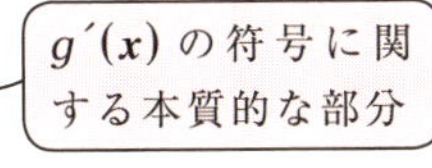

$g'(x)$ の符号に関する本質的な部分

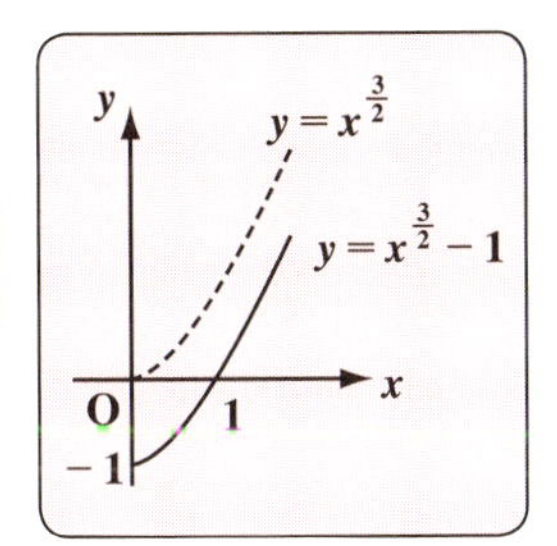

$g'(x)=0$ のとき，$x^{\frac{3}{2}}-1=0$ より，

$x^{\frac{3}{2}}=1 \quad \therefore x=1$

この前後で，$g'(x)$ の符号は負から正に転ずる。

よって，$y=g(x)$ は $x=1$ で極小となる。

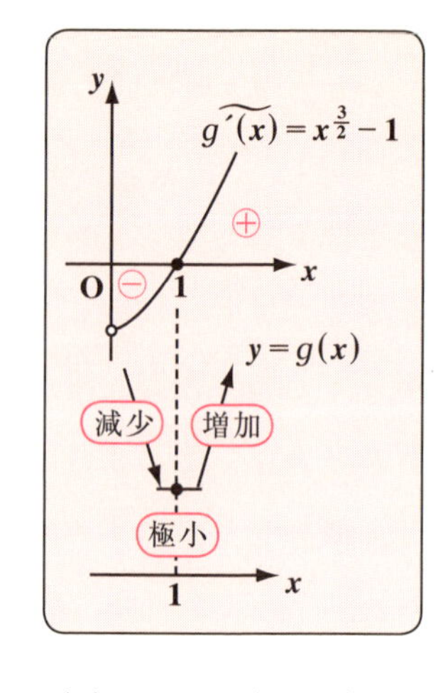

極小値 $g(1)=2\cdot\sqrt{1}+\frac{1}{1}=2+1=3$

また，

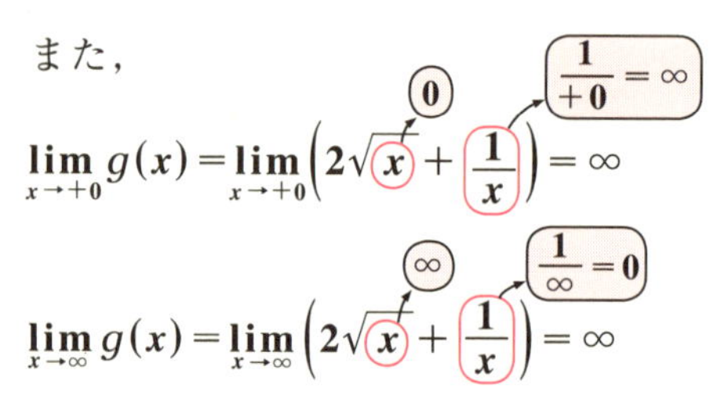

$$\lim_{x\to+0} g(x)=\lim_{x\to+0}\left(2\sqrt{x}+\frac{1}{x}\right)=\infty$$

$$\lim_{x\to\infty} g(x)=\lim_{x\to\infty}\left(2\sqrt{x}+\frac{1}{x}\right)=\infty$$

となるのも大丈夫だね。

よって，$y=g(x)$ の増減表とグラフの概形は右のようになる。

$g(x)$ の増減表 $(x>0)$

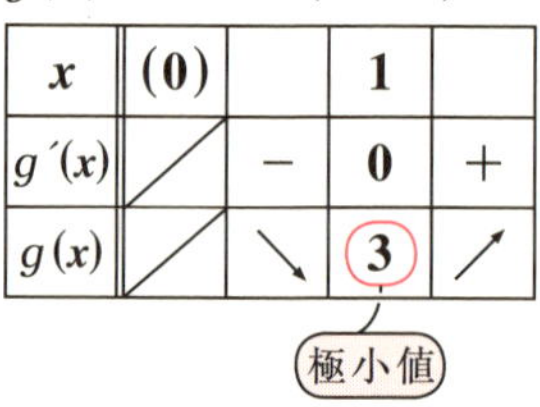

x	(0)		1	
$g'(x)$	／	$-$	0	$+$
$g(x)$	／	↘	3	↗

$x\to\infty$ のときの，$y=g(x)$ の曲線のカーブはほぼ $y=2\sqrt{x}$ に近づいていくことも分かっているからね。

ここまでグラフ描きに専念したんだけれど，これで様々なグラフが描けるようになったんだね。

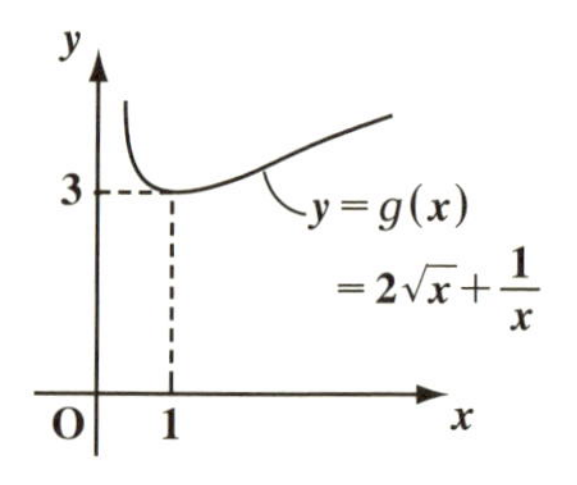

曲線の凹凸についても調べよう！

関数 $y=f(x)$ のグラフを描くときに，関数の増減や極限だけでなく，曲線の凹凸（おうとつ）が問題で問われることもあるので，最後に解説しておこう。この凹凸を調べるには，$f(x)$ を x で2回微分した2次導関数 $f''(x)$ の符号 (⊕, ⊖) が重要になるんだよ。

$f''(x)$ は，$f'(x)$ の導関数と考えることができるんだね。そして，$f'(x)$ は，

関数 $y=f(x)$ 上の点の接線の傾きのことだから，次のようになる。

（ⅰ）$f''(x)>0$ のとき，接線の傾きを表す $f'(x)$ は増加する。よって，曲線 $y=f(x)$ は"**下に凸**"のグラフになる。

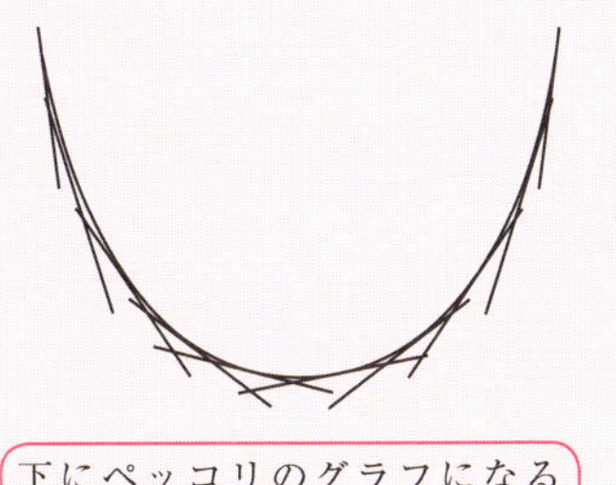

下にペッコリのグラフになる

（ⅱ）$f''(x)<0$ のとき，接線の傾きを表す $f'(x)$ は減少する。よって，曲線 $y=f(x)$ は"**上に凸**"のグラフになる。

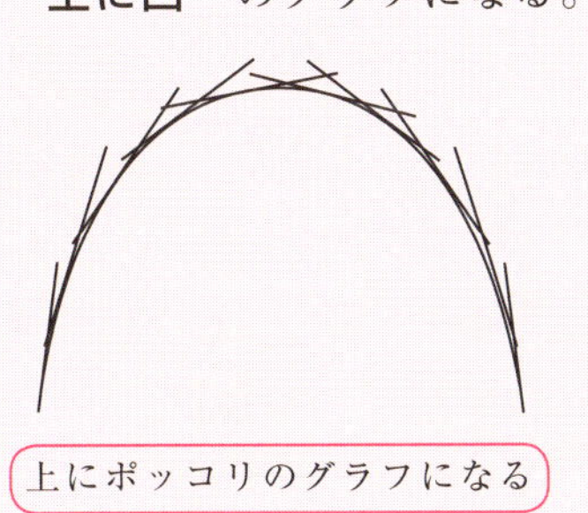

上にポッコリのグラフになる

この関数の凹凸は，関数の増加・減少とは無関係であることに気を付けよう。

(ex2) $y=f(x)=\log x\ (x>0)$ を，x で2回微分すると，

$$f'(x)=(\log x)'=\frac{1}{x}>0$$

$$f''(x)=\left(\frac{1}{x}\right)'=(x^{-1})'=-x^{-2}=-\frac{1}{x^2}<0$$

（x^2 は ⊕）

となる。

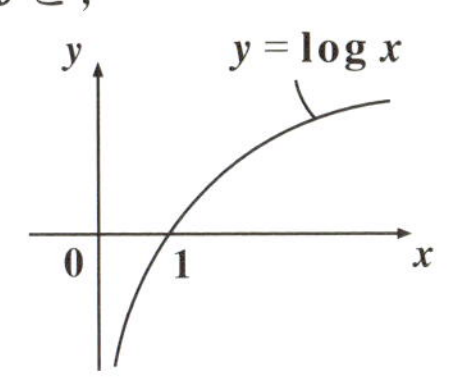

よって，$y=f(x)=\log x$ のグラフは，$f'(x)>0$ より単調増加関数だね。さらに，$f''(x)<0$ より，上に凸（上にポッコリ）のグラフになることが分かるんだね。

(ex3) $y=g(x)=e^x$ を x で2回微分すると，

$$g'(x)=(e^x)'=e^x>0$$

$$g''(x)=(e^x)'=e^x>0$$ となる。

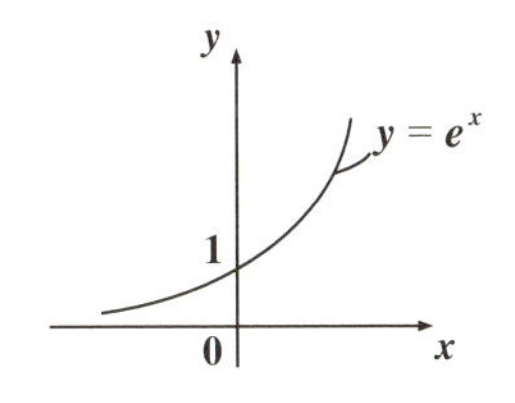

よって，$y=g(x)=e^x$ のグラフは，

$g'(x)>0$ より単調増加関数だね。さらに，$g''(x)>0$ より，下に凸（下にペッコリ）のグラフになることが示せるんだ。納得いった？

$(ex4)$ 練習問題 **34 (P133)** の曲線 $y=f(x)=-x\cdot e^{-x}$ についても，その凹凸まで調べておこう。

・$f(x)=-x\cdot e^{-x}$ を x で微分して，

$$f'(x)=-\underbrace{x'}_{1}\cdot e^{-x}-x\cdot\underbrace{(e^{-x})'}_{-e^{-x}}=-e^{-x}+xe^{-x}$$

$$=\underbrace{(x-1)}_{\widetilde{f'(x)}}e^{-x}$$

$\widetilde{f'(x)}$ ← $f'(x)$ の符号に関する本質的部分

$\widetilde{f'(x)}=x-1$

⊕ ⊖ 1 x

・$f'(x)=(x-1)e^{-x}$ をさらに x で微分して，

$$f''(x)=\underbrace{(x-1)'}_{1}\cdot e^{-x}+(x-1)\cdot\underbrace{(e^{-x})'}_{-e^{-x}}$$

$$=e^{-x}-(x-1)\cdot e^{-x}$$

$$=\underbrace{(2-x)}_{\widetilde{f''(x)}}e^{-x}$$

$\widetilde{f''(x)}$ ← $f''(x)$ の符号に関する本質的部分

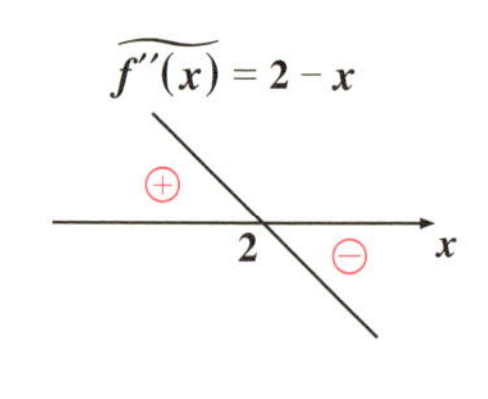

以上より，

・$x<1$ のとき，$f'(x)<0$ より $f(x)$ は減少する。(↘) ← 下り勾配

・$x=1$ のとき，$f'(x)=0$ より $f(x)$ は極値をとる。

・$1<x$ のとき，$f'(x)>0$ より $f(x)$ は増加する。(↗) ← 上り勾配

・$x<2$ のとき，$f''(x)>0$ より $f(x)$ は下に凸。(◡)

・$x=2$ のとき，$f''(x)=0$ となる。

・$2<x$ のとき，$f''(x)<0$ より $f(x)$ は上に凸。(◠)

以上を組み合わせると，増加表よりもっと緻密な増減・凹凸表を作ることができるんだね。

増減・凹凸表

x		1		2	
$f'(x)$	$-$	0	$+$	$+$	$+$
$f''(x)$	$+$	$+$	$+$	0	$-$
$f(x)$	↘	$-e^{-1}$	↗	$-2e^{-2}$	↗

下り勾配 下に凸　　上り勾配 下に凸　　上り勾配 上に凸

$$\begin{cases} f(1) = -1 \cdot e^{-1} = -e^{-1} \\ f(2) = -2e^{-2} \end{cases}$$

さらに，極値 $\displaystyle\lim_{x \to -\infty} f(x) = \lim_{x \to -\infty} (\underbrace{-x}_{+\infty} \cdot \underbrace{e^{-x}}_{+\infty}) = \infty$ ，および

$\displaystyle\lim_{x \to \infty} f(x) = \lim_{x \to \infty} \left(-\frac{x}{e^x}\right) = 0$ とを組み合わせることにより，より緻密に曲線 $y = f(x) = -x \cdot e^{-x}$ のグラフを右のように描くことができるんだね。

ちなみに，点 $(2,\ -2e^{-2})$ $(-2e^{-2} = f(2))$ のように，その点の前後で，$f''(x)$ の符号 (⊕，⊖) が変わる点を"**変曲点**"と呼ぶことも覚えておこう。

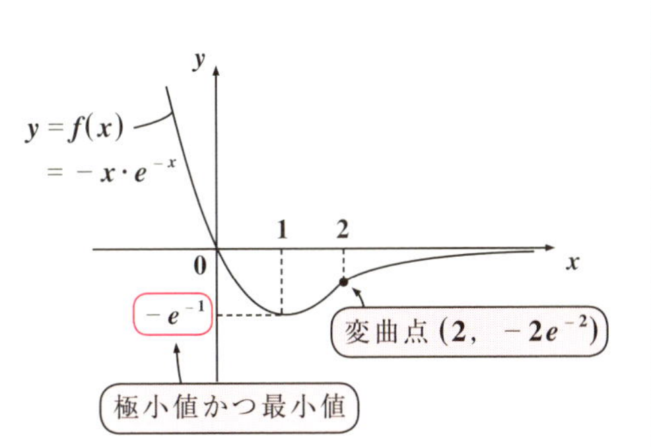

● 微分法を方程式や不等式に応用しよう！

関数のグラフの描き方をマスターすると，これを，方程式や不等式に応用することもできるんだね。具体例で示そう。

(ex5) 文字定数 a を含む方程式 $-x = ae^x$ …① の実数解の個数を求めてみよう。

このような問題は，a を分離して，$f(x) = a$ の形にもち込めば，ウマクいくんだね。

$-x=ae^x$ …① について，$e^x>0$ より，①の両辺を e^x で割ると，

$-x\cdot\dfrac{1}{e^x}=a$，$-x\cdot e^{-x}=a$ …② となる。←$f(x)=a$ の形にした！

ここで，$\begin{cases} y=f(x)=-x\cdot e^{-x} & \cdots③ \\ y=a & \cdots\cdots\cdots\cdots\cdots\cdots④ \end{cases}$ とおくと，

③と④の共有点の x 座標が①の解なので，①の実数解の個数は③と④のグラフの共有点の個数に等しい。

ここで，$y=f(x)=-x\cdot e^{-x}$ のグラフの描き方については，さっきやったばかりだから，右のようになるのはいいね。

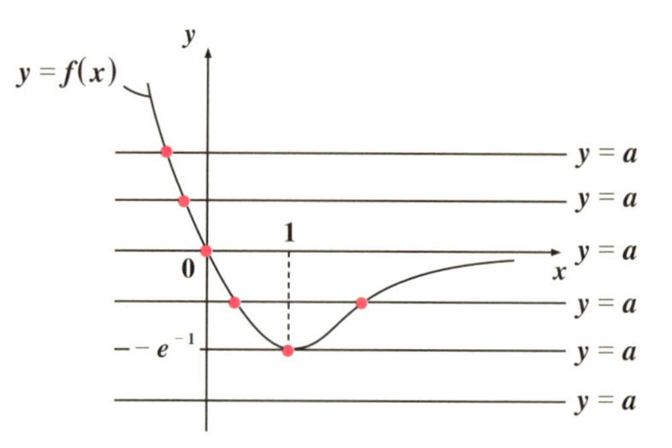

したがって，これと，直線 $y=a$ の共有点の個数から，①の方程式の実数解の個数は，

(ⅰ) $a<-e^{-1}$ のとき，　　　　　　0 個

(ⅱ) $a=-e^{-1}$，または $a\geqq0$ のとき 1 個

(ⅲ) $-e^{-1}<a<0$ のとき，　　　　2 個となる。大丈夫？

次に，微分法を不等式の証明にも応用してみよう。

(ex6) すべての実数 x について，不等式 $e^x\geqq x+1$ ……(＊)

が成り立つことを証明しよう。

この場合，(＊)を変形して，$f(x)\geqq0$ の形にして $y=f(x)$ のグラフを求め，その最小値でさえ 0 以上であることを示せばいいんだね。

よって，(＊)を変形して，

$e^x-x-1\geqq0$

ここで，$y=f(x)=e^x-x-1$ とおく。

$f(x)$ を x で微分して，

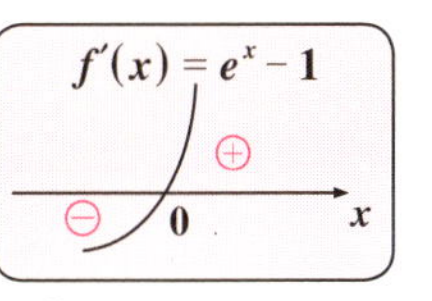

$f'(x)=(e^x-x-1)'=(e^x)'-x'-1'=e^x-1$

$f'(x)=0$ のとき，$e^x-1=0 \quad e^x=1=e^0$

$\therefore x=0$ となり，この前後で $f'(x)$ の符号は⊖から⊕に転ずるんだね。

また，$f(0)=\underbrace{e^0}_{1}-0-1=0$ より

増減表

x		0	
$f'(x)$	$-$	0	$+$
$f(x)$	↘	0	↗

最小値

$y=f(x)$ の増減表は右のようになり，関数 $y=f(x)=e^x-x-1$ は，$x=0$ で最小値 0 をとることが分かった。これから，$y=f(x)$ は最小値が 0 だから，すべての x について，$f(x)\geqq 0$，すなわち $e^x-x-1\geqq 0$ が示せた。これから，すべての実数 x について，不等式 $e^x\geqq x+1 \cdots(*)$

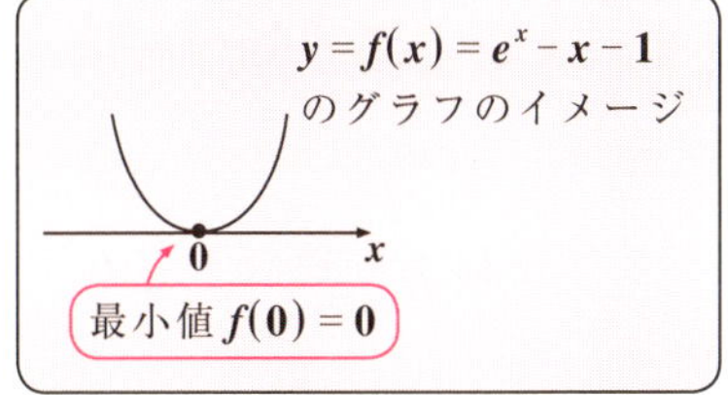

が成り立つことが証明できたんだね。どう？グラフのイメージがあると，様々な問題が解けることが分かって，面白かっただろう？

以上で，今日の講義は終了です。本当に盛り沢山の内容だったから，何度も自分で納得がいくまで，反復練習して，是非マスターしてくれ。面白い内容だから，理解できると，楽しくなるはずだからね。

では，次回の講義もまた，分かりやすく丁寧に解説するから，楽しみに待っていてくれ！それじゃ，みんな元気で…，サヨウナラ…。

10th day　速度と近似式

みんな，オハヨー！今日で，“**微分法の応用**”も最終講義になる。最後のテーマは“**速度と近似式**”だ。元々，微分・積分学は，ニュートンにより天体の運動を表現するために作られたものだから，物体の速度や加速度（かそくど）と微分法は密接な関係があるんだね。物理の要素も入るけれど，分かりやすく教えよう。また，近似式も，極限や微分係数の定義式と深く関連している。これについても，教えるつもりだ。では，講義を始めるよ。

● まず，直線上の運動から調べよう！

まず，図 **1** に示すように，x 軸上を時刻と共に運動する動点 **P** について考えよう。

図 1　直線上の運動

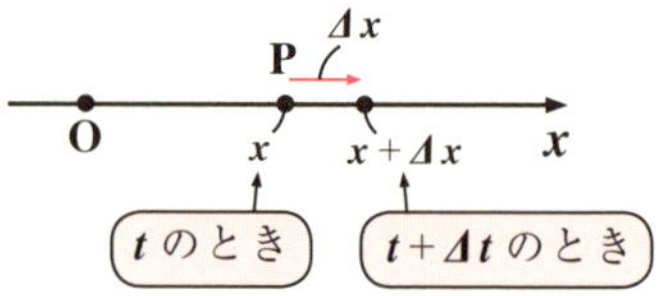

時刻 t のとき，x の位置にあった **P** が移動して，時刻 $t+\Delta t$ のときには $x+\Delta x$ の位置にくるものとする。つまり，わずかな時間 Δt の間に Δx だけちょびっと移動したことになる。このときの点 **P** の平均速度は，当然 $\dfrac{\Delta x}{\Delta t}$ になるんだね。ここで，この Δt を $\Delta t \to 0$ としたときの極限が，動点 **P** の“**速度**（そくど）”v として定義される。つまり，

速度 $v = \lim_{\Delta t \to 0} \dfrac{\Delta x}{\Delta t} = \dfrac{dx}{dt}$ ……$(*1)$ だね。

よって，動点 **P** の位置（座標）x が，時刻 t の関数として，$x = f(t)$ で表されるならば，速度 v は，$f(t)$ を t で微分して，

$$v = \frac{dx}{dt} = \frac{df(t)}{dt} = f'(t) \quad \cdots\cdots (*1)'$$ となるんだね。

さらに，**P** の速度 v は，時刻とともに加速したり，減速したりするだろう。

（車でいうと，アクセルを踏んだり，ブレーキをかけたりすることだね。）

この加速(または減速)を調べるために，v をさらに時刻 t で微分した"**加速度**" a を用いるんだね。

$$a = \frac{dv}{dt} = \frac{d}{dt}\left(\frac{dx}{dt}\right) = \frac{d^2x}{dt^2} = f''(t) \quad \cdots\cdots(*2)$$

$f(t)$ の第 **2** 次導関数だね。

そして(i) $a > 0$ のとき，v が増加するので，点 **P** は加速し，

(ii) $a < 0$ のとき，v は減少するので，点 **P** は減速するんだね。

以上をまとめておこう。

速度 v，加速度 a

x 軸上を運動する動点 **P** の時刻 t における位置を $x = f(t)$ とおくと，動点 **P** の速度 v と加速度 a は次のようになる。

$$\begin{cases} \text{(i) 速度 } v = \dfrac{dx}{dt} = f'(t) \quad \cdots\cdots\cdots\cdots(*1)' \\ \text{(ii) 加速度 } a = \dfrac{d^2x}{dt^2} = f''(t) \quad \cdots\cdots(*2) \end{cases}$$

それでは，例題で実際に速度 v と加速度 a を求めてみよう。

(ex1) x 軸上を運動する動点 **P** の位置 x が，時刻 t の関数 $x = t^2 - 2t \ (t \geqq 0)$ で表されているとき，速度 v と加速度 a を求めよう。

これは，公式：$v = \dfrac{dx}{dt}$，$a = \dfrac{d^2x}{dt^2}$ を用いればいいだけだから，

速度 $v = \dfrac{dx}{dt} = (t^2 - 2t)' = 2t - 2$

加速度 $a = \dfrac{d^2x}{dt^2} = \dfrac{dv}{dt} = (2t - 2)' = 2$

ン？すごい簡単だったって？いいね，その調子だ(^o^)!!

(ex2) x 軸上を運動する動点 **P** の位置 x が，$x = \sin 2t$ (t：時刻) $(t \geqq 0)$ で表されるとき，速度 v と加速度 a は，

速度 $v = \dfrac{dx}{dt} = (\sin 2t)' = \cos 2t \times (2t)' = 2\cos 2t$

合成関数の微分

加速度 $a = \dfrac{d^2x}{dt^2} = \dfrac{dv}{dt} = v' = (2\cos 2t)' = 2(\cos 2t)'$

$= 2 \cdot (-\sin 2t) \cdot (2t)' = -4\sin 2t$ となる。大丈夫？

● 平面上の動点の速度と加速度を求めよう！

今度は，図 2 に示すように，動点 P が xy 座標平面上を運動する場合を考えよう。

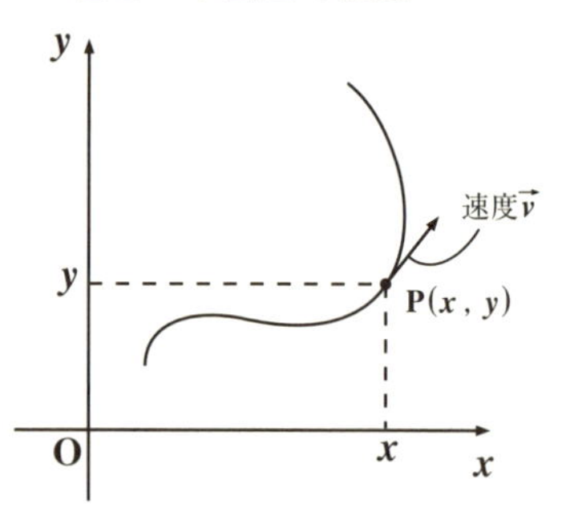

図 2　平面上の運動

この場合，動点 P の位置は $P(x, y)$ で表される。そして，点 P の座標 (x, y) は時刻 t と共に変化するわけだから，x も y も時刻 t の関数，つまり，

$\begin{cases} x = f(t) \\ y = g(t) \end{cases}$ の形で表される。 ← これは，時刻 t を媒介変数と考えれば，媒介変数表示された曲線なんだね。

では，この場合の速度はどうなるか分かる？ …，時刻 t で 1 回微分したものが速度だけれど，平面運動の場合，位置は x と y の 2 つの座標で表されるので，速度も，図 2 に示すように，"**速度**（そくど）**ベクトル**" $\vec{v}$ として，

$\vec{v} = \left(\dfrac{dx}{dt}, \dfrac{dy}{dt}\right)$ ……(＊3) で表されることになるんだね。

（$\dfrac{dx}{dt}$：x 軸方向の速度，$\dfrac{dy}{dt}$：y 軸方向の速度）

この $\vec{v}$ の x 成分 $\dfrac{dx}{dt}$ は x 軸方向の速度を，また y 成分 $\dfrac{dy}{dt}$ は y 軸方向の速度を表している。そして，$\vec{v}$ の大きさ $|\vec{v}|$，つまり

$|\vec{v}| = \sqrt{\left(\dfrac{dx}{dt}\right)^2 + \left(\dfrac{dy}{dt}\right)^2}$ ……(＊3)′ ← 一般に，$\vec{c} = (x_1, y_1)$ の大きさ $|\vec{c}|$ は，$|\vec{c}| = \sqrt{x_1^2 + y_1^2}$ と表すからね。

を，動点 P の "**速さ**（はやさ）" と呼ぶんだね。

この$\vec{v}$は，図**2**に示すように動点**P**の描く曲線の接線方向のベクトルになっていることも，頭に入れておくといいよ。

平面運動する動点**P**の加速度についても，今回はベクトルで表されることになる。これを，“**加速度ベクトル**” $\vec{a}$と呼び，次の式で表す。

$$\vec{a} = \left(\frac{d^2x}{dt^2},\ \frac{d^2y}{dt^2}\right) \quad \cdots\cdots(*4)$$

そして，この$\vec{a}$の大きさ$|\vec{a}|$は，

$$|\vec{a}| = \sqrt{\left(\frac{d^2x}{dt^2}\right)^2 + \left(\frac{d^2y}{dt^2}\right)^2} \quad \cdots\cdots(*4)'$$ で表し，

これを“**加速度の大きさ**”と呼ぶんだよ。

ン？少し頭が混乱してきた？いいよ，下にまとめて示そう。

速度$\vec{v}$，加速度$\vec{a}$

xy座標平面上を運動する動点$\mathbf{P}(x,\ y)$のx座標，y座標が，時刻tの関数として，$x = f(t)$，$y = g(t)$と表されるとき，点**P**の

(i) 速度ベクトル$\vec{v}$と速さ$|\vec{v}|$は，次式で表される。

$$\begin{cases} \vec{v} = \left(\dfrac{dx}{dt},\ \dfrac{dy}{dt}\right) = (f'(t),\ g'(t)) & \cdots\cdots(*3) \\ |\vec{v}| = \sqrt{\left(\dfrac{dx}{dt}\right)^2 + \left(\dfrac{dy}{dt}\right)^2} = \sqrt{\{f'(t)\}^2 + \{g'(t)\}^2} & \cdots\cdots(*3)' \end{cases}$$

(ii) 加速度ベクトル$\vec{a}$と加速度の大きさ$|\vec{a}|$は，次式で表される。

$$\begin{cases} \vec{a} = \left(\dfrac{d^2x}{dt^2},\ \dfrac{d^2y}{dt^2}\right) = (f''(t),\ g''(t)) & \cdots\cdots(*4) \\ |\vec{a}| = \sqrt{\left(\dfrac{d^2x}{dt^2}\right)^2 + \left(\dfrac{d^2y}{dt^2}\right)^2} = \sqrt{\{f''(t)\}^2 + \{g''(t)\}^2} & \cdots\cdots(*4)' \end{cases}$$

ン？今度は公式が迫力あり過ぎて，引きそうって？…，そうだね。でも公式って使うものだから，次の練習問題で，実際に$\vec{v}$や$|\vec{v}|$，それに$\vec{a}$や$|\vec{a}|$を求めて，慣れることだね。

練習問題 36　速度，加速度ベクトル　CHECK 1　CHECK 2　CHECK 3

xy 座標平面上を運動する動点 $P(x, y)$ が，

$$\begin{cases} x = t - \sin t & \cdots\cdots① \\ y = 1 - \cos t & \cdots\cdots② \end{cases}$$

(t: 時刻，$t \geqq 0$) で表されるとき，

動点 P の速度 $\vec{v}$，速さ $|\vec{v}|$，加速度 $\vec{a}$，加速度の大きさ $|\vec{a}|$ を求めよ。

サイクロイド曲線 $x = a(\theta - \sin\theta)$，$y = a(1 - \cos\theta)$ の $a = 1$ で，θ を時刻 t に置きかえたものが①，②だから，P は，時刻 t の経過と共に，カマボコ型のサイクロイド曲線を描くはずだ。でも，$\vec{v}$ や $\vec{a}$ などは，公式通りに求めればいいんだね。頑張ろう！

①を t で微分して，$\dfrac{dx}{dt} = (t - \sin t)' = t' - (\sin t)' = 1 - \cos t$

①をさらに t で微分して，$\dfrac{d^2x}{dt^2} = (1 - \cos t)' = \underbrace{1'}_{0} - \underbrace{(\cos t)'}_{-\sin t} = \sin t$

②を t で微分して，$\dfrac{dy}{dt} = (1 - \cos t)' = \sin t$

②をさらに t で微分して，$\dfrac{d^2y}{dt^2} = (\sin t)' = \cos t$

以上の結果を用いて，

(ⅰ) 速度ベクトル $\vec{v}$ と速さ $|\vec{v}|$ は，

$$\vec{v} = \left(\frac{dx}{dt}, \frac{dy}{dt}\right) = (1 - \cos t, \sin t)$$

$$|\vec{v}| = \sqrt{\left(\frac{dx}{dt}\right)^2 + \left(\frac{dy}{dt}\right)^2} = \sqrt{\underbrace{(1 - \cos t)^2}_{1 - 2\cos t + \cos^2 t} + \sin^2 t}$$

$$= \sqrt{1 + \underbrace{\cos^2 t + \sin^2 t}_{1} - 2\cos t} = \sqrt{2(1 - \cos t)}$$ となる。

(ⅱ) 加速度ベクトル $\vec{a}$ と加速度の大きさ $|\vec{a}|$ は，

$$\vec{a} = \left(\frac{d^2x}{dt^2}, \frac{d^2y}{dt^2}\right) = (\sin t, \ \cos t)$$

$$|\vec{a}| = \sqrt{\left(\frac{d^2x}{dt^2}\right)^2 + \left(\frac{d^2y}{dt^2}\right)^2} = \sqrt{\sin^2 t + \cos^2 t} = \sqrt{1} = 1$$ となるんだね。

（$\sin^2 t + \cos^2 t = 1$）

どう？思ったより簡単に解けただろう？

● 近似式は，極限の公式から導ける !?

では次，“近似式（きんじしき）”の解説に入ろう。たとえば，$x \fallingdotseq 0$ のとき，（x が 0 付近の小さな値をとるとき）

(i) $\sin x \fallingdotseq x$，(ii) $e^x \fallingdotseq x + 1$，(iii) $\log(x+1) \fallingdotseq x$ となる。

（$\sin x$ は x で近似できる。）（e^x は $x+1$ で近似できる。）（$\log(x+1)$ は x で近似できる。）

ン？何のことか，よく分からんって !? 当然だね。これから解説しよう。これらの近似式は，すべて，次の関数の極限の公式から導くことができる。

(i) $\displaystyle\lim_{x \to 0} \frac{\sin x}{x} = 1$　(ii) $\displaystyle\lim_{x \to 0} \frac{e^x - 1}{x} = 1$　(iii) $\displaystyle\lim_{x \to 0} \frac{\log(x+1)}{x} = 1$

(i) まず，$\displaystyle\lim_{x \to 0} \frac{\sin x}{x} = 1$ は，x を限りなく 0 に近づけるとき，$\dfrac{\sin x}{x}$ は 1 に収束すると，言ってるわけだけれど，この条件を少しゆるめて，x が 0 付近の小さな値をとるとき，つまり，$x \fallingdotseq 0$ のとき，$\dfrac{\sin x}{x} \fallingdotseq 1$ とおける。

これから，$x \fallingdotseq 0$ のとき，$\sin x \fallingdotseq x$，すなわち $y = \sin x$ は $y = x$ で近似できると言ってるんだね。もちろん，右図のように，$y = \sin x$ と $y = x$ とは，形のまったく異なる関数だけれど，$x = 0$ 付近の◯の辺りでは，区別がつかないくらいソックリの形をしているだろう？つまり，$\sin x \fallingdotseq x$ となっているんだね。納得いった？

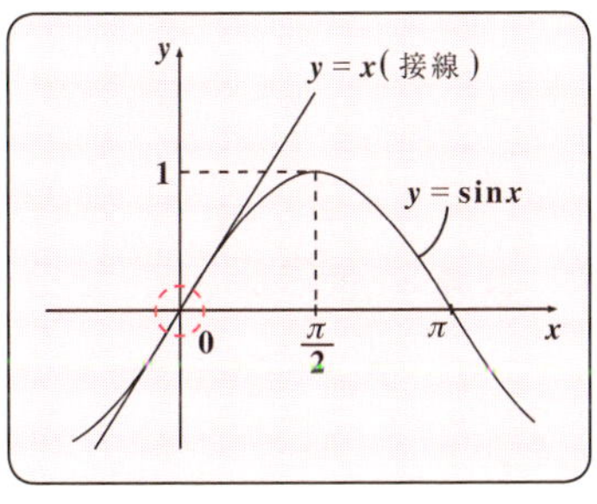

(ⅱ) 同様に，$\lim_{x \to 0} \frac{e^x - 1}{x} = 1$ より，$x \fallingdotseq 0$ のとき $\frac{e^x - 1}{x} \fallingdotseq 1$ となる。

これから，$x \fallingdotseq 0$ のとき，$e^x \fallingdotseq x + 1$，つまり $y = e^x$ は $y = x + 1$ で近似できるんだね。これも，右のグラフより，$x \fallingdotseq 0$ の◯においては，$y = e^x$ と $y = x + 1$ とが，ほぼ同じ形をしていることから，理解できると思う。

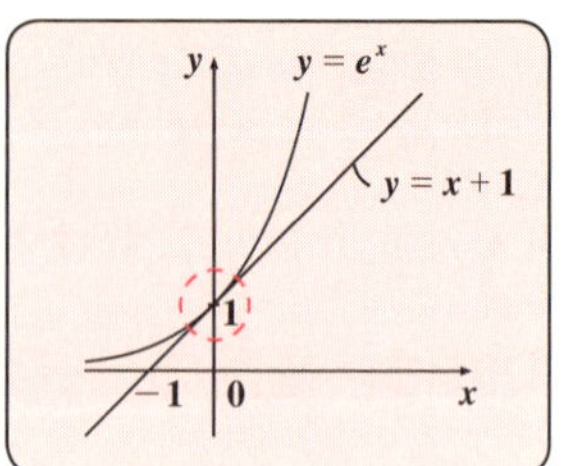

(ⅲ) さらに，同様に，$\lim_{x \to 0} \frac{\log(x + 1)}{x} = 1$ より，$x \fallingdotseq 0$ のとき

$\frac{\log(x + 1)}{x} \fallingdotseq 1$ となるので，$x \fallingdotseq 0$ のとき $\log(x + 1)$ は x で近似できて，$\log(x + 1) \fallingdotseq x$ となるんだね。これについても，右のグラフより，$x \fallingdotseq 0$ の◯の辺りでは，$y = \log(x + 1)$ と $y = x$ がソックリな形状であることが，分かるだろう？

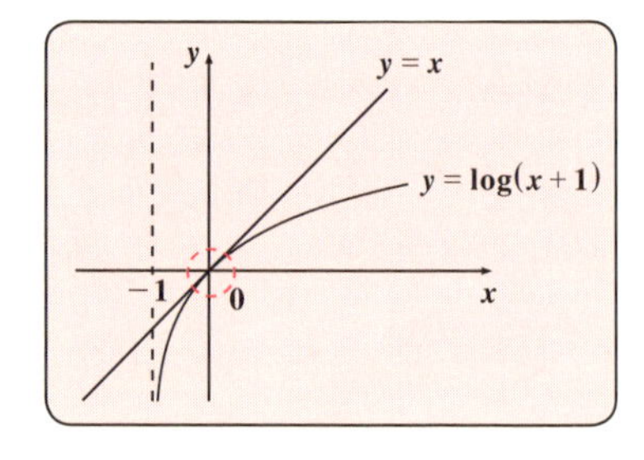

このように，極限から導かれる近似式をもう1度下に示そう。

近似式

$x \fallingdotseq 0$ のとき，次の3つの近似式が成り立つ。

(ⅰ) $\sin x \fallingdotseq x$ (ⅱ) $e^x \fallingdotseq x + 1$ (ⅲ) $\log(x + 1) \fallingdotseq x$

微分係数の定義式から近似公式を導こう！

では次，微分係数 $f'(a)$ の極限の公式：

$\lim_{h \to 0} \frac{f(a + h) - f(a)}{h} = f'(a)$ ……①から，

$h \fallingdotseq 0$ のとき，$\frac{f(a + h) - f(a)}{h} \fallingdotseq f'(a)$ ……②となるので，

②を変形して，$h \fallingdotseq 0$ のときの $f(a+h)$ の近似公式：

$f(a+h) \fallingdotseq f'(a)h + f(a)$ ……$(*1)$ が導けるんだね。

この近似公式の使い方を，次の例題で示しておこう。

$(ex3)$ $\sqrt{100.1}$ の近似値を求めてみよう。

ここで，まず，$100.1 = \underset{a}{100} + \underset{h}{0.1}$ として，$a = 100$，$h = 0.1$ と考えよう。（$h \fallingdotseq 0$ と言えるね。）

よって，$f(x) = \sqrt{x} = x^{\frac{1}{2}}$ とおいて，$f(a+h) = \sqrt{a+h} = \sqrt{100.1}$ の近似公式：$f(a+h) \fallingdotseq f'(a)h + f(a)$ ……$(*1)$ を利用すればいいんだね。

$f'(x) = \frac{1}{2}x^{-\frac{1}{2}} = \frac{1}{2} \cdot \frac{1}{\sqrt{x}} = \frac{1}{2\sqrt{x}}$ より

$$f(100.1) = \sqrt{100.1} = f(\underset{a}{100} + \underset{h}{0.1})$$

（近似公式 $f(a+h) \fallingdotseq f'(a)h + f(a)$）

$$\fallingdotseq f'(\underset{a}{100}) \times \underset{h}{0.1} + f(\underset{a}{100})$$

$$= \frac{1}{2\underset{10}{\sqrt{100}}} \times \frac{1}{10} + \underset{10}{\sqrt{100}}$$

$$= \frac{1}{200} + 10 = \frac{2000+1}{200} = \frac{2001}{200}$$

$= 10.005$ となるんだね。

これは，$\sqrt{100.1}$ を実際に電卓で計算すると $\sqrt{100.1} = 10.004998\cdots$ となるので，$\sqrt{100.1} \fallingdotseq 10.005$ は非常によい近似と言えるんだね。

納得いった？

それでは，近似公式：$f(a+h) \fallingdotseq f'(a)h + f(a)$ ……$(*1)$ について，$a = 0$ のときを調べてみよう。つまり，$a = 0$ を $(*1)$ に代入して，

$f(h) \fallingdotseq f'(0) \cdot h + f(0)$ ……$(*1)'$ となる。

さらに h は，0 に近い変数として，h を x に置き換えると，

$x \fallingdotseq 0$ のときの近似公式：

$f(x) \fallingdotseq f'(0) \cdot x + f(0)$ ……$(*2)$ が導かれるんだね。

この $x \fallingdotseq 0$ のときの近似公式 $f(x) \fallingdotseq f'(0) \cdot x + f(0)$ ……$(*2)$ を見て何か気付かない？…，

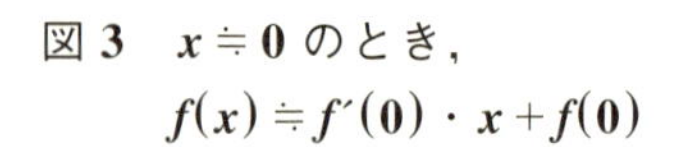

図3　$x \fallingdotseq 0$ のとき，$f(x) \fallingdotseq f'(0) \cdot x + f(0)$

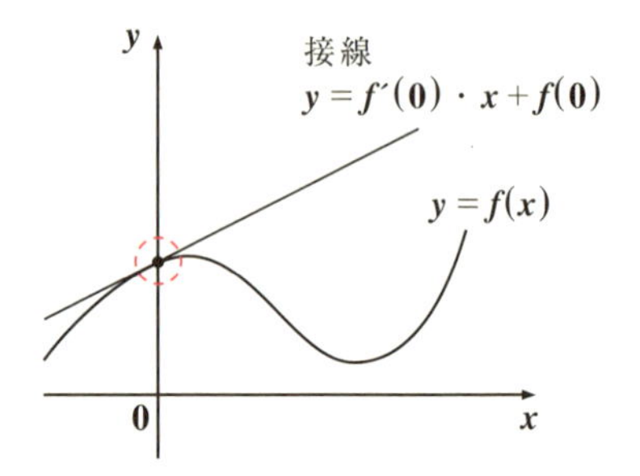

そうだね。$(*2)$ の右辺は図3に示すように，曲線 $y = f(x)$ 上の点 $(0,\ f(0))$ における接線の方程式になっているんだね。この接線は，点 $(0,\ f(0))$ を通り，傾き $f'(0)$ の直線だから，

接線：$y = f'(0) \cdot (x - 0) + f(0)$

$\quad = f'(0) \cdot x + f(0)$ となるからね。

そして，元の曲線 $y = f(x)$ と，直線（接線）$y = f'(0) \cdot x + f(0)$ とは，$x \fallingdotseq 0$ の◌の付近では，ほとんど同じ形なので，

近似式 $f(x) \fallingdotseq f'(0) \cdot x + f(0)$ ……$(*2)$ が成り立つんだね。

実は，$x \fallingdotseq 0$ のときの，3つの近似公式：

(i) $\sin x \fallingdotseq x$　　(ii) $e^x \fallingdotseq x + 1$　　(iii) $\log(x+1) \fallingdotseq x$

すべてについて，$(*2)$ の公式が成り立つんだね。

(i) $f(x) = \sin x$ とおくと，$f'(x) = (\sin x)' = \cos x$

よって，$x \fallingdotseq 0$ のとき，$f(x) \fallingdotseq f'(0) \cdot x + f(0)$ より

$f(x) = \sin x$，$f'(0) = \cos 0 = 1$，$f(0) = \sin 0 = 0$

$\sin x \fallingdotseq 1 \cdot x + 0 = x$ となる。

(ii) $g(x) = e^x$ とおくと，$g'(x) = (e^x)' = e^x$

よって，$x \fallingdotseq 0$ のとき，$g(x) \fallingdotseq g'(0) \cdot x + g(0)$ より

$g(x) = e^x$，$g'(0) = e^0 = 1$，$g(0) = e^0 = 1$

$e^x \fallingdotseq 1 \cdot x + 1 = x + 1$ も成り立つんだね。

(ⅲ) $h(x)=\log(x+1)$ とおくと，$h'(x)=\{\log(x+1)\}'=\dfrac{(x+1)'}{x+1}=\dfrac{1}{x+1}$

よって，$x \fallingdotseq 0$ のとき，$\underbrace{h(x)}_{\log(x+1)} \fallingdotseq \underbrace{h'(0)}_{\frac{1}{0+1}=1}\cdot x+\underbrace{h(0)}_{\log(0+1)=\log 1=0}$ より

$\log(x+1)\fallingdotseq 1\cdot x+0=x$ も導けるんだね。

どう？数学って，本当によく出来ているので，面白かっただろう？

以上で，“**微分法の応用**”の講義は，すべて終了です。みんな，よく頑張ったね！全部理解できたって!? スバラシイね。でも，人間って，忘れやすい生き物だから，何回でも自分で納得いくまで繰り返し反復練習して，本物の実力となるように頭に定着させてくれ。キミ達の成長を楽しみにしている。

では，次回からは，いよいよ“**積分法**(せきぶんほう)”の講義に入ろう。また，内容満載の講義になると思うけれど，今までと同様に，分かりやすく解説するつもりだから，みんな楽しみにしてくれ！

それでは，次回の講義でまた会おう！元気でな…。バイバイ。

第 3 章● 微分法の応用　公式エッセンス

1. 接線と法線

$y=f(x)$ 上の点 $(t,\ f(t))$ における

（ⅰ）接線：$y=f'(t)(x-t)+f(t)$

（ⅱ）法線：$y=-\dfrac{1}{f'(t)}(x-t)+f(t)$　（ただし，$f'(t)\neq 0$）

2. 2 曲線 $y=f(x)$ と $y=g(x)$ の共接条件

（ⅰ）$f(t)=g(t)$ かつ（ⅱ）$f'(t)=g'(t)$

3. 平均値の定理

$[a,\ b]$ で連続，かつ $(a,\ b)$ で微分可能な関数 $f(x)$ について，

$\dfrac{f(b)-f(a)}{b-a}=f'(c)$ をみたす実数 c が，a と b の間に必ず存在する。

4. 関数のグラフ

$y=f(x)$ のグラフは，$f'(x)$ や $f''(x)$ の符号，および極値を調べることにより描く。

5. 微分法の方程式への応用

方程式 $f(x)=a$（a：実数定数）の実数解の個数は，2 つの関数 $y=f(x)$ と $y=a$ のグラフの共有点の個数に等しい。

6. 微分法の不等式への応用

不等式 $f(x)\geqq 0$ を証明するには，関数 $y=f(x)$ の最小値 m が $m\geqq 0$ であることを示せばよい。

7. x 軸上を運動する動点 $\mathrm{P}(x)$

速度 $v=\dfrac{dx}{dt}$，加速度 $a=\dfrac{d^2x}{dt^2}$

8. xy 座標平面上を運動する動点 $\mathrm{P}(x,\ y)$

速度 $\vec{v}=\left(\dfrac{dx}{dt},\ \dfrac{dy}{dt}\right)$，加速度 $\vec{a}=\left(\dfrac{d^2x}{dt^2},\ \dfrac{d^2y}{dt^2}\right)$

第４章
CHAPTER

4 積分法

▶ 積分計算（Ⅰ）

不定積分と定積分の基本

▶ 積分計算（Ⅱ）

部分積分と置換積分

11th day　積分計算(Ⅰ)

おはよう！　みんな元気か？　さァ，今日から気分も新たに，“**積分法**”の講義に入ろう。この積分というのは，前回まで勉強した微分の逆の操作のことなんだ。だから，微分法の知識をフルに活かしながら，積分について解説していくことになるよ。

積分法については，既に数学Ⅱで学習してきたと思うけど，その対象となる関数は1次関数や2次関数など，単純なものだけだったんだね。これに対して，数学Ⅲで学ぶ積分法では，“**分数関数**”，“**無理関数**”，“**三角関数**”，“**指数関数**”，そして“**対数関数**”と，対象となる関数が大幅に増えるので，マスターするべき項目が多岐に渡るんだよ。でも，心配は無用だ。これまでの講義と同様，初めからステップバイステップに親切に教えていくから，これで積分法についても，その基本を固めることができるはずだ。

● まず，不定積分について解説しよう！

大ざっぱに言って積分とは，微分と逆の操作だと考えてくれたらいいんだよ。だから，$\sin x$ を微分したら $\cos x$ になる。つまり $(\sin x)' = \cos x$ となることが分かっていれば，逆に $\cos x$ を積分すれば $\sin x$ や $\sin x + 1$ や $\sin x + \sqrt{10}$，…になることがわかると思う。何故なら，$(\sin x)' = \cos x$，$(\sin x + 1)' = \cos x$，$(\sin x + \sqrt{10})' = \cos x$，…，といずれも微分すれば $\cos x$ になるからだね。このように $F'(x) = f(x)$ の関係があるとき $F(x)$ を $f(x)$ の“**原始関数**(げんしかんすう)”という。そして，$f(x) = \cos x$ のとき，原始関数 $F(x)$ は，$\sin x$ や $\sin x + 1$ や $\sin x + \sqrt{10}$ など…，無数に存在することが分かると思う。なぜなら1や $\sqrt{10}$ などの定数項を微分したら0になるからだね。だから原始関数 $F(x)$ が無限に存在するといっても，たかだか定数項の部分が異なるだけなので，原始関数として定数項のついてないものを $F(x)$ として選び，これに積分定数 C をたした，$F(x)+C$ を新たに“**不定積分**”と呼ぶことにしよう。ここで何故“不定”かというと，積分定数 C の値が定まっていないからだと覚えておくといいよ。

（定数項のついてない原始関数）

$F'(x)=f(x)$ が成り立つとき，$f(x)$ を x で不定積分したら $F(x)+C$ となることを数学では $\int f(x)dx=F(x)+C$ と表現するんだよ。

（“インテグラル・$f(x)$・ディーエックス”と読む）

以上の内容を下にまとめておこう。

不定積分

$F'(x)=f(x)$ のとき，$f(x)$ を x で不定積分すると

$\int f(x)dx=F(x)+C$ となる。

（$F(x)$：一般には定数項をもたない原始関数，C：積分定数）

ここで，$f(x)$ は積分される関数なので，これを“**被積分関数**”と呼ぶことも覚えておこう。

以上より，微分計算の 8 つの知識を逆に見れば，積分計算の基本公式となるんだね。全部下に示しておこう。

(1) $(x^{\alpha+1})'=(\alpha+1)\cdot x^{\alpha}$ より，$\int x^{\alpha}dx=\dfrac{1}{\alpha+1}x^{\alpha+1}+C$

$\left[\left(\dfrac{1}{\alpha+1}x^{\alpha+1}\right)'=x^{\alpha}\right]$ （ここで，$\alpha\neq-1$）

(2) $(\sin x)'=\cos x$ より，$\int\cos x\,dx=\sin x+C$

(3) $(\cos x)'=-\sin x$ より，$\int\sin x\,dx=-\cos x+C$

$[(-\cos x)'=\sin x]$

(4) $(\tan x)' = \dfrac{1}{\cos^2 x}$ より，　$\displaystyle\int \frac{1}{\cos^2 x}dx = \tan x + C$

(5) $(e^x)' = e^x$ より，　$\displaystyle\int e^x dx = e^x + C$

(6) $(a^x)' = a^x \log a$ より，　$\displaystyle\int a^x dx = \frac{a^x}{\log a} + C$

$\left[\left(\dfrac{a^x}{\log a}\right)' = a^x\right]$　　(a は正の定数)

(7) $(\log x)' = \dfrac{1}{x}$ より，　$\displaystyle\int \frac{1}{x}dx = \log x + C \quad (x > 0)$

(8) $\{\log f(x)\}' = \dfrac{f'(x)}{f(x)}$ より，　$\displaystyle\int \frac{f'(x)}{f(x)}dx = \log f(x) + C \quad (f(x) > 0)$

これらを，8 つの積分公式として下にまとめておこう。

積分計算の 8 つの基本公式

(1) $\displaystyle\int x^\alpha dx = \frac{1}{\alpha+1}x^{\alpha+1} + C$　　(2) $\displaystyle\int \cos x dx = \sin x + C$

(3) $\displaystyle\int \sin x dx = -\cos x + C$　　(4) $\displaystyle\int \frac{1}{\cos^2 x}dx = \tan x + C$

(5) $\displaystyle\int e^x dx = e^x + C$　　(6) $\displaystyle\int a^x dx = \frac{a^x}{\log a} + C$

(7) $\displaystyle\int \frac{1}{x}dx = \log x + C$ $(x > 0)$　　(8) $\displaystyle\int \frac{f'(x)}{f(x)}dx = \log f(x) + C$ $(f(x) > 0)$

(ここで，$\alpha \neq -1$，$a > 0$ かつ $a \neq 1$，対数はすべて自然対数とする)

これらの公式は，すべて右辺を微分すると左辺の被積分関数になる。

それでは (1) と (6) と (8) の公式について，少し例題で練習しておこう。

(ex1) $\int \sqrt{x}\,dx = \int x^{\frac{1}{2}}dx = \dfrac{1}{\frac{1}{2}+1}x^{\frac{1}{2}+1} + C$ ← 公式 $\int x^{\alpha}dx = \dfrac{1}{\alpha+1}x^{\alpha+1} + C$

$= \dfrac{1}{\frac{3}{2}}x^{\frac{3}{2}} + C = \dfrac{2}{3}x^{\frac{3}{2}} + C$

(ex2) $\int 2^x dx = \dfrac{2^x}{\log 2} + C$ ← 公式 $\int a^x dx = \dfrac{a^x}{\log a} + C \quad (a > 0)$

(ex3) $\int \dfrac{4x}{2x^2+1}dx = \log(2x^2+1) + C$ ← 公式 $\int \dfrac{f'(x)}{f(x)}dx = \log f(x) + C$

（$4x = f'(x)$，$2x^2+1 = f(x)$）

$f(x) = 2x^2+1$ とおくと，$f'(x) = 4x$ だね

ここで，(7) の公式についてだけれど，x の正・負にかかわらず

$\int \dfrac{1}{x}dx = \log|x| + C$ と覚えておけばいい。

x に絶対値がつくのがポイント！

(i) $x > 0$ のとき，$|x| = x$ なので

$\int \dfrac{1}{x}dx = \log x + C = \log|x| + C$ は成り立つ。（$x = |x|$）

(ii) 次，$x < 0$ のときは，$|x| = -x$ となるね。

ここで，$-x > 0$ より，$\{\log(-x)\}' = \dfrac{(-x)'}{-x} = \dfrac{-1}{-x} = \dfrac{1}{x}$ より

（$-x$ は ⊕（真数条件））

$\int \dfrac{1}{x}dx = \int \dfrac{-1}{-x}dx = \log(-x) + C = \log|x| + C$ となって，（$-x = |x|$）

$x < 0$ のときも成り立つ。

ン？ 頭が混乱してきたって？ いいよ，要は x が正でも，負でも，

$\int \frac{1}{x}dx = \log|x| + C$ は成り立つと覚えておけばいいだけだからね。

同様に，(8) の公式も，$f(x)$ の正・負にかかわらず，

$\int \frac{f'(x)}{f(x)}dx = \log|f(x)| + C$ が成り立つと覚えておいてくれ。

それでは次，積分計算においても微分計算のときと同様に，次の2つの性質が成り立つ。

不定積分の2つの性質

(Ⅰ) $\int \{f(x)+g(x)\}dx = \int f(x)dx + \int g(x)dx$

$\int \{f(x)-g(x)\}dx = \int f(x)dx - \int g(x)dx$

2つの関数の和や差の積分は，項別に積分して和や差を取ればいい。

(Ⅱ) $\int kf(x)dx = k\int f(x)dx$ （k：実数定数）

係数倍した関数の積分は，係数を別にして積分の後にかける。

これから，複数の関数の和や差，それに係数倍された関数の不定積分もできるようになるんだね。

練習問題 37　不定積分　CHECK 1　CHECK 2　CHECK 3

次の不定積分を求めよ。

(1) $\int \left(3\cos x + \frac{1}{\cos^2 x}\right)dx$　　(2) $\int (5^x - 3e^x)dx$

(3) $\int \frac{x}{x^2-1}dx$　　(4) $\int \frac{1}{1-x^2}dx$

8 つの基本公式と **2** つの性質を使えば，すべて解けるよ。ただし，**(3)** と **(4)** は，被積分関数の形は似てるけれど，その積分法はまったく異なるので気をつけよう！

2つの性質
・たし算は項別に積分できる
・係数は別にして積分後にかける

(1) ていねいに変形すると

$$\int\left(3\cos x+\frac{1}{\cos^2 x}\right)dx=3\int\cos x\,dx+\int\frac{1}{\cos^2 x}dx$$

$$=3(\sin x+C_1)+\tan x+C_2$$

公式 $\int\cos x\,dx=\sin x+C$

$\int\frac{1}{\cos^2 x}dx=\tan x+C$

$$=3\sin x+\tan x+(3C_1+C_2)$$

まとめて **1** つの積分定数 C にする

$=3\sin x+\tan x+C$ となるけれど，これらの操作を頭の中でやって，実際の答案は

$\int\left(3\cos x+\frac{1}{\cos^2 x}\right)dx=3\sin x+\tan x+C$ とシンプルに書けばいい。

以下同様だ。

(2) $\int(5^x-3e^x)dx=\frac{5^x}{\log 5}-3e^x+C$

公式 $\int a^x dx=\frac{a^x}{\log a}+C$

$\int e^x dx=e^x+C$

(3) $\int\frac{x}{x^2-1}dx$ と，被積分関数が分数の形で出てきたら

公式 $\int\frac{f'}{f}dx=\log|f|+C$ が使えないか検討してみることだ。

この場合 $f(x)=x^2-1$ とおくと，$f'(x)=2x$ となって，分子を **2** 倍する分，係数 $\frac{1}{2}$ を積分記号（インテグラル）の外に出せばいいんだね。

よって，

$$\int \frac{x}{x^2-1}\,dx = \frac{1}{2}\int \frac{2x}{x^2-1}\,dx$$

($2x$ は f'，x^2-1 は f)

$$= \frac{1}{2}\log|x^2-1| + C$$ となって答えだ。

公式
$\int \frac{f'}{f}\,dx = \log|f| + C$

(4) $\int \frac{1}{1-x^2}\,dx$ も (3) と同様に，$f(x) = 1-x^2$ とおくと，

$f'(x) = -2x$ だから，これを分子の 1 にかけた分，$-\frac{1}{2x}$ を積分記号の外に出せばいいと考えて

$\int \frac{1}{1-x^2}\,dx = -\frac{1}{2x}\int \frac{-2x}{1-x^2}\,dx$ と，やっちゃった人いない？

う～ん，結構いるな～！これは，間違いだから絶対やっちゃいけないよ !!

$\int (x$ の式$)\,dx$ の場合，(x の式) を x で積分しようというわけだから

x の式を積分記号の外に出しちゃいけないよ。つまり (x の式) は $\int$ と

dx の 檻の中に入れられた囚人 (?) ってことだね。そして，定数係数だけは面会人 (??) として，檻の中に入ったり，出たりできるってことなんだ。つまり，$\int \frac{1}{1-x^2}\,dx = -\frac{1}{2x}\int \frac{-2x}{1-x^2}\,dx$ とやっちゃうと囚人が表

ワ！ 囚人が表に出た！

に出て，大変なことになってるわけなんだね。では，この積分をどうするか？

$\frac{1}{1+x} + \frac{1}{1-x} = \frac{1-x+1+x}{(1+x)(1-x)} = \frac{2}{1-x^2}$ より，両辺を 2 で割って，被積分関数 $\frac{1}{1-x^2}$ を，$\frac{1}{1-x^2} = \frac{1}{2}\left(\frac{1}{1+x} + \frac{1}{1-x}\right)$ と部分分数に分解してから積分すればよかったんだ。つまり，

$$\int \frac{1}{1-x^2}dx = \frac{1}{2}\int\left(\frac{1}{1+x}+\frac{1}{1-x}\right)dx$$

定数係数（面会人）は，積分記号（檻）の外に出ても **OK** だ！

$$= \frac{1}{2}\int\left(\frac{1}{1+x}-\frac{-1}{1-x}\right)dx$$

（f'，g'：分子／f，g：分母）

$$= \frac{1}{2}(\log|1+x|-\log|1-x|)+C$$

公式 $\int \frac{f'}{f}dx = \log|f|+C$

$$= \frac{1}{2}\log\left|\frac{1+x}{1-x}\right|+C$$ となって，答えだ！

“似て非なるもの”なんかもあるから，積分計算って結構奥が深いんだね。

● 定積分では，結果は数値になる！

これまでは“**不定積分**”について解説してきたけれど，これから“**定積分**”についても解説しよう。関数 $f(x)$ に対して，$F'(x)=f(x)$ をみたす関数 $F(x)$ を**原始関数**と言った。定積分は，この $F(x)$ を定数 a, b $(a \leqq b)$ を使って，$F(b)-F(a)$ で定義するんだ。この表し方も含めて，下に示す。

定積分の定義

関数 $f(x)$ が，積分区間 $a \leqq x \leqq b$ において，原始関数 $F(x)$ をもつとき，その定積分を次のように定義する。

$$\int_a^b f(x)dx = [F(x)]_a^b = F(b)-F(a)$$

定積分の結果は数値になる！

($F(x)$：一般に定数項（積分定数 C）をもたない原始関数を用いる。)

このように，定積分の結果は数値になることにも注意しよう。

(*ex*4) $\int_0^{\frac{\pi}{2}} \cos x\,dx$ について計算すると，

$$\int_0^{\frac{\pi}{2}} \underbrace{\cos x}_{f(x)}\,dx = \Big[\underbrace{\sin x}_{F(x)}\Big]_0^{\frac{\pi}{2}} = \underbrace{\sin\frac{\pi}{2}}_{F\left(\frac{\pi}{2}\right)} - \underbrace{\sin 0}_{F(0)} = 1$$ となる。

ここで，原始関数として，$F(x) = \sin x + C$（C：積分定数）の形のものを用いたとしても，

$$\int_0^{\frac{\pi}{2}} \underbrace{\cos x}_{f(x)}\,dx = \Big[\underbrace{\sin x + C}_{F(x)}\Big]_0^{\frac{\pi}{2}}$$

$$= \underbrace{\sin\frac{\pi}{2} + C}_{F\left(\frac{\pi}{2}\right)} - (\underbrace{\sin 0 + C}_{F(0)}) = 1$$ となって，どうせ積分定数 C は打ち消し合って，なくなるんだね。だから定積分の計算では原始関数 $F(x)$ は，積分定数 C の付いてないものを用いるんだよ。

定積分においても，不定積分のときと同様に次の性質が成り立つ。

定積分の 2 つの性質

(Ⅰ) $\int_a^b \{f(x) + g(x)\}dx = \int_a^b f(x)dx + \int_a^b g(x)dx$

$\int_a^b \{f(x) - g(x)\}dx = \int_a^b f(x)dx - \int_a^b g(x)dx$

(Ⅱ) $\int_a^b kf(x)dx = k\int_a^b f(x)dx$ （k：実数定数）

定積分においても，2 つの関数の和や差は項別に積分でき，また，定数係数は別にして，定積分の計算をし，その後にかければいいんだね。それでは，次の練習問題で，定積分の計算も実際にやってみよう。

練習問題 38　定積分　CHECK 1　CHECK 2　CHECK 3

次の定積分の値を求めよ。

(1) $\int_0^{\frac{\pi}{2}}(\cos x-\sin x)dx$　　(2) $\int_1^2\left(e^x-\frac{2}{x}\right)dx$

(3) $\int_0^1\frac{2x+1}{x^2+x+1}dx$　　(4) $\int_2^3\frac{1}{x+x^2}dx$

定積分も，**8** つの基本公式と，**2** つの性質を使って解いていこう。**(3)** と **(4)** の違いが分かるようになったかな？

(1) $\int_0^{\frac{\pi}{2}}(\underbrace{\cos x-\sin x}_{f(x)})dx=\left[\underbrace{\sin x+\cos x}_{F(x)}\right]_0^{\frac{\pi}{2}}$ ←

公式 $\int\cos x dx=\sin x+C$
$\int\sin x dx=-\cos x+C$

$=\underbrace{\sin\frac{\pi}{2}+\cos\frac{\pi}{2}}_{F\left(\frac{\pi}{2}\right)}-(\underbrace{\sin 0+\cos 0}_{F(0)})=1-1=0$　となる。

（$\sin\frac{\pi}{2}=1$，$\cos\frac{\pi}{2}=0$，$\sin 0=0$，$\cos 0=1$）

(2) $\int_1^2\underbrace{\left(e^x-\frac{2}{x}\right)}_{f(x)}dx=\left[\underbrace{e^x-2\cdot\log x}_{F(x)}\right]_1^2$ ←

どうせ，**1** と **2** の⊕の数が入るだけなので，$\log|x|$ としなくていいね。

$=\underbrace{e^2-2\log 2}_{F(2)}-(\underbrace{e^1-2\log 1}_{F(1)})$　（$\log 1=0$）

$=e^2-e-2\log 2$　となって答えだ。

(3) $f(x)=x^2+x+1$ とおくと，$f'(x)=(x^2+x+1)'=2x+1$ となるので

$\int_0^1\frac{2x+1}{x^2+x+1}dx=\left[\log(x^2+x+1)\right]_0^1$ ←

公式 $\int\frac{f'}{f}dx=\log|f|+C$

$\left(x+\frac{1}{2}\right)^2+\frac{3}{4}>0$ より，これは絶対値はいらない。

$=\log(1^2+1+1)-\log(0^2+0+1)$

$=\log 3-\underbrace{\log 1}_{0}=\log 3$　となる。

(4) $\displaystyle\int_2^3 \frac{1}{x+x^2}dx = \frac{1}{1+2x}\int_2^3 \frac{1+2x}{x+x^2}dx$ とは，変形できないので，これは

（x は外に出せない！）

部分分数に分解するパターンだ。

被積分関数を $\dfrac{1}{x+x^2}=\dfrac{1}{x(x+1)}=\dfrac{1}{x}-\dfrac{1}{x+1}$ と変形できるので，

$$\int_2^3 \frac{1}{x+x^2}dx = \int_2^3 \left(\frac{1}{x}-\frac{1}{x+1}\right)dx = \Big[\log x - \log(x+1)\Big]_2^3$$

（分子 1 が f'，分母 $x+1$ が f）

（x や $x+1$ には，3 と 2 の⊕の数が入るだけだから，絶対値はいらない。）

$$= \left[\log\frac{x}{x+1}\right]_2^3 = \log\frac{3}{4} - \log\frac{2}{3}$$

（公式 $\log x - \log y = \log\dfrac{x}{y}$）

$$= \log\left(\frac{3}{4} \div \frac{2}{3}\right) = \log\frac{9}{8} \text{ となる。}$$

（$\dfrac{3}{4}\times\dfrac{3}{2}=\dfrac{9}{8}$）

● 三角関数の積分をマスターしよう！

$\sin 2x$ を x で微分するとどうなる？……　そうだね。$2x=t$ とおいて合成関数の微分にもち込めばよかった。つまり

$(\sin 2x)' = \cos t \cdot (2x)' = \cos 2x \times 2 = 2\cos 2x$ となるんだね。

（$\cos t$ ＝ $\sin t$ を t で微分）（$(2x)'$ ＝ $t=2x$ を x で微分）

同様に，m を自然数として，$\sin mx$ を x で微分すると，

（自然数 ＝ 正の整数のこと，1, 2, 3, …）

$(\sin mx)' = m \cdot \cos mx$ となるので，$\dfrac{1}{m}(\sin mx)' = \cos mx$

（m ＝ $(mx)'$）（$\cos mx$ ＝ $(\sin t)'=\cos t$）（$\dfrac{1}{m}(\sin mx)'$ ＝ $\left(\dfrac{1}{m}\sin mx\right)'$）

よって $\left(\frac{1}{m}\sin mx\right)' = \cos mx$ から，積分公式 $\int \cos mx dx = \frac{1}{m}\sin mx + C$ が導ける。同様に $(\cos mx)' = -m\sin mx$ より $\left(-\frac{1}{m}\cos mx\right)' = \sin mx$ となるので，公式 $\int \sin mx dx = -\frac{1}{m}\cos mx + C$ も導けるんだね。

三角関数の積分公式として，この **2** つはとっても大事だから，下にまとめて書いておこう。

$\cos mx$，$\sin mx$ の積分公式

(1) $\int \cos mx dx = \frac{1}{m}\sin mx + C$　(2) $\int \sin mx dx = -\frac{1}{m}\cos mx + C$

（ただし m は自然数）

これから，次のような三角関数の積分計算ができる。

(ex5) $\int_0^{\frac{\pi}{6}} \underbrace{\cos 3x}_{f(x)} dx = \left[\underbrace{\frac{1}{3}\sin 3x}_{F(x)}\right]_0^{\frac{\pi}{6}}$ ← 公式 $\int \cos mx dx = \frac{1}{m}\sin mx + C$

$= \frac{1}{3}\left[\sin 3x\right]_0^{\frac{\pi}{6}} = \frac{1}{3}\left(\underbrace{\sin 3\cdot\frac{\pi}{6}}_{\sin\frac{\pi}{2}=1} - \underbrace{\sin 3\cdot 0}_{\sin 0 = 0}\right)$

（定数係数は［　］の外に出せる）

$= \frac{1}{3}(1-0) = \frac{1}{3}$　となる。

(ex6) $\int_0^{\frac{\pi}{4}} \underbrace{\sin 2x}_{f(x)} dx = \left[\underbrace{-\frac{1}{2}\cos 2x}_{F(x)}\right]_0^{\frac{\pi}{4}}$ ← 公式 $\int \sin mx dx = -\frac{1}{m}\cos mx + C$

$= -\frac{1}{2}\left[\cos 2x\right]_0^{\frac{\pi}{4}} = -\frac{1}{2}\left(\underbrace{\cos\frac{\pi}{2}}_{0} - \underbrace{\cos 0}_{1}\right)$

$= -\frac{1}{2}(0-1) = \frac{1}{2}$ となる。

この積分公式と，三角関数の半角の公式，$\cos^2 x = \frac{1+\cos 2x}{2}$，$\sin^2 x = \frac{1-\cos 2x}{2}$ を組み合わせることにより，$\cos^2 x$ や $\sin^2 x$ などの積分計算もできるようになるんだね。

練習問題 39　三角関数の積分（Ⅰ）　CHECK 1　CHECK 2　CHECK 3

次の定積分の値を求めよ。

(1) $\int_0^{\frac{\pi}{4}} \cos^2 x dx$　　(2) $\int_0^{\frac{\pi}{12}} \sin^2 2x dx$

半角の公式を使うと，(1)，(2) の被積分関数はそれぞれ $\cos^2 x = \frac{1+\cos 2x}{2}$，$\sin^2 2x = \frac{1-\cos 4x}{2}$ となるんだね。

(1) $\int_0^{\frac{\pi}{4}} \underline{\cos^2 x} dx = \frac{1}{2}\int_0^{\frac{\pi}{4}} (1+\cos 2x) dx$　（$\cos^2 x = \frac{1}{2}(1+\cos 2x)$）

公式
$\int \cos mx dx = \frac{1}{m}\sin mx + C$

$= \frac{1}{2}\left[x + \frac{1}{2}\sin 2x\right]_0^{\frac{\pi}{4}}$

$= \frac{1}{2}\left\{\frac{\pi}{4} + \frac{1}{2}\underline{\sin\frac{\pi}{2}} - \left(0 + \frac{1}{2}\underline{\sin 0}\right)\right\}$　（$\sin\frac{\pi}{2} = 1$，$\sin 0 = 0$）

$= \frac{1}{2}\left(\frac{\pi}{4} + \frac{1}{2}\right) = \frac{1}{8}(\pi + 2)$　となる。

(2) $\int_0^{\frac{\pi}{12}} \underline{\sin^2 2x} dx = \frac{1}{2}\int_0^{\frac{\pi}{12}} (1-\cos 4x) dx$　（$\sin^2 2x = \frac{1}{2}(1-\cos 4x)$）

公式
$\int \cos mx dx = \frac{1}{m}\sin mx + C$

$= \frac{1}{2}\left[x - \frac{1}{4}\sin 4x\right]_0^{\frac{\pi}{12}}$

$= \frac{1}{2}\left\{\frac{\pi}{12} - \frac{1}{4}\underline{\sin\frac{\pi}{3}} - \left(0 - \frac{1}{4}\sin 0\right)\right\}$　（$\sin\frac{\pi}{3} = \frac{\sqrt{3}}{2}$）

$$= \frac{1}{2}\left(\frac{\pi}{12} - \frac{\sqrt{3}}{8}\right) = \frac{1}{2} \cdot \frac{2\pi - 3\sqrt{3}}{24} = \frac{2\pi - 3\sqrt{3}}{48}$$ となる。

どう？ 三角関数の積分にも自信がもてるようになってきた？ それでは次，三角関数の2倍角の公式 $\sin 2x = 2\sin x\cos x$ や積→和の公式を使えば，次のような関数の積分も可能になるんだよ。

練習問題 40 三角関数の積分（Ⅱ） CHECK 1 CHECK 2 CHECK 3

次の定積分の値を求めよ。

(1) $\int_0^{\frac{\pi}{8}} \sin 2x\cos 2x dx$　　(2) $\int_0^{\frac{\pi}{3}} \sin x(\cos x - 2)dx$

(3) $\int_0^{\frac{\pi}{4}} \sin 3x\cos x\, dx$　　(4) $\int_0^{\frac{\pi}{3}} \cos 2x\cos x\, dx$

2倍角の公式より，$\sin x\cos x = \frac{1}{2}\sin 2x$ と変形できるので，(1)，(2) の被積分関数はそれぞれ，$\frac{1}{2}\sin 4x$, $\frac{1}{2}\sin 2x - 2\sin x$ と変形できるんだね。(3)，(4) については，積→和の公式を使わないといけない。これについて解説のところで，詳しく教えよう。

(1) $\int_0^{\frac{\pi}{8}} \underline{\sin 2x\cos 2x} dx = \frac{1}{2}\int_0^{\frac{\pi}{8}} \sin 4x dx$

（$\frac{1}{2}\sin 4x$ ← 2倍角の公式）

公式 $\int \sin mx dx = -\frac{1}{m}\cos mx + C$

$$= \frac{1}{2}\left[-\frac{1}{4}\cos 4x\right]_0^{\frac{\pi}{8}}$$

$$= -\frac{1}{8}\left[\cos 4x\right]_0^{\frac{\pi}{8}} = -\frac{1}{8}\left(\underset{0}{\cos\frac{\pi}{2}} - \underset{1}{\cos 0}\right) = \frac{1}{8}$$ となる。

(2) $\int_0^{\frac{\pi}{3}} \sin x(\cos x - 2)dx = \int_0^{\frac{\pi}{3}} (\sin x\cos x - 2\sin x)dx$

$\sin x\cos x = \frac{1}{2}\sin 2x$ ← 2倍角の公式

$= \int_0^{\frac{\pi}{3}} \left(\frac{1}{2}\sin 2x - 2\sin x\right)dx$

公式
$\int \sin mxdx = -\frac{1}{m}\cos mx + C$

$= \left[-\frac{1}{4}\cos 2x + 2\cos x\right]_0^{\frac{\pi}{3}}$

$= -\frac{1}{4}\underbrace{\cos\frac{2}{3}\pi}_{-\frac{1}{2}} + 2\underbrace{\cos\frac{\pi}{3}}_{\frac{1}{2}} - \left(-\frac{1}{4}\underbrace{\cos 0}_{1} + 2\underbrace{\cos 0}_{1}\right)$

$= \frac{1}{8} + 1 - \left(-\frac{1}{4} + 2\right) = \frac{9}{8} - \frac{7}{4}$

$= \frac{9-14}{8} = -\frac{5}{8}$ が答えだね。

(3) $\sin 3x \cdot \cos x$ は，sin と cos の角度が異なるので，2倍角の公式は使えない。これは，積→和の公式を使うんだね。$\sin\alpha\cdot\cos\beta$ が出てくる加法定理は，$\sin(\alpha+\beta)$ と $\sin(\alpha-\beta)$ なので，これを並べて書くと，

（$3x$，x ← 角度が異なる）

$$\begin{cases} \sin(\alpha+\beta) = \sin\alpha\cos\beta + \cos\alpha\sin\beta \quad \cdots\cdots ① \\ \sin(\alpha-\beta) = \sin\alpha\cos\beta - \cos\alpha\sin\beta \quad \cdots\cdots ② \end{cases}$$

①＋②より，$\sin(\alpha+\beta) + \sin(\alpha-\beta) = 2\sin\alpha\cos\beta$ より，

積→和の公式：$\sin\underbrace{\alpha}_{3x}\cos\underbrace{\beta}_{x} = \frac{1}{2}\{\sin(\underbrace{\alpha+\beta}_{3x+x}) + \sin(\underbrace{\alpha-\beta}_{3x-x})\}$ が導けるんだね。では，積分計算に入ろう。

$\int_0^{\frac{\pi}{4}} \sin 3x\cdot\cos x\,dx = \frac{1}{2}\int_0^{\frac{\pi}{4}} (\sin 4x + \sin 2x)\,dx$

$\sin 3x\cdot\cos x = \frac{1}{2}\{\sin(3x+x) + \sin(3x-x)\}$

$$= \frac{1}{2}\left[-\frac{1}{4}\cos 4x - \frac{1}{2}\cos 2x\right]_0^{\frac{\pi}{4}}$$

$$= \frac{1}{2}\left(-\frac{1}{4}\underbrace{\cos\pi}_{-1} - \frac{1}{2}\underbrace{\cos\frac{\pi}{2}}_{0} + \frac{1}{4}\underbrace{\cos 0}_{1} + \frac{1}{2}\underbrace{\cos 0}_{1}\right)$$

$$= \frac{1}{2}\left(\frac{1}{4} + \frac{1}{4} + \frac{1}{2}\right) = \frac{1}{2} \times 1 = \frac{1}{2}$$ となるね。

(4) これも，積→和の公式より

$\cos 2x \cdot \cos x$

$$= \frac{1}{2}(\cos \underbrace{3x}_{(2x+x)} + \cos \underbrace{x}_{(2x-x)})$$

> $\begin{cases} \cos(\alpha+\beta) = \cos\alpha\cos\beta - \sin\alpha\sin\beta \\ \cos(\alpha-\beta) = \cos\alpha\cos\beta + \sin\alpha\sin\beta \end{cases}$
> の両辺をたして，
> $\cos(\alpha+\beta) + \cos(\alpha-\beta) = 2\cos\alpha\cos\beta$
> よって，積→和の公式：
> $\cos\alpha\cos\beta = \frac{1}{2}\{\cos(\alpha+\beta) + \cos(\alpha-\beta)\}$
> が導ける。

よって，求める定積分は，

$$\int_0^{\frac{\pi}{3}} \cos 2x \cdot \cos x\, dx$$

$$= \frac{1}{2}\int_0^{\frac{\pi}{3}} (\cos 3x + \cos x)\, dx$$

> 公式
> $\int \cos mx\, dx = \frac{1}{m}\sin mx + C$

$$= \frac{1}{2}\left[\frac{1}{3}\sin 3x + \sin x\right]_0^{\frac{\pi}{3}}$$

$$= \frac{1}{2}\left(\frac{1}{3}\underbrace{\sin\pi}_{0} + \underbrace{\sin\frac{\pi}{3}}_{\frac{\sqrt{3}}{2}} - \frac{1}{3}\underbrace{\sin 0}_{0} - \underbrace{\sin 0}_{0}\right)$$

$$= \frac{1}{2} \times \frac{\sqrt{3}}{2} = \frac{\sqrt{3}}{4}$$ となって，答えだね。大丈夫だった？

以上で，今日の講義は終了です。フ～，疲れたって？そうだね，かなり大変な積分計算もあったからね。だから，よく復習しておこう！

次回もまた，積分計算の練習になる。"**部分積分**(ぶぶんせきぶん)"や"**置換積分**(ちかんせきぶん)"など，また新たな内容について，詳しく解説する。積分はマスターすると解ける問題の幅が広がって，さらに面白くなるんだよ。

では，また！さようなら。

12th day　積分計算（Ⅱ）

おはよう！ 今日も良い天気だな！ 前回から"**積分法**"の講義に入り，そして積分計算の基本を練習したんだね。でもまだ積分計算について，マスターすべきことが沢山残っているので，今回の講義も"**積分計算**"だよ。エッ，少しウンザリしてるって？ 確かに前回やった積分計算だけでも，かなりの内容があったからね。

でも，サッカーにしろ，野球にしろ，基礎体力なしにゲームをやったってすぐにへばってしまうだろう？ それと同様に"**積分法**"における"**積分計算**"は，この基礎体力作りみたいなものなんだ。だからここをシッカリ押さえておかないとその後の応用問題は解けないんだよ。頑張ろうな！

今回は"**部分積分法**(ぶぶんせきぶんほう)"や"**置換積分法**(ちかんせきぶんほう)"など，積分計算のメインとなる手法についても話すからシッカリ勉強していこう！

● 合成関数の微分を逆手にとって積分しよう！

"**部分積分**"や"**置換積分**"などの大技の説明に入る前にまず小技，すなわち"**合成関数の微分を逆手に取る積分法**"について，もっと解説しておこう。これについては前回の講義の後半で既にその**1**部を話した。エッ，どれだったって？

たとえば，積分公式 $\int \cos mx\,dx = \frac{1}{m}\sin mx + C$ が，そうだったんだね。この場合，被積分関数 $\cos mx$ の形を見て，その原始関数の大体の形が $\sin mx$ となることに気付けば，$mx = t$ とおいて，これを合成関数の微分にもち込んで，

（この時点で，係数 $\frac{1}{m}$ まで予測する必要はないよ。）

$(\sin mx)' = \underbrace{\cos mx}_{(\sin t)'} \cdot \underbrace{(mx)'}_{m} = m\cdot\cos mx$ となるね。よって，

$\cos mx = \frac{1}{m}(\sin mx)' = \left(\frac{1}{m}\sin mx\right)'$ から

被積分関数 $f(x)$　　原始関数 $F(x)$

$f(x) = F'(x)$ ならば，
$\int f(x)dx = F(x) + C$
となるからね。

$\int \cos mx dx = \frac{1}{m}\sin mx + C$ の公式が

導けたんだね。

この合成関数の微分を逆に利用して，積分結果を導く方法は非常に有効なので是非マスターしておこう。

(ex1) $\int_0^1 (x+1)^4 dx$ を求めてみよう。

ン？　まず，$(x+1)^4 = x^4 + 4x^3 + 6x^2 + 4x + 1$ と展開して項別に積分するって？　時間のムダだよ。この場合，被積分関数 $(x+1)^4$ ($f(x)$) から，原始関数 ($F(x)$) の大体の形が類推できないか？…　そうだね。$(x+1)^5$ が，原始関数らしいね。実際にこれを微分してみよう。$x+1=t$ とおいて，合成関数の微分にもち込むと，

$\{(x+1)^5\}' = 5(x+1)^4 \cdot \underbrace{(x+1)'}_{1} = 5(x+1)^4$ となる。よって，

$\frac{dy}{dx} = \frac{dy}{dt} \cdot \frac{dt}{dx}$ （$y = t^5$，$t = x+1$）

$\underbrace{(x+1)^4}_{f(x)} = \frac{1}{5}\{(x+1)^5\}' = \Big\{\underbrace{\frac{1}{5}(x+1)^5}_{F(x)}\Big\}'$ となるので

$f(x) = F'(x)$ より
$\int_0^1 f(x)dx = [F(x)]_0^1$ だね。

$$\int_0^1 (x+1)^4 dx = \left[\frac{1}{5}(x+1)^5\right]_0^1$$

$$= \frac{1}{5}[(x+1)^5]_0^1 = \frac{1}{5}(\underbrace{2^5}_{32} - \underbrace{1^5}_{1}) = \frac{31}{5}$$ となって答えだね。

面白かった？

(ex2) $\int_0^1 (2x+1)^3 dx$ についても，被積分関数 $(2x+1)^3$ から，この原始関数の大体の形が，$(2x+1)^4$ となるのが分かるはずだ。後は，$2x+1=t$ とおいて，これを合成関数の微分にもち込むと，

($(2x+1)^3$ ＝ $f(x)$，被積分関数 ＝ $f(x)$，原始関数 ＝ $F(x)$)

$$\{(2x+1)^4\}' = 4(2x+1)^3 \cdot \underbrace{(2x+1)'}_{2} = 8(2x+1)^3 \text{ となるので，}$$

$$\frac{dy}{dx} = \frac{dy}{dt} \cdot \frac{dt}{dx} \quad (y = t^4,\ t = 2x+1)$$

$$\underbrace{(2x+1)^3}_{f(x)} = \frac{1}{8}\{(2x+1)^4\}' = \Bigl\{\underbrace{\frac{1}{8}(2x+1)^4}_{F(x)}\Bigr\}' \text{ だね。よって}$$

$$\int_0^1 (2x+1)^3 dx = \left[\frac{1}{8}(2x+1)^4\right]_0^1$$

$f(x)=F'(x)$ より
$\int_0^1 f(x)dx = [F(x)]_0^1$ だね。

$$= \frac{1}{8}\left[(2x+1)^4\right]_0^1 = \frac{1}{8}(\underbrace{3^4}_{81} - \underbrace{1^4}_{1}) = \frac{80}{8} = 10 \text{ と，答えが出てくる。}$$

一般に，$n=1, 2, 3, 4, \cdots$ のとき

(i) $\{(x+p)^{n+1}\}' = (n+1)\cdot(x+p)^n \cdot \underbrace{1}_{(x+p)'} = (n+1)(x+p)^n$ より

$$(x+p)^n = \left\{\frac{1}{n+1}(x+p)^{n+1}\right\}' \text{ となる。} \leftarrow f(x)=F'(x) \text{ の形}$$

また，

(ii) $\{(px+q)^{n+1}\}' = (n+1)\cdot(px+q)^n \cdot \underbrace{p}_{(px+q)'} = p(n+1)(px+q)^n$ より

$$(px+q)^n = \left\{\frac{1}{p(n+1)}(px+q)^{n+1}\right\}' \text{ となる。} \leftarrow f(x)=F'(x) \text{ の形}$$

以上より，次のものを公式として覚えておいてもいいよ。と言うことは，その場で自分で導けるのなら，覚えておくまでもないと言うことだけどね。

$(x+p)^n$, $(px+q)^n$ の積分公式

(i) $\int (x+p)^n dx = \frac{1}{n+1}(x+p)^{n+1} + C$ ← 定積分の公式 $\int_a^b (x+p)^n dx = \left[\frac{1}{n+1}(x+p)^{n+1}\right]_a^b$

(ii) $\int (px+q)^n dx = \frac{1}{p(n+1)}(px+q)^{n+1} + C$ ← $\int_a^b (px+q)^n dx = \left[\frac{1}{p(n+1)}(px+q)^{n+1}\right]_a^b$

(ただし, $n \neq -1$, $p \neq 0$)

それでは同様に, 合成関数の微分を逆に考えることにより, 被積分関数から原始関数を類推できるタイプの積分計算をもっとここで練習しておこう。

練習問題 41　積分計算　CHECK 1　CHECK 2　CHECK 3

次の定積分の値を求めよ。

(1) $\int_0^1 x(x^2+1)^3 dx$　　(2) $\int_1^2 x\sqrt{x^2+2}\, dx$

(3) $\int_0^{\frac{\pi}{2}} (\sin x+1)^3 \cos x dx$

(1) の被積分関数 $x(x^2+1)^3$ から, 大体の原始関数の形が $(x^2+1)^4$ となるのは分かるね。(2), (3) も, この要領で大体の原始関数の形を類推すると, 楽に積分できる！ 頑張って解いてごらん。自分で解けるようになると, 面白くなるからね。

("かかる定数係数は分からなくても" という意味だよ。)

(1) 被積分関数 $f(x) = x(x^2+1)^3$ より, この原始関数の大体の形として, $(x^2+1)^4$ が考えられるね。ここで, $x^2+1 = t$ とおいて, これに合成関数の微分の操作を加えると,

$$\{(x^2+1)^4\}' = 4(x^2+1)^3 \cdot (x^2+1)' = 8x \cdot (x^2+1)^3$$ となる。よって,

$\frac{dy}{dx} = \frac{dy}{dt} \cdot \frac{dt}{dx}$ （$y = t^4$, $(x^2+1)' = 2x$）

(やった！ $f(x)$ が出てきた！)

$$\underbrace{x(x^2+1)^3}_{f(x)}=\frac{1}{8}\{(x^2+1)^4\}'=\Big\{\underbrace{\frac{1}{8}(x^2+1)^4}_{F(x)}\Big\}'$$ となるので

$f(x)=F'(x)$ より
$\int_0^1 f(x)dx=[F(x)]_0^1$ だね。

$$\int_0^1 x(x^2+1)^3dx=\left[\frac{1}{8}(x^2+1)^4\right]_0^1$$

$$=\frac{1}{8}\left[(x^2+1)^4\right]_0^1=\frac{1}{8}(2^4-1^4)=\frac{15}{8}$$ となって答えだ。

(2) 被積分関数 $f(x)=x\sqrt{x^2+2}=x\cdot(x^2+2)^{\frac{1}{2}}$ より，この大体の原始関数の形はどうなる？　…，そう，$(x^2+2)^{\frac{3}{2}}$ とすればいい。実際にこれを x で微分（$x^2+2=t$ とおいて，合成関数の微分）してみると，

$$\left\{(x^2+2)^{\frac{3}{2}}\right\}'=\frac{3}{2}(x^2+2)^{\frac{1}{2}}\cdot\underbrace{(x^2+2)'}_{2x}=3x\cdot\underbrace{(x^2+2)^{\frac{1}{2}}}_{\sqrt{x^2+2}}$$ となる。

$$\frac{dy}{dx}=\frac{d\overbrace{y}^{t^{\frac{3}{2}}}}{dt}\cdot\frac{dt}{dx}$$

よって，

$$\underbrace{x\sqrt{x^2+2}}_{f(x)}=\Big\{\underbrace{\frac{1}{3}(x^2+2)^{\frac{3}{2}}}_{F(x)}\Big\}'$$ より

$f(x)=F'(x)$ より
$\int_1^2 f(x)dx=[F(x)]_1^2$ だ！

$$\int_1^2 x\sqrt{x^2+2}\,dx=\left[\frac{1}{3}(x^2+2)^{\frac{3}{2}}\right]_1^2$$

$$=\frac{1}{3}\left[(x^2+2)^{\frac{3}{2}}\right]_1^2=\frac{1}{3}\Big(\underbrace{6^{\frac{3}{2}}}_{6\sqrt{6}}-\underbrace{3^{\frac{3}{2}}}_{3\sqrt{3}}\Big)=\frac{1}{3}(6\sqrt{6}-3\sqrt{3})$$

$$=2\sqrt{6}-\sqrt{3}$$ となって答えだね。

(3) 被積分関数 $f(x)=(\sin x+1)^3\cos x$ から，この原始関数 $F(x)$ の大体の形は，$(\sin x+1)^4$ となるのは大丈夫？ $\sin x+1=t$ と頭の中でおいて，

実際に微分してみると，

$$\{(\sin x+1)^4\}'=4\cdot(\sin x+1)^3\cdot(\sin x+1)'=4(\sin x+1)^3\cos x$$

$(\sin x+1)'$ は $\cos x$

$\frac{dy}{dx}=\frac{dy}{dt}\cdot\frac{dt}{dx}$ （$y=t^4$）

$f(x)$ が出てきた！

となる。よって，

$$(\sin x+1)^3\cdot\cos x=\left\{\frac{1}{4}(\sin x+1)^4\right\}'$$ より，

$f(x)=F'(x)$ より

$\int_0^{\frac{\pi}{2}}f(x)dx=[F(x)]_0^{\frac{\pi}{2}}$ だね。

$$\int_0^{\frac{\pi}{2}}(\sin x+1)^3\cos x\,dx=\left[\frac{1}{4}(\sin x+1)^4\right]_0^{\frac{\pi}{2}}$$

$$=\frac{1}{4}[(\sin x+1)^4]_0^{\frac{\pi}{2}}$$

$$=\frac{1}{4}\left\{\left(\sin\frac{\pi}{2}+1\right)^4-(\sin 0+1)^4\right\}$$

（$\sin\frac{\pi}{2}=1$，$\sin 0=0$）

$$=\frac{1}{4}(2^4-1^4)=\frac{15}{4}$$ となって，答えだ！

どう？ 積分計算の面白さが分かってきただろう？

● 部分積分法をマスターしよう！

2 つの関数 $f(x)$，$g(x)$ の和や差の積分であれば，

$$\int\{f(x)+g(x)\}dx=\int f(x)dx+\int g(x)dx$$ や，

$$\int\{f(x)-g(x)\}dx=\int f(x)dx-\int g(x)dx$$ のように，項別に積分すればいいだけだから，何の問題もないね。

また，2 つの関数の商であれば，

$$\int\frac{f'(x)}{f(x)}dx=\log|f(x)|+C$$ などの公式が利用できる。

これに対して，2つの関数の積の積分に役に立つ公式が，これから解説する“部分積分法”と呼ばれるものなんだ。この部分積分法は2つの関数 $f(x)$ と $g(x)$ の積 $f(x)\cdot g(x)$ の微分公式から導かれるんだよ。

$$\{f(x)\cdot g(x)\}'=f'(x)\cdot g(x)+f(x)\cdot g'(x)$$ ←（$(f\cdot g)'$ の公式）

ここで，この両辺を x で積分すると，

$$\int\{f(x)\cdot g(x)\}'dx=\int\{f'(x)\cdot g(x)+f(x)\cdot g'(x)\}dx$$

（左辺）$=f(x)\cdot g(x)$ ←（右辺に不定積分が残るので，ここに積分定数 C を書く必要はない。）

（$f(x)\cdot g(x)\ \underset{積分}{\overset{微分}{\rightleftarrows}}\ \{f(x)\cdot g(x)\}'$ より，$\{f(x)\cdot g(x)\}'$ の不定積分は，積分定数 C を無視すれば $f(x)\cdot g(x)$ となるんだね。）

$$f(x)\cdot g(x)=\int f'(x)\cdot g(x)dx+\int f(x)\cdot g'(x)dx \quad\cdots\cdots ㋐$$

（たし算は，項別に積分できる！）

㋐の右辺の2つの積分項のいずれか1つを左辺に移項することにより，次のような2つの部分積分の公式が導けるんだよ。

部分積分の公式（Ⅰ）

(1) $\int f'(x)\cdot g(x)dx=f(x)\cdot g(x)-\int f(x)\cdot g'(x)dx$

（左辺：複雑な積分　右辺の積分：簡単な積分）

(2) $\int f(x)\cdot g'(x)dx=f(x)\cdot g(x)-\int f'(x)\cdot g(x)dx$

（左辺：複雑な積分　右辺の積分：簡単な積分）

(1)の公式では，$f'(x)$ と $g(x)$ の積の関数を積分して求める場合，$\int f'(x)\cdot g(x)dx$ の積分は複雑で難しくても，右辺の $\int f(x)\cdot g'(x)dx$ の

積分が簡単で容易なものであればいいんだね。同様に(2)の公式では，$\int f(x)\cdot g'(x)dx$ の積分は難しくても，右辺の $\int f'(x)\cdot g(x)dx$ が簡単な積分になればいいんだ。

エッ，意味がよく分からんって？ いいよ，具体例で解説しよう。

たとえば $\int x\cdot \sin x dx$ ……①という積分が与えられたとしよう。これは x と $\sin x$ の 2 つの関数の積の積分だから，直接この積分を行うのは難しいんだね。ここで部分積分の登場となる。(1)，(2)のいずれの公式にせよ，その被積分関数は，$f'(x)\cdot g(x)$ か $f(x)\cdot g'(x)$ と，2 つの関数の内いずれか一方は微分された形になっている。

ということは，x か $\sin x$ のいずれか一方を積分して微分すればいいということになるんだね。

(i) まず，$\sin x$ を積分すると，$\int \sin x dx = -\cos x$ だから，これを微分す

積分定数 C は省略した。

れば，元の $\sin x$ になる。つまり，$\sin x = (-\cos x)'$ だね。これを①の積分の式に代入すると，部分積分(2)の公式が使える形になるね。

$$\int x\cdot \sin x dx = \int \underset{f}{x}\cdot \underset{g'}{(-\cos x)'} dx$$

この積分は難しい

部分積分の公式(2)
$\int f\cdot g'dx = f\cdot g - \int f'\cdot g dx$

$$= \underset{f}{x}\cdot \underset{g}{(-\cos x)} - \int \underset{f'}{\overset{1}{x'}}\cdot \underset{g}{(-\cos x)} dx$$

$$= -x\cos x + \int \cos x dx$$

$\sin x + C$ ← これが簡単な積分になった！ 成功!!

$= -x\cos x + \sin x + C$ となって，無事積分終了だね。(^-^)

(ⅱ) 同じ積分 $\int x\cdot\sin x\,dx$ ……①について，x の方を積分して $\frac{1}{2}x^2$ とし，

積分定数 C は省略した。

これを微分すると，$x=\left(\frac{1}{2}x^2\right)'$ となるね。これを①に代入すると，部分積分の公式 (1) が使える形になるので，これを計算してみよう。

$$\int x\cdot\sin x\,dx=\int\left(\frac{1}{2}x^2\right)'\cdot\sin x\,dx$$

この積分は難しい！ ($\left(\frac{1}{2}x^2\right)'$ が f'，$\sin x$ が g)

部分積分の公式 (1)
$\int f'\cdot g\,dx=f\cdot g-\int f\cdot g'\,dx$

$$=\frac{1}{2}x^2\sin x-\int\frac{1}{2}x^2\cdot(\sin x)'dx$$

($\frac{1}{2}x^2$ が f，$\sin x$ が g，$\frac{1}{2}x^2$ が f，$(\sin x)'$ が g')

$$=\frac{1}{2}x^2\sin x-\frac{1}{2}\int x^2\cos x\,dx$$ となって，

この積分はもっと複雑になった！　失敗！

式の変形そのものに誤りはないんだけれど，右辺にもっと複雑な積分が出て来て，こんな変形は積分を解く上で，何の役にも立たない式なんだね。このように部分積分する際に，右辺で行う積分が簡単化できるように，2つの関数の内，“**どちらを積分して，´ を付ける（微分する）か**”を考えないといけないんだよ。

ここで，定積分の形の部分積分の公式も下に示しておこう。

部分積分の公式（Ⅱ）

(1) $\int_a^b f'(x)\cdot g(x)dx=[f(x)\cdot g(x)]_a^b-\int_a^b f(x)\cdot g'(x)dx$　簡単化

(2) $\int_a^b f(x)\cdot g'(x)dx=[f(x)\cdot g(x)]_a^b-\int_a^b f'(x)\cdot g(x)dx$　簡単化

定積分形式の部分積分の公式においても，“**右辺の積分を簡単化する**”ことがポイントなんだよ。

それでは，部分積分の練習を次の練習問題でやっておこう。

練習問題 42	部分積分	CHECK 1	CHECK 2	CHECK 3

次の定積分の値を求めよ。

(1) $\int_1^e x\cdot\log x\,dx$　　　(2) $\int_0^1 x\cdot e^{-x}dx$

(1) は，$x=\left(\frac{1}{2}x^2\right)'$ として，部分積分の公式 $\int_1^e f'\cdot g\,dx=[f\cdot g]_1^e-\int_1^e f\cdot g'dx$ を使えばいい。また (2) の方は，$e^{-x}=(-e^{-x})'$ とおいて部分積分の公式

$(e^{-x})'=e^{-x}\cdot(-x)'=-e^{-x}$ だからね。

$\int_0^1 f\cdot g'dx=[f\cdot g]_0^1-\int_0^1 f'\cdot g\,dx$ を使えばいいんだよ。頑張ろう！

(1) $\int_1^e x\cdot\log x\,dx$ について，$x=\left(\frac{1}{2}x^2\right)'$ とおいて部分積分の公式を用いると，

$\int x\,dx=\frac{1}{2}x^2$ より，$\left(\frac{1}{2}x^2\right)'=x$ となる。

$$\int_1^e x\cdot\log x\,dx=\int_1^e\underbrace{\left(\frac{1}{2}x^2\right)'}_{f'}\cdot\underbrace{\log x}_{g}\,dx$$

$\int_1^e f'\cdot g\,dx=[f\cdot g]_1^e-\int_1^e f\cdot g'dx$

$$=\left[\underbrace{\frac{1}{2}x^2}_{f}\underbrace{\log x}_{g}\right]_1^e-\int_1^e\underbrace{\frac{1}{2}x^2}_{f}\cdot\underbrace{(\log x)'}_{g'=\frac{1}{x}}dx$$

この積分が簡単になった！

$$=\frac{1}{2}e^2\underbrace{\log e}_{1}-\frac{1}{2}\cdot1^2\cdot\underbrace{\log 1}_{0}-\frac{1}{2}\int_1^e x\,dx$$

$\left[\frac{1}{2}x^2\right]_1^e=\frac{1}{2}(e^2-1^2)$

$$=\frac{1}{2}e^2-\frac{1}{2}\cdot\frac{1}{2}(e^2-1)=\frac{1}{2}e^2-\frac{1}{4}e^2+\frac{1}{4}=\frac{1}{4}(e^2+1)$$ となる。

(2) $-x=t$ とおいて，$y=e^{-x}$ を x で微分すると，

$(e^{-x})'=e^{-x}\cdot(-x)'=e^{-x}\cdot(-1)=-e^{-x}$ より，両辺に -1 をかけて，

$\frac{dy}{dx}=\frac{dy}{dt}\cdot\frac{dt}{dx}$

$e^{-x}=-(e^{-x})'=(-e^{-x})'$　これを与えられた積分の式に代入して，

$$\int_0^1 x\cdot e^{-x}dx=\int_0^1 x\cdot(-e^{-x})'dx$$

(f)　(g')

公式
$$\int_0^1 f\cdot g'dx=[f\cdot g]_0^1-\int_0^1 f'\cdot gdx$$

$$=[x\cdot(-e^{-x})]_0^1-\int_0^1 x'\cdot(-e^{-x})dx$$

(f)　(g)　(f')　(g)　$x'=1$

$$=-[x\cdot e^{-x}]_0^1+\int_0^1 e^{-x}dx$$

この積分は簡単だ　$[-e^{-x}]_0^1$

$e^{-x}=(-e^{-x})'$ より
$\int e^{-x}dx=-e^{-x}+C$
となる。

$$=-(1\cdot e^{-1}-0\cdot e^{0})-[e^{-x}]_0^1$$

$$=-e^{-1}-(e^{-1}-e^{0})=-2e^{-1}+1$$ が答えだね。（$e^0=1$）

e^{-x} は，微分しても，積分しても $-e^{-x}$ となることも，ポイントだよ。

（積分では，積分定数 C は無視してるけどね。）

● 置換積分は1(ワン)，2(ツー)，3(スリー)ステップで解こう！

さァ，それではいよいよ，"**置換積分**(ちかんせきぶん)"の解説に入ろう。置換積分とは，「x の関数 $f(x)$ の定積分 $\int_a^b f(x)dx$ を行う際，$f(x)$ の中の (ある x の式の固まり) を t と置換(ちかん)して (おきかえて)，t での定積分 $\int_c^d g(t)dt$ に変換して解く，つまり $\int_a^b f(x)dx=\int_c^d g(t)dt$ として計算する」積分法のことなんだ。

この置換積分は，具体的には次の 3 つのステップで解くんだよ。

(1st step)

x の関数 $f(x)$ の中の，(ある x の式の固まり)$=t$ と置換する。

(2nd step)

x での積分区間　$a \to b$　に対応する

t での積分区間　$c \to d$　を求める。

(3rd step)

dx と dt の関係式を求める。

以上の 3 つのステップで，x での積分から，t での積分に，積分を簡単化して解けばいいんだよ。ン？ 抽象的でよく分からんって？ もちろんだ！

（こちらは複雑）（こちらは簡単）

これから具体例で解説しよう。P172 の (ex2) の次の定積分を例にして，考えてみよう。

$\int_0^1 (\underbrace{2x+1}_{t})^3 dx$ について

(1st step)　まず，$2x+1=t$ ……㋐ とおく。

(2nd step)　x での積分区間 $0 \to 1$ に対して

t での積分区間は，$1 \to 3$ となる。

（$x=0$ のとき，$t=2\cdot0+1$）（$x=1$ のとき，$t=2\cdot1+1$）

(3rd step)　㋐の左辺の (x の式) を x で微分して，dx をかけたものと㋐の右辺の (t の式) を t で微分して，dt をかけたものは等しい。

$\underbrace{(2x+1)'}_{2} \cdot dx = \underbrace{t'}_{1} \cdot dt$

$2dx = dt$ より

$dx = \frac{1}{2}dt$ …㋑ となる。

> $t=2x+1$ …㋐ より
> $\frac{dt}{dx}=(2x+1)'=2$ から
> $dt=2dx$ が導かれるけれど，
> (x の式)$'\cdot dx=$(t の式)$'\cdot dt$
> と覚えておいていいよ。

以上 3 ステップから，次のように，x での積分から t での積分に切り替えることができるんだ。

x：0→1 のとき
t：1→3 だからね。
2nd step

$$\int_0^1 (2x+1)^3 dx = \int_1^3 t^3 \cdot \frac{1}{2} dt = \frac{1}{2}\int_1^3 t^3 dt$$

t（㋐より）
1st step
$\frac{1}{2}dt$（㋑より）
3rd step
簡単な t での積分だ！

$$= \frac{1}{2}\left[\frac{1}{4}t^4\right]_1^3 = \frac{1}{8}[t^4]_1^3 = \frac{1}{8}(3^4 - 1^4) = \frac{80}{8} = 10$$

（3^4 = 81，1^4 = 1）

となって，P172 の積分結果と一致するね。

ン？ なんで，1st step で $2x+1=t$ とおくのかって？ 置換積分においては，いくつかの定型パターンはあるけれど，最初は自分なりに，$f(x)$ の中の（ある x の式の固まり）$=t$ とおいてみて，3 つのステップにより $\int_a^b f(x)dx$ が完璧に t での簡単な積分に切り替わるか，試行錯誤でやってみればいいんだよ。

練習問題 41(P173) の問題は，実はすべて置換積分の問題として解くこともできるんだよ。早速，練習してみよう！

練習問題 43　置換積分　CHECK 1　CHECK 2　CHECK 3

次の定積分を指示に従って，置換積分で求めよ。

(1) $\int_0^1 x(x^2+1)^3 dx$　$(x^2+1=t)$

(2) $\int_1^2 x\sqrt{x^2+2}\,dx$　$(x^2+2=t)$

(3) $\int_0^{\frac{\pi}{2}} (\sin x+1)^3 \cos x\,dx$　$(\sin x+1=t)$

(4) $\int_1^e \frac{(\log x+2)^2}{x} dx$　$(\log x+2=t)$ ← これは追加問題！

(1) は $x^2+1=t$，(2) は $x^2+2=t$，(3) は $\sin x+1=t$，そして，(4) は $\log x+2=t$ とおくことにより，3 つのステップで，t での簡単な積分にもち込めばいいんだよ。

(1) $\int_0^1 x(\underline{x^2+1})^3 dx$ について，（x^2+1 = t）

$x^2+1=t$ ……①とおく。 ←1st step

$\begin{cases} x:0\to 1 \text{ のとき} \\ t:1\to 2 \text{ となる。} \end{cases}$ ←2nd step （$1=0^2+1$，$2=1^2+1$）

また，①式より，$(x^2+1)'dx=t'\cdot dt$　　$2xdx=1\cdot dt$

（①の x の式を x で微分して，dx をかける。）（①の t の式を t で微分して，dt をかける。）

$\therefore\ xdx=\frac{1}{2}dt$ ……② ←3rd step

$\therefore\ \int_0^1 x(x^2+1)^3dx=\int_0^1(x^2+1)^3 xdx=\int_1^2 t^3\cdot\frac{1}{2}dt$

（$x^2+1=t$（①より））（$xdx=\frac{1}{2}dt$（②より））（$t:1\to 2$）

$=\frac{1}{2}\int_1^2 t^3dt=\frac{1}{2}\left[\frac{1}{4}t^4\right]_1^2=\frac{1}{8}(2^4-1^4)=\frac{15}{8}$　となる。

（簡単な t の積分の式になった！）（$2^4=16$，$1^4=1$）

(2) $\int_1^2 x\sqrt{x^2+2}\,dx$ について，（x^2+2 = t）

$x^2+2=t$ ……③とおく。 ←1st step

$\begin{cases} x:1\to 2 \text{ のとき} \\ t:3\to 6 \text{ となる。} \end{cases}$ ←2nd step （$3=1^2+2$，$6=2^2+2$）

また，$x^2+2=t$ ……③より，$(x^2+2)'dx=t'dt$

$2x\cdot dx=1\cdot dt$　$\therefore\ xdx=\frac{1}{2}dt$ ……④ ←3rd step

$t:3\to6$

$$\therefore \int_1^2 x\sqrt{x^2+2}\,dx=\int_1^2 \underline{\sqrt{x^2+2}}\,\underline{x\,dx}=\int_3^6\sqrt{t}\cdot\frac{1}{2}dt$$

t（③より）　$\frac{1}{2}dt$（④より）

$$=\frac{1}{2}\int_3^6 t^{\frac{1}{2}}dt=\frac{1}{2}\left[\frac{2}{3}t^{\frac{3}{2}}\right]_3^6=\frac{1}{2}\cdot\frac{2}{3}\left[t^{\frac{3}{2}}\right]_3^6$$

簡単な t の積分の式になった！

$$=\frac{1}{3}\left(6^{\frac{3}{2}}-3^{\frac{3}{2}}\right)=2\sqrt{6}-\sqrt{3}$$ となって答えだ！

$6\sqrt{6}$　$3\sqrt{3}$

(3) $\int_0^{\frac{\pi}{2}}(\sin x+1)^3\cos x\,dx$ について，

t

$\sin x+1=t$ ……⑤とおく。 ← 1st step

$x:0\to\frac{\pi}{2}$ のとき，

$t:1\to2$ となる。 ← 2nd step

$\sin 0+1$　$\sin\frac{\pi}{2}+1$

また，⑤より，　$(\sin x+1)'dx=t'dt$

$\cos x\,dx=1\cdot dt$　　$\therefore \cos x\,dx=dt$ ……⑥ ← 3rd step

$t:1\to2$

$$\therefore \int_0^{\frac{\pi}{2}}(\sin x+1)^3\cdot\cos x\,dx=\int_1^2 t^3dt=\frac{1}{4}\left[t^4\right]_1^2=\frac{15}{4}$$ となる。

t（⑤より）　dt（⑥より）　簡単な積分　$\frac{1}{4}(2^4-1^4)$

(4) $\int_1^e(\log x+2)^2\cdot\frac{1}{x}dx$ について，

t

$\log x+2=t$ …⑦ とおく。 ← 1st step

$$\begin{cases} x: 1 \to e \text{ のとき,} \\ t: \underset{\underset{\boxed{\log 1 + 2}}{\shortparallel}}{2} \to \underset{\underset{\boxed{\log e + 2}}{\shortparallel}}{3} \text{ となる。} \end{cases} \quad \leftarrow \boxed{\text{2nd step}}$$

また，⑦より，$(\log x + 2)' dx = t' dt \quad \therefore \frac{1}{x} dx = dt \quad \cdots ⑧$

$$\int_1^e \underbrace{(\log x + 2)^2}_{t(⑦より)} \cdot \underbrace{\frac{1}{x} dx}_{dt(⑧より)} = \int_2^3 t^2 dt = \underbrace{\frac{1}{3}[t^3]_2^3}_{\frac{1}{3}(27-8)} = \frac{19}{3} \text{ となる。}$$

($t: 2 \to 3$)

どう？これで置換積分にも自信が持てるようになった？

● 定積分で表された関数にもチャレンジしよう！

では最後に，"**定積分で表された関数**"についても解説しよう。この解法は次の **2** 通りに分類できるので，紹介しておこう。

定積分で表された関数

(Ⅰ) $\int_a^b f(t)\,dt$ の場合，これは定数なので，(a, b：定数)

$\int_a^b f(t)\,dt = A$ (定数) とおく。

(Ⅱ) $\int_a^x f(t)\,dt$ の場合，これは x の関数なので，(a：定数，x：変数)

$$\begin{cases} (\text{i}) \ x \text{ に } a \text{ を代入して，} \int_a^a f(t)\,dt = 0 \\ (\text{ii}) \ x \text{ で微分して，} \left\{\int_a^x f(t)\,dt\right\}' = f(x) \end{cases}$$

$f(t)$ の原始関数を $F(t)$ とおくと，

(Ⅰ) $\int_a^b f(t)\,dt = [F(t)]_a^b = \underset{定数}{F(b)} - \underset{定数}{F(a)}$

と，ナルホド定数となるので，この場合

> $\int_a^b f(t)\,dt = F(t) + C$ のように，$f(t)$ を t で積分したものが $F(t)$ だ。
> この文字変数は，t でも x でもなんでも構わない。

$\int_a^b f(t)\,dt = A$（定数）とおけばいいんだね。

（Ⅱ）$\int_a^x f(t)\,dt = [F(t)]_a^x = \underbrace{F(x)}_{x\text{の関数}} - \underbrace{F(a)}_{\text{定数}}$ となって，

これは，x の関数になる。よって，この場合やることは次の 2 つだ。

（ⅰ）まず，x に a を代入すると，

$$\int_a^a f(t)\,dt = F(a) - F(a) = 0 \text{ となる。}$$

（ⅱ）$F(t)$ は $f(t)$ の原始関数より，$F'(t) = f(t)$ となる。ということは，文字はなんでも構わないので，$F'(x) = f(x)$ としてもいいね。

よって，$\int_a^x f(t)\,dt$ を x で微分すると，

$$\left\{\int_a^x f(t)\,dt\right\}' = \{F(x) - \underbrace{F(a)}_{\text{定数}}\}' = F'(x) = f(x) \text{ となる。}$$

ン？まだピンとこないって？いいよ。これから，練習問題で練習しよう。ここで，この定積分で表された関数の 1 番のポイントを次に示しておこう。

（Ⅰ）積分区間が a から b のように，定数から定数までのとき，たとえば $\int_a^b f(t)dt$ だけでなく，$\int_a^b g(t)dt$ や，$\int_a^b tf(t)dt$ や，$\int_a^b \sin t \cdot f(t)dt$ など…の場合，積分した結果の t に，定数 a と b が代入されるわけだから，これらはすべて定数なんだね。したがって，これらはどれもバ～ンと定数 A とおくことができるんだね。

これに対して，

（Ⅱ）積分区間が a から x のように，定数 a から変数 x までのときであれば，$\int_a^x f(t)dt$ だけでなく，$\int_a^x g(t)dt$ や $\int_a^x tf(t)dt$ など…は，すべて積分結果の t に定数 a と変数 x が代入されるわけだから，x の関数になる。

これを頭に入れて，実際に問題を解いてみよう。

練習問題 44　定積分で表された関数（Ⅰ）　CHECK 1　CHECK 2　CHECK 3

関数 $f(x)$ は，$f(x) = e^x + \int_0^2 f(t)\,dt$ ……① をみたす。
このとき，関数 $f(x)$ を求めよ。

①の右辺の定積分は，0（定数）から 2（定数）までの定積分だから，当然この積分結果は定数になる。よって，$\int_0^2 f(t)\,dt = A$（定数）とおいて，解けばいいんだね。頑張ろう！

$f(x) = e^x + \underbrace{\int_0^2 f(t)\,dt}_{A\,(定数)}$ …① の，右辺の定積分は定数なので，

$\int_0^2 f(t)\,dt = A$(定数) …② とおくと，①は，

$f(x) = e^x + A$ …①′ となる。← これから，A の値を求めればいい。

①′の変数 x を変数 t に置き換えると，
$f(t) = e^t + A$ …①″ となる。①″を②に代入すると，← 文字変数はなんでも構わない。

$\int_0^2 (e^t + A)\,dt = A$　　$[e^t + At]_0^2 = A$

$e^2 + A \cdot 2 - (\underbrace{e^0}_{1} + A \cdot 0) = A$　　$2A + e^2 - 1 = A$

$\therefore A = 1 - e^2$ …③　となるんだね。

よって，③を①′に代入すると，求める関数 $f(x)$ は
$f(x) = e^x + 1 - e^2$ となって，答えだ！納得いった？

ン？少し混乱してるって？そうだね，この手の問題の解法に慣れるには，少し時間がかかると思う。この問題も繰り返し解いてみるといいよ。

それでは，さらにもう 2 題解くことによって，定積分を A（定数）とおくタイプの問題を完璧にマスターしようね！

練習問題 45　定積分で表された関数 (Ⅱ)　CHECK 1　CHECK 2　CHECK 3

次の各問いに答えよ。

(1) 関数 $f(x)$ は，$f(x) = \cos x - \int_0^{\frac{\pi}{2}} \cos t \cdot f(t)\,dt$ ………① をみたす。
このとき，関数 $f(x)$ を求めよ。

(2) 関数 $g(x)$ は，$g(x) = \sin 2x + 2\int_0^{\frac{\pi}{2}} \cos t \cdot g(t)\,dt$ ……㋐ をみたす。
このとき，関数 $g(x)$ を求めよ。

①，㋐ともに，右辺の定積分は，0 (定数) から $\frac{\pi}{2}$ (定数) までの積分だから，当然この積分結果は定数となる。よって，これを A (または B，定数) とおいて，この A (または B) を求めればいいんだね。少し応用問題になっているけれど，頑張って解いてみよう。

(1) $f(x) = \cos x - \underbrace{\int_0^{\frac{\pi}{2}} \cos t \cdot f(t)\,dt}_{A(\text{定数})\text{とおく}}$ ……① の右辺の定積分は定数なので，

$\int_0^{\frac{\pi}{2}} \cos t \cdot f(t)\,dt = A$ (定数) ……② とおくと，①は，

$f(x) = \cos x - A$ ……①′ となる。 ←(これから，A の値を求めよう。)

①′の変数 x を変数 t に置き換えると，

$f(t) = \cos t - A$ ……①″ となる。①″を②に代入すると，

$\int_0^{\frac{\pi}{2}} \cos t \cdot (\cos t - A)\,dt = A$ より，$\int_0^{\frac{\pi}{2}} \underbrace{\cos^2 t}_{\frac{1}{2}(1+\cos 2t)}\,dt - A\int_0^{\frac{\pi}{2}} \cos t\,dt = A$ ←(半角の公式)

$$\frac{1}{2}\int_0^{\frac{\pi}{2}} (1 + \cos 2t)\,dt - A\int_0^{\frac{\pi}{2}} \cos t\,dt = A$$

$$\frac{1}{2}\left[t + \frac{1}{2}\sin 2t\right]_0^{\frac{\pi}{2}} - A\left[\sin t\right]_0^{\frac{\pi}{2}} = A$$

$$\frac{1}{2}\left\{\frac{\pi}{2} + \frac{1}{2}\underbrace{\sin\pi}_{0} - \left(0 + \frac{1}{2}\underbrace{\sin 0}_{0}\right)\right\} - A\left(\underbrace{\sin\frac{\pi}{2}}_{1} - \underbrace{\sin 0}_{0}\right) = A$$

よって，$\frac{\pi}{4}-A=A$ より，$2A=\frac{\pi}{4}$ $\therefore A=\frac{\pi}{8}$ ……③ となる。

③を①´に代入して，

$f(x)=\cos x-\frac{\pi}{8}$ となって，答えが導けるんだね。大丈夫だった？

(2) $g(x)=\sin 2x+2\int_0^{\frac{\pi}{2}}\cos t\cdot g(t)\,dt$ ……㋐ の右辺の定積分は定数なので，

B(定数)とおく

$\int_0^{\frac{\pi}{2}}\cos t\cdot g(t)\,dt=B$ ……㋑ とおくと，㋐は，

$g(x)=\sin 2x+2B$ ……㋐´ となる。 ← これから，Bの値を求めよう。

㋐´の変数 x を変数 t に置き換えると，

$g(t)=\sin 2t+2B$ ……㋐´´ となる。㋐´´を㋑に代入すると，

$\int_0^{\frac{\pi}{2}}\cos t\cdot(\sin 2t+2B)\,dt=B$ より，$\int_0^{\frac{\pi}{2}}\sin 2t\cos t\,dt+2B\int_0^{\frac{\pi}{2}}\cos t\,dt=B$

積→和の公式
$\sin\alpha\cos\beta=\frac{1}{2}\{\sin(\alpha+\beta)+\sin(\alpha-\beta)\}$

$\frac{1}{2}\{\sin(2t+t)+\sin(2t-t)\}$

$$\frac{1}{2}\int_0^{\frac{\pi}{2}}(\sin 3t+\sin t)\,dt+2B\int_0^{\frac{\pi}{2}}\cos t\,dt=B$$

$$\frac{1}{2}\left[-\frac{1}{3}\cos 3t-\cos t\right]_0^{\frac{\pi}{2}}+2B\left[\sin t\right]_0^{\frac{\pi}{2}}=B$$

$$\frac{1}{2}\left(-\frac{1}{3}\underbrace{\cos\frac{3}{2}\pi}_{0}-\underbrace{\cos\frac{\pi}{2}}_{0}+\frac{1}{3}\underbrace{\cos 0}_{1}+\underbrace{\cos 0}_{1}\right)+2B\left(\underbrace{\sin\frac{\pi}{2}}_{1}-\underbrace{\sin 0}_{0}\right)=B$$

$$\frac{1}{2}\left(\frac{1}{3}+1\right)+2B\times 1=B \quad \frac{1}{2}\times\frac{4}{3}+2B=B \quad \therefore B=-\frac{2}{3} \text{ ……㋒}$$

㋒を㋐´に代入して，

$g(x)=\sin 2x+2\times\left(-\frac{2}{3}\right)=\sin 2x-\frac{4}{3}$ となって，答えだ！

これも，大丈夫？

では次，定積分の結果が x の関数となる(Ⅱ)のタイプの問題を解いてみよう。

練習問題 46　定積分で表された関数(Ⅲ)　CHECK 1　CHECK 2　CHECK 3

関数 $f(x)$ は，$(x^3+ax^2)e^x=\int_1^x tf(t)dt$ ……① をみたす。
このとき，a の値と関数 $f(x)$ を求めよ。

①の右辺の定積分 $\int_1^x tf(t)\,dt$ は x の関数になるので，この解法のパターンは，(ⅰ)まず，x に 1 を代入して，a の値を求め，(ⅱ)次に，①の両辺を x で微分して，関数 $f(x)$ を求めればいいんだね。今日最後の問題だ！頑張ろう !!

$(x^3+ax^2)e^x=\int_1^x tf(t)dt$ ……① について，

(ⅰ)①の x に 1 を代入すると，

$$(1^3+a\cdot1^2)e^1=\underbrace{\int_1^1 tf(t)\,dt}_{0}$$

> $tf(t)=g(t)$ とおき，また
> $\int g(t)\,dt=G(t)+C$ とおくと，
> $\int_1^1 g(t)\,dt=[G(t)]_1^1$
> $=G(1)-G(1)=0$
> となる。

$(1+a)\underset{\oplus}{e}=0$

ここで，$e>0$ より，この両辺を e で割って，

$a+1=0$　$\therefore a=-1$ ……② となるんだね。

②を①に代入して，

$(x^3-x^2)e^x=\int_1^x tf(t)dt$ ……①′ となる。

(ⅱ)次に，①′の両辺を x で微分して，

$$\{(x^3-x^2)e^x\}'=\underbrace{\left\{\int_1^x tf(t)dt\right\}'}_{xf(x)}$$

> $tf(t)=g(t)$ とおくと，
> $\left\{\int_1^x g(t)\,dt\right\}'$
> $=\{G(x)-G(1)\}'$
> $=g(x)=xf(x)$
> となるんだね。

公式：$(f\cdot g)'=f'\cdot g+f\cdot g'$

$$\underbrace{(x^3-x^2)'}_{(3x^2-2x)}e^x+(x^3-x^2)\underbrace{(e^x)'}_{e^x}=x\cdot f(x)$$

$$\underline{(3x^2-2x)e^x+(x^3-x^2)e^x}=x\cdot f(x)$$

$$\boxed{(3x^2-2x+x^3-x^2)e^x=(x^3+2x^2-2x)e^x}$$

$$x\cdot f(x)=x(x^2+2x-2)e^x$$

両辺を比較して，求める関数 $f(x)$ は，

$f(x)=(x^2+2x-2)e^x$　となって，答えだ！

これで，**2** 通りの定積分で表された関数の解法パターンも理解できたと思う。面白かった？

以上で，“**積分法**”の講義は，すべて終了です。これまでの講義をシッカリ復習して，マスターしてしまえば，様々な積分計算が自在にできるようになるから，自分で納得がいくまで，何度でも反復練習しておこう。

教科書では，“**区分求積法**”や“**定積分と不等式**”を，この“**積分法**”の章の中で扱っているものが多いと思うけれど，これらは，面積計算と密接に関連しているので，次回から講義する“**積分法の応用**”の中で詳しく解説しようと思う。

次の講義もまた分かりやすく親切に解説するつもりだから，みんな楽しみに待っていてくれ。それじゃ，みんな体調に気をつけて，次回も元気な顔を見せてくれ！さようなら…。

第 4 章● 積分法　公式エッセンス

1. 積分計算の基本公式

(1) $\int x^{\alpha}\,dx = \frac{1}{\alpha+1}x^{\alpha+1} + C$　　(2) $\int \cos x\,dx = \sin x + C$

(3) $\int \sin x\,dx = -\cos x + C$　　(4) $\int \frac{1}{\cos^2 x}\,dx = \tan x + C$　など

2. 積分の基本性質

$\int \{f(x) \pm g(x)\}\,dx = \int f(x)\,dx \pm \int g(x)\,dx$　（複号同順）　など

3. 定積分の定義

$\int_a^b f(x)\,dx = [F(x)]_a^b = F(b) - F(a)$　　$(F'(x) = f(x))$

4. $\cos mx$，$\sin mx$ の積分公式

(1) $\int \cos mx\,dx = \frac{1}{m}\sin mx + C$　(2) $\int \sin mx\,dx = -\frac{1}{m}\cos mx + C$

5. $(px+q)^n$ の積分公式

$\int (px+q)^n\,dx = \frac{1}{p(n+1)}(px+q)^{n+1} + C$

6. 部分積分法

(1) $\int f'(x)\cdot g(x)\,dx = f(x)\cdot g(x) - \int f(x)\cdot g'(x)\,dx$

(2) $\int f(x)\cdot g'(x)\,dx = f(x)\cdot g(x) - \int f'(x)\cdot g(x)\,dx$

7. 置換積分

$\int_a^b f(x)\,dx$ について，

(ⅰ) $f(x)$ の中の（ある x の式の固まり）$= t$ とおく。

(ⅱ) $x : a \to b$ に対して，$t : c \to d$ を求める。

(ⅲ) dx と dt の関係を求める。

以上のステップにより，t での積分に置き換える。

第 5 章
CHAPTER

5 積分法の応用

- 面積計算
  区分求積法，定積分と不等式
- 体積計算
  回転体の体積
- 曲線の長さ（道のり）の計算

13th day　面積計算

みんな，おはよう！ 今日から“**積分法の応用**”の講義に入ろう。前回まで，積分計算の練習をシッカリやったので，今回はその応用として，“**面積計算**(めんせきけいさん)”の解説に入る。

xy 平面上で，さまざまな曲線や直線で囲まれる図形の面積を，積分計算により求めることができるんだ。これって，スゴイことだね。また，面積を計算する上で，いろんな関数の定積分を行うことになるので，積分計算についても，さらに理解が深まると思うよ。そして，ここではさらに，“**区分求積法**(くぶんきゅうせきほう)”や“**定積分と不等式**”についても教えようと思う。さァ，みんな，準備はいい？

● 面積は，定積分で求まる！

まず，1 を x で不定積分したらどうなる？ …，そうだね。

$$\int 1dx = x + C \quad \text{(積分定数)}$$

となるね。

これと同様に，1 を S で不定積分したら，

$$\int 1dS = S + C \quad \text{(積分定数)} \quad \cdots\cdots①$$

となるのも大丈夫だね。

ここで，どうせ最終的には定積分の話になるので積分定数 C を無視し，また被積分関数の 1 も書く必要はないので，①は超簡単な式

$$S = \int dS \quad \cdots\cdots②$$

という式になるんだね。

ここで，この S は“面積”を表す変数なんだ。すると，dS の d は英語の“*differential*（極限的に微小な）”の頭文字のことなので，この dS のことを“**微小面積**”と呼ぶ。

図 1 のように，$a \leqq x \leqq b$ の範囲で，2 曲線 $y = f(x)$ と $y = g(x)$ $[f(x) \geqq g(x)]$ とで挟まれる図形の面積 S の微小面積 dS は，微小な横幅 dx，高さ $f(x) - g(x)$ の微小な長方形の面積となるので，

図 1　微小面積 $dS = \{f(x) - g(x)\}dx$

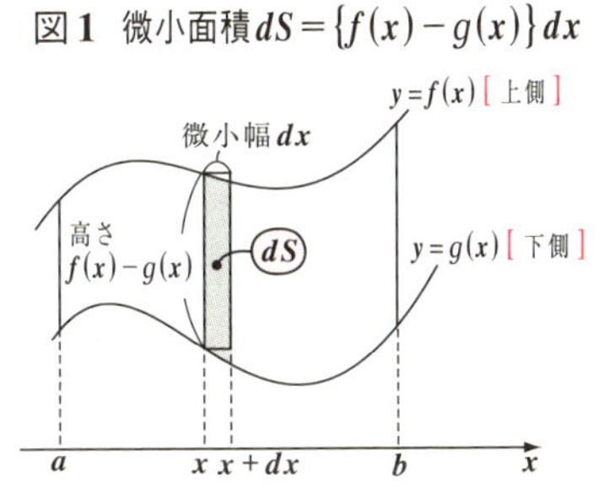

$dS = \{f(x) - g(x)\}dx$ ……③　となるね。

③を②に代入して，積分区間 $a \leqq x \leqq b$ で積分すると，次のような面積計算公式が導けるんだ。

面積の積分公式

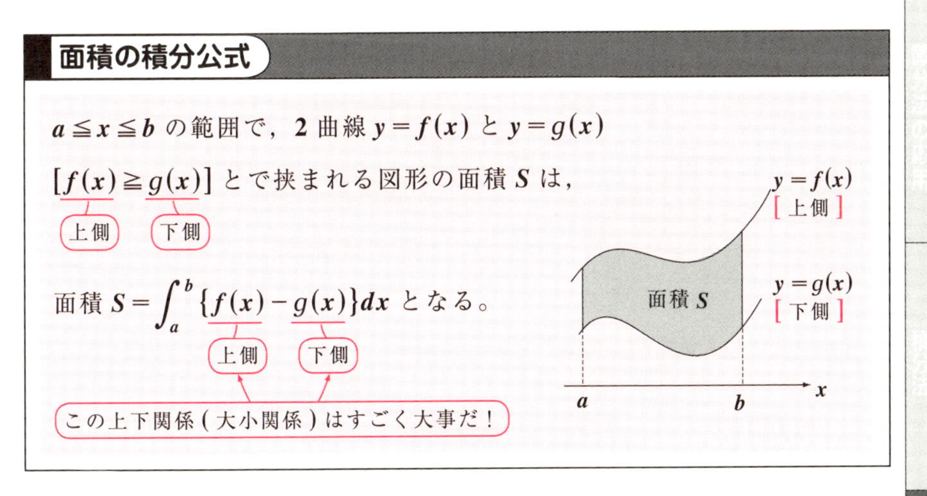

$a \leqq x \leqq b$ の範囲で，2 曲線 $y = f(x)$ と $y = g(x)$

$[f(x) \geqq g(x)]$ とで挟まれる図形の面積 S は，

（$f(x)$：上側，$g(x)$：下側）

面積 $S = \int_a^b \{f(x) - g(x)\}dx$ となる。

（$f(x)$：上側，$g(x)$：下側）

この上下関係（大小関係）はすごく大事だ！

面積を計算する場合，2 つの関数 $y = f(x)$ と $y = g(x)$ の大小関係（上下関係）はとても大切だ。必ず [上側] − [下側] と覚えておこう。これを間違えて，逆にして積分計算すると㊀の面積が出てきてしまうんだ。

ここで，特別な場合として，曲線 $y = f(x)$ と x 軸 $[y = 0]$ とで挟まれる図形の面積を考えると，

(i) $f(x) \geqq 0$ のときは，$f(x) - 0 = f(x)$ を定積分すればいい。これに対して，
（$f(x)$：上側，0：下側）

(ii) $0 \geqq f(x)$ のときは，$0 - f(x) = -f(x)$ を定積分しないといけないよ。
（0：上側，$f(x)$：下側）

これも，$y=f(x)$ と x 軸とで挟まれる図形の面積計算の公式として，下にまとめて示しておこう。

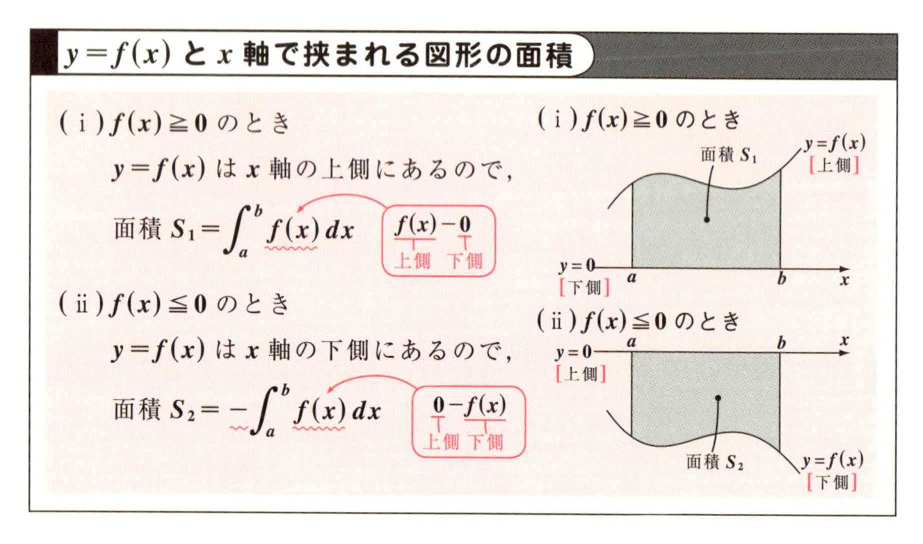

エッ，公式は分かったから，実際に面積の計算をしたいって？ 当然だ！これからバンバン解いていこう！

まず，次の練習問題を解いてみてごらん。

練習問題 47	面積計算(I)	CHECK 1	CHECK 2	CHECK 3

次の各図形の面積を求めよ。

(1) 曲線 $y=\sqrt{x}$ と x 軸と直線 $x=4$ とで囲まれる図形

(2) 曲線 $y=\tan x$ と x 軸と直線 $x=-\frac{\pi}{4}$ とで囲まれる図形

(1)，(2) 共に，まず図を描くことだね。すると，(1) は $0 \leqq x \leqq 4$ の範囲で，曲線 $y=\sqrt{x}$ $(\geqq 0)$ と x 軸とで挟まれる図形の面積計算であることが分かるはずだ。また (2) は $-\frac{\pi}{4} \leqq x \leqq 0$ の範囲で，曲線 $y=\tan x$ $(\leqq 0)$ と x 軸とで挟まれる図形の面積計算になるんだよ。

(1) 曲線 $y=\sqrt{x}$ $(\geqq 0)$ と x 軸と直線 $x=4$ とで囲まれる図形の面積を S とおくと，

これは，$0 \leqq x \leqq 4$ の範囲で，$y=\sqrt{x}$ $(\geqq 0)$ と x 軸とで挟まれる図形の面積だ！

y　$x=4$　$y=\sqrt{x}$ [上側]　面積 S　$y=0$ [下側]　x　0　1　2　3　4

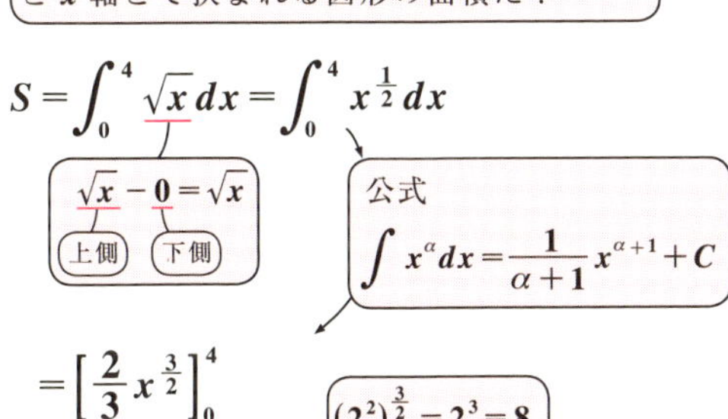

$$S=\int_0^4 \sqrt{x}\,dx=\int_0^4 x^{\frac{1}{2}}dx$$

$$=\left[\frac{2}{3}x^{\frac{3}{2}}\right]_0^4$$

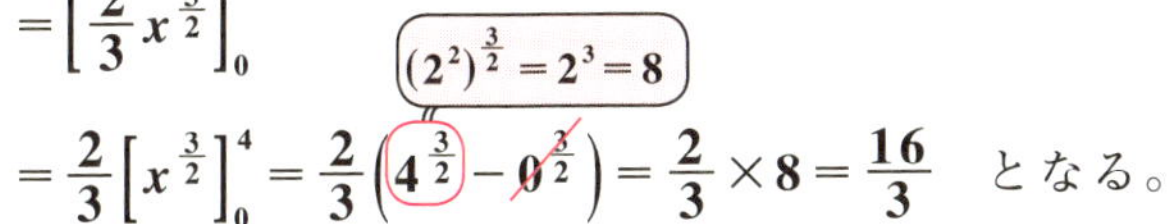

$$=\frac{2}{3}\left[x^{\frac{3}{2}}\right]_0^4=\frac{2}{3}\left(4^{\frac{3}{2}}-0^{\frac{3}{2}}\right)=\frac{2}{3}\times 8=\frac{16}{3}$$ となる。

(2) 曲線 $y=\tan x$ と x 軸と直線 $x=-\frac{\pi}{4}$ とで囲まれる図形の面積を S とおくと，

これは，$-\frac{\pi}{4} \leqq x \leqq 0$ の範囲で，$y=\tan x$ $(\leqq 0)$ と x 軸とで挟まれる図形の面積だ。 要注意！

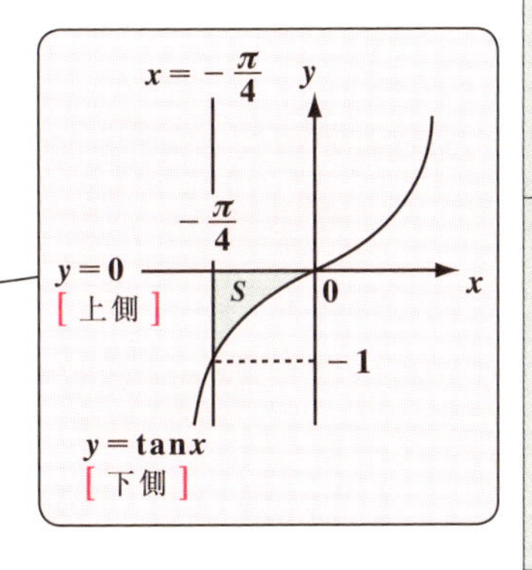

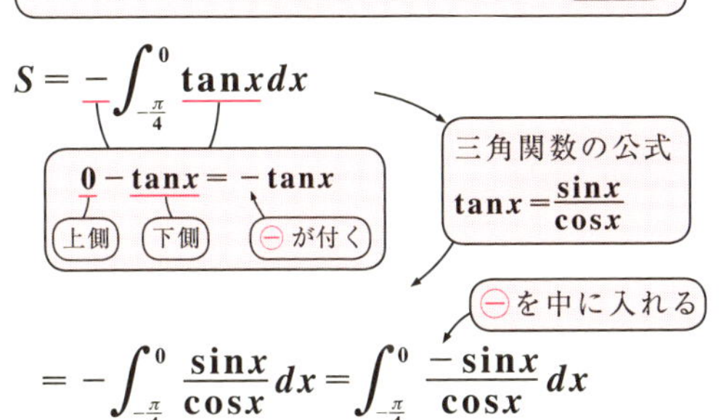

$$S=-\int_{-\frac{\pi}{4}}^{0}\tan x\,dx$$

$$=-\int_{-\frac{\pi}{4}}^{0}\frac{\sin x}{\cos x}dx=\int_{-\frac{\pi}{4}}^{0}\frac{-\sin x}{\cos x}dx$$

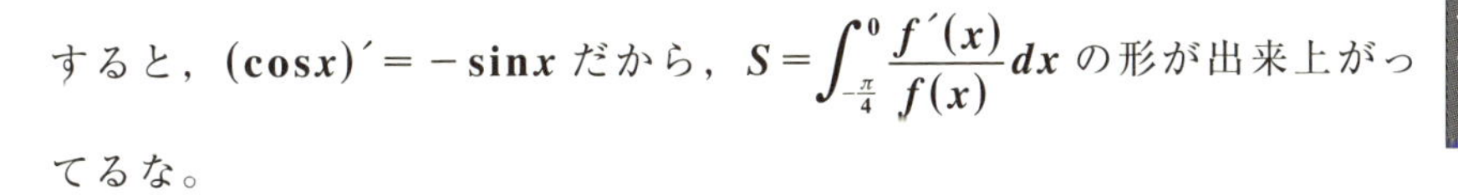

すると，$(\cos x)'=-\sin x$ だから，$S=\int_{-\frac{\pi}{4}}^{0}\frac{f'(x)}{f(x)}dx$ の形が出来上がってるな。

$$\therefore\ S=\int_{-\frac{\pi}{4}}^{0}\frac{\overbrace{-\sin x}^{f'(x)}}{\underbrace{\cos x}_{f(x)}}dx=\Big[\log|\underbrace{\cos x}_{f(x)}|\Big]_{-\frac{\pi}{4}}^{0}$$

公式
$\int\frac{f'}{f}dx=\log|f|$
を使った！

$$=\log|\underbrace{\cos 0}_{1}|-\log\left|\underbrace{\cos\left(-\frac{\pi}{4}\right)}_{\cos\frac{\pi}{4}=\frac{1}{\sqrt{2}}}\right|$$

$\cos(-\theta)=\cos\theta$
だからね。

$$=\underbrace{\log 1}_{0}-\log\frac{1}{\sqrt{2}}$$

$$=-\log 2^{-\frac{1}{2}}=-\left(-\frac{1}{2}\right)\log 2$$

$=\frac{1}{2}\log 2$　となって，答えだ！

面積計算って，図形的な要素も絡むし，積分計算でもさまざまなテクニック，公式を駆使しないといけないから，結構大変でしょう。でも，だからこそ，本物の実践力を身に付けることが出来るんだよ。頑張ろうな！

それでは，次の面積計算に，チャレンジしてごらん。

練習問題 48　面積計算（Ⅱ）　CHECK 1　CHECK 2　CHECK 3

次の各図形の面積を求めよ。

(1) 曲線 $y=e^{2x}$ および，それと点 $\left(\frac{1}{2},\ e\right)$ で接する接線 $y=2ex$ と，y 軸とで囲まれる図形

(2) 曲線 $y=\frac{1}{x}-1$ と x 軸と直線 $x=\frac{1}{e}$ と直線 $x=e$ とで囲まれる図形

(1) は，$0 \leqq x \leqq \frac{1}{2}$ の範囲で，$y=e^{2x}$ [上側] と $y=2ex$ [下側] とで挟まれる図形の面積計算になるよ。(2) は $\frac{1}{e} \leqq x \leqq 1$ では，$y=\frac{1}{x}-1 \geqq 0$，$1 \leqq x \leqq e$ では，$y=\frac{1}{x}-1 \leqq 0$ となることに気を付けて，計算しないといけない。頑張ろう！

(1) $y=e^{2x}$ と点 $\left(\frac{1}{2},\ e\right)$ で接し，原点を通る直線 $y=2ex$ については，練習問題 26 (P110) で既に勉強したね。

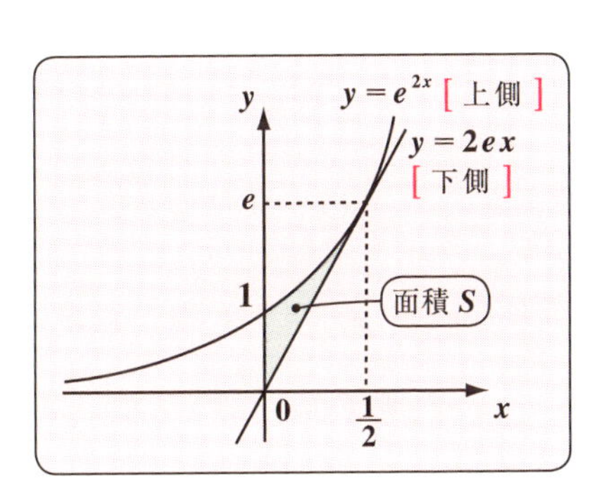

曲線 $y=e^{2x}$ と直線 $y=2ex$ と y 軸とで囲まれる図形の面積を S とおくと，S は $0 \leqq x \leqq \frac{1}{2}$ の範囲で，$y=e^{2x}$ [上側] と $y=2ex$ [下側] とで挟まれる図形の面積に等しい。よって，

$$S=\int_0^{\frac{1}{2}}(\underbrace{e^{2x}}_{\text{上側}}-\underbrace{2ex}_{\text{下側}})dx=\left[\frac{1}{2}e^{2x}-ex^2\right]_0^{\frac{1}{2}}$$

$(e^{2x})'=e^{2x}\cdot(2x)'=2e^{2x}$ より，$\int e^{2x}dx=\frac{1}{2}e^{2x}+C$ となる。

$$=\frac{1}{2}\cdot \underbrace{e^{2\cdot\frac{1}{2}}}_{e^1=e}-e\cdot\underbrace{\left(\frac{1}{2}\right)^2}_{\frac{1}{4}}-\left(\frac{1}{2}\underbrace{e^{2\times 0}}_{e^0=1}-e\cdot 0^2\right)$$

$$=\frac{1}{2}e-\frac{1}{4}e-\frac{1}{2}=\frac{1}{4}e-\frac{1}{2}=\frac{e-2}{4}$$ となって答えだ。

(2) 曲線 $y=\frac{1}{x}-1$ は，曲線 $y=\frac{1}{x}$ を y 軸方向に -1 だけ平行移動したもので，点 $(1,\ 0)$ を通る右図のような曲線になる。

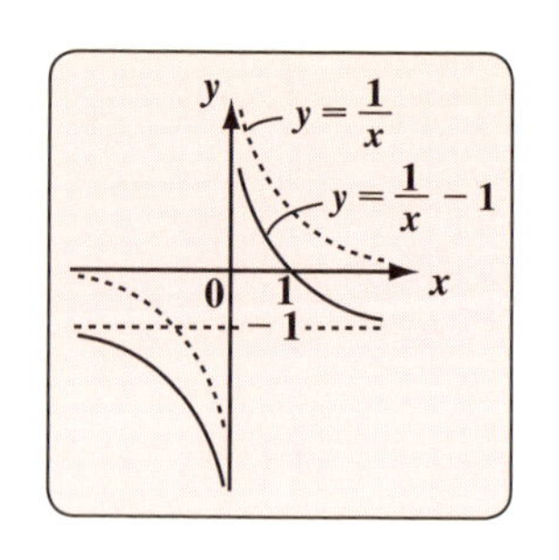

$y=\frac{1}{x}$ $\xrightarrow[\text{平行移動}]{(0,\ -1)\text{だけ}}$ $y+1=\frac{1}{x}$ だからね。

よって，曲線 $y=f(x)=\frac{1}{x}-1$ とおき，$y=f(x)$ と x 軸と直線 $x=\frac{1}{e}$ と直線 $x=e$ とで囲まれる図形の面積を S とおくと，これは $\frac{1}{e}\leqq x\leqq e$ の範囲で，$y=f(x)$ と x 軸とで挟まれる図形の面積に等しい。ここで，

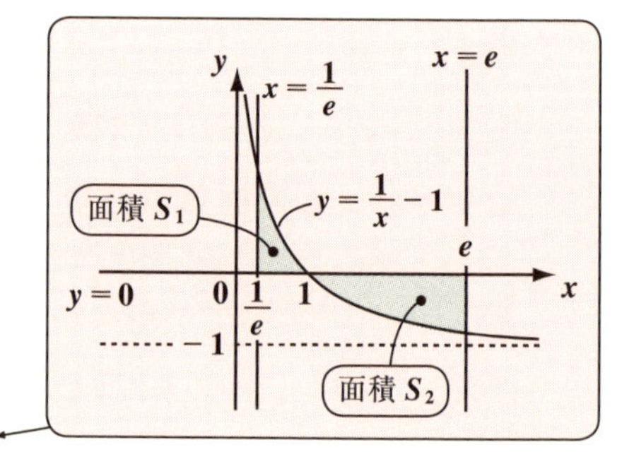

$\begin{cases} \text{(i)}\ \frac{1}{e}\leqq x\leqq 1 \text{ のとき，} f(x)\geqq 0 \\ \text{(ii)}\ 1\leqq x\leqq e \text{ のとき，} f(x)\leqq 0 \end{cases}$ であることに気をつけて，

(i) $f(x)$：上側，0：下側

$e\fallingdotseq 2.7$ より，$\frac{1}{e}\fallingdotseq 0.37$ だよ。

(ii) $f(x)$：下側，0：上側

面積 S を求めると，

$$S=\int_{\frac{1}{e}}^{1}f(x)dx-\int_{1}^{e}f(x)dx$$

⊖が付く

[S_1（上側）＋ S_2（下側）]

$$S=\int_{\frac{1}{e}}^{1}\left(\frac{1}{x}-1\right)dx-\int_{1}^{e}\left(\frac{1}{x}-1\right)dx$$

公式 $\int \frac{1}{x}dx=\log|x|+C$ だけど，x には正の数，$\frac{1}{e}$，1，e が入るだけなので，絶対値を付ける必要はないね。

$$=[\log x-x]_{\frac{1}{e}}^{1}-[\log x-x]_{1}^{e}$$

$$=\log 1-1-\left(\log\frac{1}{e}-\frac{1}{e}\right)-(\log e-e)+(\log 1-1)$$

($\log 1 = 0$，$\log e^{-1}=-\log e=-1$，$\log e = 1$)

$$=-1-\left(-1-\frac{1}{e}\right)-(1-e)-1$$

$$=-1+1+\frac{1}{e}-1+e-1$$

$=e+\frac{1}{e}-2$　となって，答えだね。大丈夫だった？

● 面積計算の応用問題を解こう！

それでは，さらに面積計算の応用問題を解いてみよう。今回の問題では，計算に入る前に図形的な意味も考えると，スムーズに解けるんだよ。

練習問題 49　面積計算（Ⅲ）　CHECK 1　CHECK 2　CHECK 3

次の各図形の面積を求めよ。

(1) 曲線 $y=\frac{2x}{x^2+1}$ と x 軸と直線 $x=-2$ と直線 $x=2$ とで囲まれる図形

(2) 曲線 $y=\sin 2x$　$(0\leqq x\leqq 5\pi)$ と x 軸とで囲まれる図形

(3) 曲線 $y=-x\cdot e^{-x}$ と x 軸と直線 $x=2$ とで囲まれる図形

(1) は，曲線が奇関数であることがポイントだ。(2) は，周期的に同じ図形が現れるので，工夫するといいんだね。(3) は，部分積分の問題だ。

(1) $f(x)=\dfrac{2x}{x^2+1}$ とおくと，これは練習問題 32 (P125) で，そのグラフの概形を求めた "**奇関数**" だね。奇関数とは何か，みんな覚えてる？ …そう，奇関数とは $f(-x)=-f(x)$ をみたす関数のことで，もし，$y=f(x)$ が奇関数ならば，原点に関して対称なグラフになるんだね。

この $y=f(x)=\dfrac{2x}{x^2+1}$ も，

$$f(-x)=\frac{2\cdot(-x)}{(-x)^2+1}=-\frac{2x}{x^2+1}=-f(x)$$

をみたすので，奇関数で，右図のような原点に対称なグラフになる。だから，$y=f(x)$ と x 軸と $x=-2$，$x=2$ とで囲まれてできる 2 つの部分の面積は当然等しくなる。

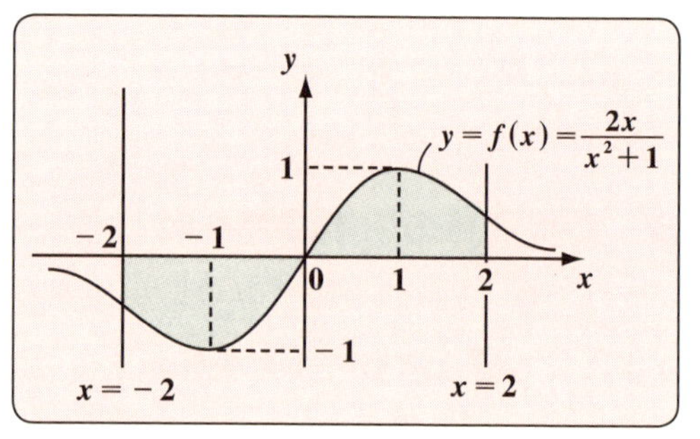

よって，求める図形の面積 S は $y=f(x)$ を $0\leqq x\leqq 2$ の積分区間で積分したものを 2 倍すればいいんだね。よって，

$$S=2\int_0^2 f(x)dx=2\int_0^2\frac{2x}{x^2+1}dx$$

［$2\times$（0 から 2 の部分の図形）］

$2x$ は g'，x^2+1 は g

公式 $\displaystyle\int\frac{g'}{g}dx=\log|g|+C$ を使った。

$$=2\left[\log(x^2+1)\right]_0^2$$

$x^2+1>0$ より，絶対値を付ける必要はない！

$=2(\log 5-\log 1)=2\log 5$ となって，答えだ。（$\log 1=0$）

(2) $y=\sin x$ は，$0\leqq x\leqq 2\pi$ を 1 周期とする関数でそれ以外の範囲でも，周期的に同じ形のグラフが現れるんだね。これに対して，今回の $y=\sin 2x$ の場合，$x:0\rightarrow\pi$ と動くと，$2x:0\rightarrow 2\pi$ と変化するので，$0\leqq x\leqq\pi$ を 1 周期とする関数となる。つまり，アコーディオンのように，$y=\sin x$ が左右にギュッとつまった形のグラフになるんだね。

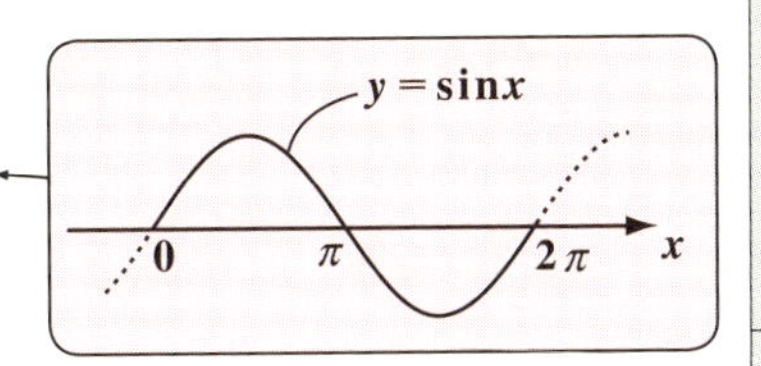

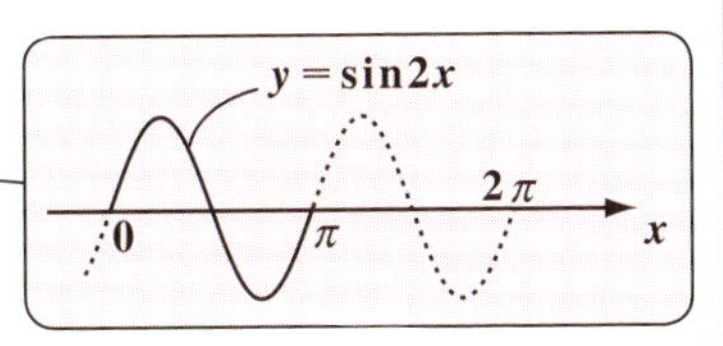

これから，$y=\sin 2x\ (0\leqq x\leqq 5\pi)$ と x 軸とで囲まれる図形を網目部で示すと，右図のようになる。上下に同じ面積のものが計 10 個現れる。よって，$y=\sin 2x\left(0\leqq x\leqq\frac{\pi}{2}\right)$ と x 軸とで囲まれる部分の面積を 10 倍したものが求める図形の面積 S となるんだね。よって，

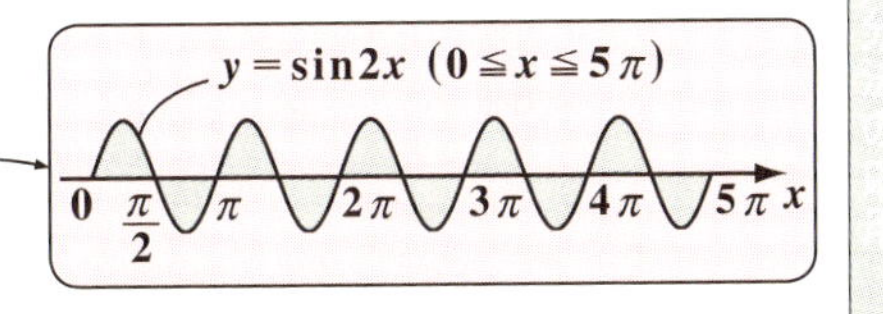

$$S=10\times\int_0^{\frac{\pi}{2}}\sin 2x\,dx$$

［ $10\times$ （$y=\sin 2x$ のグラフ，0 ～ $\frac{\pi}{2}$） ］

公式
$$\int\sin mx\,dx=-\frac{1}{m}\cos mx+C$$

$$=10\cdot\left[-\frac{1}{2}\cos 2x\right]_0^{\frac{\pi}{2}}$$

$$=10\cdot\left(-\frac{1}{2}\right)\left[\cos 2x\right]_0^{\frac{\pi}{2}}=-5\cdot(\cos\pi-\cos 0)$$

（π は $2\times\frac{\pi}{2}$，$\cos\pi=-1$，$\cos 0=1$）

$=-5\times(-1-1)=5\times 2=10$ となって，答えだ。面白かった？

(3) $y=f(x)=-x\cdot e^{-x}$ のグラフの概形については，既に練習問題 **34** (**P133**) で勉強して，右図のようになることが分かっているんだね。

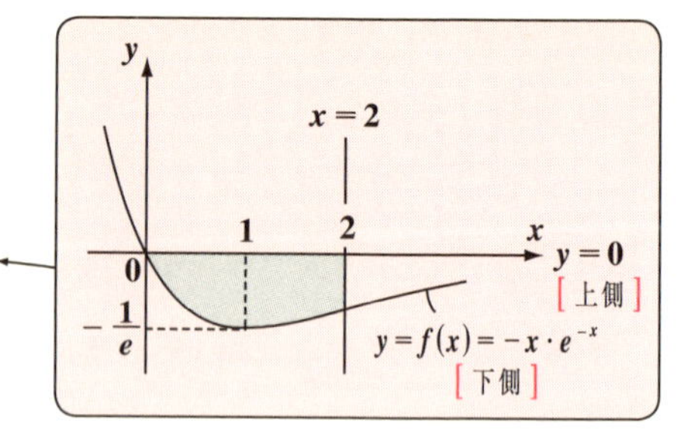

よって，$y=f(x)$ と x 軸と直線 $x=2$ とで囲まれる図形の面積は，$0\leqq x\leqq 2$ の範囲で，$y=0$ [x 軸：上側] と $y=f(x)=-x\cdot e^{-x}$ [下側] とで挟まれる図形の面積となる。

この面積を S とおくと，

$$S=-\int_0^2 f(x)dx=-\int_0^2(-x)\cdot e^{-x}dx$$

[0, $y=0$, 2, $y=f(x)$]

$$=\int_0^2 xe^{-x}dx$$

e^{-x} は微分しても積分しても $-e^{-x}$ だから，$e^{-x}=(-e^{-x})'$ として，部分積分にもち込もう！（$-e^{-x}$：e^{-x} を積分したもの）

$$=\int_0^2 x\cdot(-e^{-x})'dx$$

部分積分の公式
$$\int_0^2 f\cdot g'dx=[f\cdot g]_0^2-\int_0^2 f'\cdot gdx$$

$$=[x\cdot(-e^{-x})]_0^2-\int_0^2 \underbrace{x'}_{1}\cdot(-e^{-x})dx$$

$$=-[x\cdot e^{-x}]_0^2+\int_0^2 e^{-x}dx$$

$$=-(2\cdot e^{-2}-0\cdot e^0)-[e^{-x}]_0^2$$

$$=-2\cdot e^{-2}-(e^{-2}-\underbrace{e^0}_{1})$$

$=1-3e^{-2}$ となって，答えだ。

それでは，もう **1** 題応用問題を解いてみよう！

● 2曲線の共接条件と面積計算の問題も解いてみよう！

2つの曲線 $y=f(x)$ と $y=g(x)$ の共接条件と，面積計算を組み合わせた問題も，よく出題されるので，次の問題で練習しておこう。

練習問題 50　面積計算（Ⅳ）　CHECK 1　CHECK 2　CHECK 3

2曲線 $y=f(x)=ae^x$ と $y=g(x)=\sqrt{x}$ が，$x=t$ で接するものとする。このとき，次の各問いに答えよ。

(1) t と a の値を求めよ。

(2) 2曲線 $y=f(x)$ と $g=g(x)$ と y 軸とで囲まれる図形の面積 S を求めよ。

(1) 2曲線 $y=f(x)$ と $y=g(x)$ が，$x=t$ で接するための条件は，$f(t)=g(t)$ かつ $f'(t)=g'(t)$ なんだね。これから，t と a の値を求められる。(2) は，グラフより $\int_0^t \{f(x)-g(x)\}dx$ を計算すればいい。2曲線の共接条件 (P112) と面積計算の融合問題なんだね。

(1) $\begin{cases} y=f(x)=ae^x & \cdots\cdots① \\ y=g(x)=\sqrt{x} & \cdots\cdots② \end{cases}$ について，導関数 $f'(x)$ と $g'(x)$ を求めると，

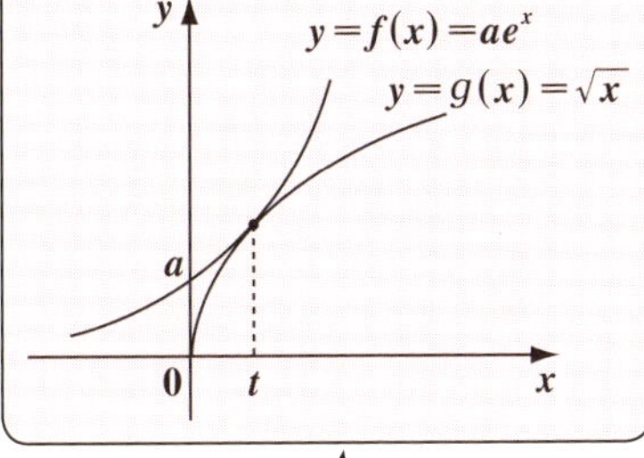

$f'(x)=(ae^x)'=a\cdot e^x \quad \cdots\cdots\cdots\cdots①'$

$g'(x)=\left(x^{\frac{1}{2}}\right)'=\frac{1}{2}x^{-\frac{1}{2}}=\frac{1}{2\sqrt{x}} \quad \cdots②'$

となる。よって，2曲線 $y=f(x)$ と $y=g(x)$ が $x=t$ で接するとき，①，②，①′，②′ より，

$\begin{cases} ae^t=\sqrt{t} & \cdots\cdots\cdots③ \\ ae^t=\frac{1}{2\sqrt{t}} & \cdots\cdots④ \end{cases}$ となる。

2曲線の共通条件
$\begin{cases} f(t)=g(t) \\ f'(t)=g'(t) \end{cases}$

ここで，$\frac{③}{④}$ を計算すると，$\frac{ae^t}{ae^t}=\frac{\sqrt{t}}{\frac{1}{2\sqrt{t}}}$　$1=2t$ より，$t=\frac{1}{2}$ …⑤

⑤を③に代入して，$ae^{\frac{1}{2}}=\sqrt{\frac{1}{2}}$ より，$a=\frac{1}{\sqrt{2e}}$ ……⑥ となって，答えだ。

(2) (1) の結果より，

$y = f(x) = \dfrac{1}{\sqrt{2e}} e^x$ と

$y = g(x) = \sqrt{x} = x^{\frac{1}{2}}$ と

y 軸とで囲まれる図形の

面積 S は，右図より，

$y = f(x) = ae^x = \dfrac{1}{\sqrt{2e}} e^x$

$y = g(x) = \sqrt{x} = x^{\frac{1}{2}}$

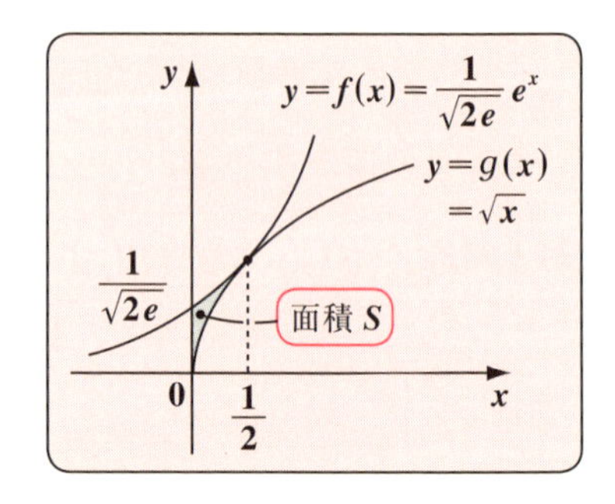

$$S = \int_0^{\frac{1}{2}} \{ \underbrace{f(x)}_{\text{上側}} - \underbrace{g(x)}_{\text{下側}} \} dx$$

$$= \int_0^{\frac{1}{2}} \left(\frac{1}{\sqrt{2e}} \cdot e^x - x^{\frac{1}{2}} \right) dx$$

$$= \frac{1}{\sqrt{2e}} \int_0^{\frac{1}{2}} e^x dx - \int_0^{\frac{1}{2}} x^{\frac{1}{2}} dx$$

$$= \frac{1}{\sqrt{2e}} \left[e^x \right]_0^{\frac{1}{2}} - \frac{2}{3} \left[x^{\frac{3}{2}} \right]_0^{\frac{1}{2}}$$

$$= \frac{1}{\sqrt{2e}} \left(\underbrace{e^{\frac{1}{2}}}_{\sqrt{e}} - \underbrace{e^0}_{1} \right) - \frac{2}{3} \left\{ \underbrace{\left(\frac{1}{2} \right)^{\frac{3}{2}}}_{\frac{1}{2^{\frac{3}{2}}} = \frac{1}{2\sqrt{2}}} - 0^{\frac{3}{2}} \right\}$$

$$= \frac{1}{\sqrt{2e}} (\sqrt{e} - 1) - \frac{2}{3} \cdot \frac{1}{2\sqrt{2}}$$

$$= \frac{1}{\sqrt{2}} - \frac{1}{\sqrt{2e}} - \frac{1}{3\sqrt{2}} = \frac{3-1}{3\sqrt{2}} - \frac{1}{\sqrt{2e}}$$

$$= \frac{2}{3\sqrt{2}} - \frac{1}{\sqrt{2e}}$$

∴求める面積 $S = \dfrac{\sqrt{2}}{3} - \dfrac{\sqrt{2e}}{2e}$ となって，答えが求められるんだね。

どう？この位練習すれば，数学Ⅲの面積計算にも自信が付いたでしょう？

媒介変数表示された曲線と面積にも挑戦しよう！

図2に示すように，媒介変数表示された曲線

$\begin{cases} x = f(\theta) \\ y = g(\theta) \end{cases}$ (θ：媒介変数) と x 軸で挟まれる図形の面積 S は，まず，この曲線が $y = h(x)$ $(a \leqq x \leqq b)$ で表されているつもりで，

$S = \int_a^b y\,dx$ …① と書く。

図2　媒介変数表示された曲線と x 軸とで挟まれる図形の面積 S

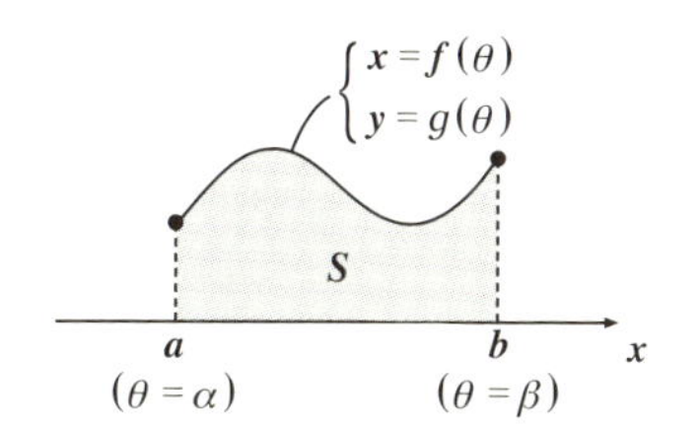

そして，①に $dx = \dfrac{dx}{d\theta}d\theta$ を代入し，

（これは，見かけ上，$d\theta$ で割った分，$d\theta$ をかけているんだね。）

また，積分区間も $x：a \to b$ を，$\theta：\alpha \to \beta$ に置き換えて，

$S = \int_\alpha^\beta \underset{g(\theta)}{y}\,\underset{f'(\theta)}{\dfrac{dx}{d\theta}}\,d\theta$ …①′ として，θ で積分すればいいんだね。

何故なら，$y = g(\theta)$，$\dfrac{dx}{d\theta} = \dfrac{df(\theta)}{d\theta} = f'(\theta)$ より，$g(\theta) \cdot f'(\theta)$ という θ の関数を，積分区間 $\theta：\alpha \to \beta$ で，θ により積分するわけだから，これでウマクいくんだね。

では，例題をやっておこう。

(ex1) 曲線 $\begin{cases} x = 2\cos\theta \\ y = \sin\theta \end{cases}$ $(0 \leqq \theta \leqq \pi)$ と x 軸とで囲まれる図形の面積 S を求めよう。

$S = \int_{-2}^{2} y\,dx$ ←（まず，$y = h(x)$ と表されているつもりで，面積を求める式を立てる。）

$= \int_\pi^0 \underset{\sin\theta}{y} \cdot \underset{(2\cos\theta)' = -2\sin\theta}{\dfrac{dx}{d\theta}}\,d\theta$

$(x：-2 \to 2$ のとき，$\theta：\pi \to 0)$

$\dfrac{x}{2} = \cos\theta$，$y = \sin\theta$ より

$\left(\dfrac{x}{2}\right)^2 + y^2 = \cos^2\theta + \sin^2\theta = 1$

よって，これはだ円

$\dfrac{x^2}{2^2} + \dfrac{y^2}{1^2} = 1$ のことだ。

$0 \leqq \theta \leqq \pi$ より，これはだ円の x 軸より上側の部分だね。

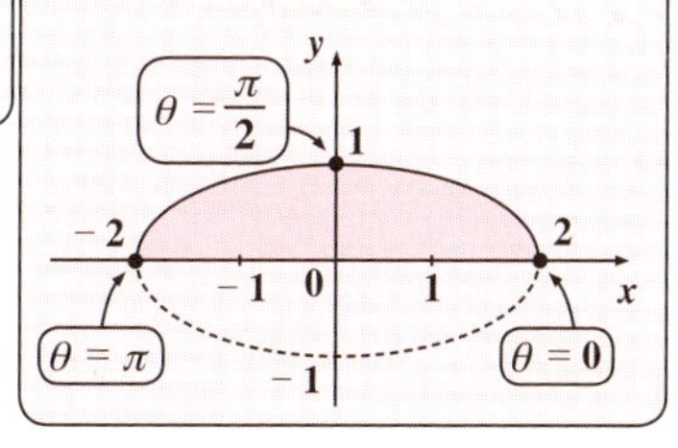

$$\therefore S = \int_{\pi}^{0} \underbrace{\sin\theta}_{y} \cdot \underbrace{(-2\sin\theta)}_{x'} d\theta = 2\int_{0}^{\pi} \underbrace{\sin^2\theta}_{\frac{1-\cos 2\theta}{2}} d\theta$$

（⊖をとって，$\pi \to 0$ を $0 \to \pi$ にした）（半角の公式）

$$= \int_0^{\pi} (1 - \cos 2\theta)\, d\theta = \left[\theta - \frac{1}{2}\sin 2\theta\right]_0^{\pi}$$

$$= \pi - \frac{1}{2}\underbrace{\sin 2\pi}_{0} - \left(0 - \frac{1}{2}\underbrace{\sin 0}_{0}\right) = \pi$$ となって，答えだ。

それではもう **1** 題，媒介変数された曲線として，サイクロイド曲線と x 軸とで囲まれた図形の面積を次の例題で求めることにしよう。

(ex2) サイクロイド曲線 $\begin{cases} x = a(\theta - \sin\theta) \\ y = a(1 - \cos\theta) \end{cases}$ （$0 \leqq \theta \leqq 2\pi$，$a$：正の定数）

と x 軸とで囲まれる図形の面積 S を求めよう。

ここで，サイクロイド曲線について復習しておこう。

図 **3** に示すように，はじめは x 軸と原点で接する半径 a の円 C があるものとする。そして，この円上の点で，初めに原点と同じ位置にあるものを **P** とおこう。

図 **3** に示すように，この円 C をキュッとスリップさせることなく，x 軸と接するようにゆっくりゴロゴロと回転させたとき，初め原点の位置にあった円周上の点 **P** が描くカマボコ型の曲線がサイクロイド曲線になるんだね。

図 3 サイクロイド曲線の概形

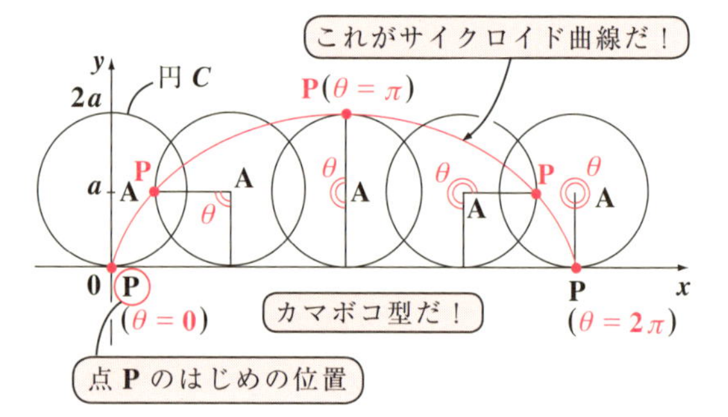

従って，θ が $0\to 2\pi$ まで変化して1回転した結果，点Pが x 軸と再び接するときの点の x 座標は，半径 a の円周の長さ $2\pi a$ になるんだね。つまり，

$$\begin{cases} x : 0\to 2\pi a & \text{のとき，} \\ \theta : 0\to 2\pi & \text{となる} \end{cases}$$

ような対応関係があることに気を付けよう。それでは，図4に示すように，このサイクロイド曲線と x 軸とで囲まれる図形の面積 S を求めるためにまず，このサイクロイド曲線が，$y=f(x)$ $(0\leqq x\leqq 2\pi a)$ の形で表されるものとして，面積 S を求める式を立てると，

図4 サイクロイド曲線と x 軸とで囲まれる図形の面積 S

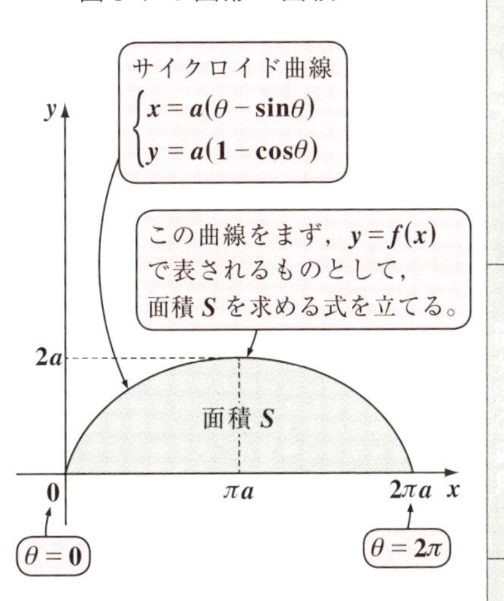

$S=\int_0^{2\pi a} y\,dx$ ……① となるんだね。

ここで，$dx=\frac{dx}{d\theta}\cdot d\theta$ として，媒介変数 θ での積分に置き換えると，

$$\begin{cases} x : 0\to 2\pi a & \text{のとき，} \\ \theta : 0\to 2\pi & \text{と変化するので，①の定積分は，} \end{cases}$$

$S=\int_0^{2\pi} y\cdot\frac{dx}{d\theta}\,d\theta$ ……② となるんだね。

ここで，サイクロイド曲線 $\begin{cases} x=a(\theta-\sin\theta) \\ y=a(1-\cos\theta) \quad (0\leqq\theta\leqq 2\pi) \end{cases}$ より，

$\frac{dx}{d\theta}=\frac{d}{d\theta}\{a(\theta-\sin\theta)\}=a(1-\cos\theta)$ となるので，これと

$y=a(1-\cos\theta)$ を代入して②式の定積分を計算すると，

$$S=\int_0^{2\pi} y\cdot\frac{dx}{d\theta}\,d\theta=\int_0^{2\pi} a(1-\cos\theta)\cdot a(1-\cos\theta)\,d\theta$$

$$=a^2\int_0^{2\pi}(1-\cos\theta)^2\,d\theta=a^2\int_0^{2\pi}\left(\frac{3}{2}-2\cos\theta+\frac{1}{2}\cos 2\theta\right)d\theta$$

$$1-2\cos\theta+\cos^2\theta=1-2\cos\theta+\frac{1}{2}(1+\cos 2\theta)$$

$$=a^2\left[\frac{3}{2}\theta-2\sin\theta+\frac{1}{4}\sin 2\theta\right]_0^{2\pi}=a^2\times\frac{3}{2}\times 2\pi=3\pi a^2 \text{ となって，}$$

$$\because \sin 0=\sin 2\pi=\sin 4\pi=0$$

答えが導けるんだね。どう？大丈夫だった？

● さらに，区分求積法まで押さえておこう！

面積計算の応用として，これから“**区分求積法**(くぶんきゅうせきほう)”について解説しよう。まず，この区分求積法の公式を下に書いておくよ。

区分求積法の公式

$$\lim_{n\to\infty}\frac{1}{n}\sum_{k=1}^{n} f\left(\frac{k}{n}\right)=\int_0^1 f(x)dx$$

“ヒエ～！”って感じ？ 確かに初めて“**区分求積法**”の公式を見た人が感じる率直な気持ちだろうね。$\lim_{n\to\infty}$ や $\sum_{k=1}^{n}$ や $\int_0^1$ と，これまでに習った記号が総出演してる公式だからね。エッ，あきらめたって？ オイオイ，早すぎるよ！これから，すべて分かるように解説していくから，心配しないでくれ(汗)

まず，公式の右辺 $\int_0^1 f(x)dx$ の意味はいいね。$f(x)\geqq 0$ のとき，図5(i)に示すように，$0\leqq x\leqq 1$ の範囲で，$y=f(x)$ と $y=0$ [x 軸] とで挟まれる図形の面積を表しているんだね。

図5　区分求積法

(i)

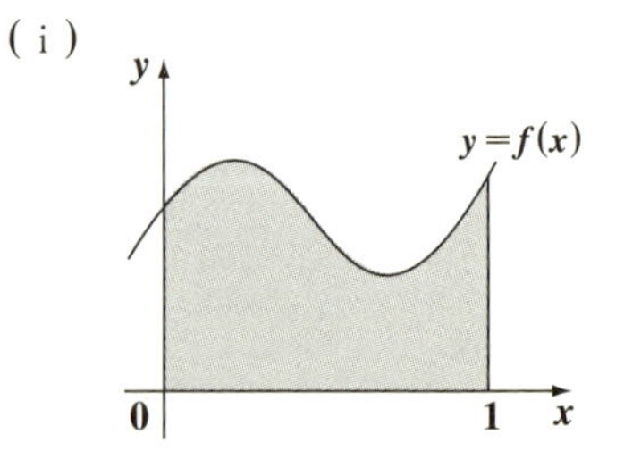

これに対して，公式の左辺を考

えるために，図5 (ⅰ) の $0 \leqq x \leqq 1$ の範囲で $y=f(x)$ と x 軸で挟まれる図形を，図5 (ⅱ) のように n 等分にトントントントン…と切ってみよう。エッ，そば打ち職人みたいだって？ そう。その感じだ。(^-^)!

そして，図5 (ⅲ) に示すように，その右肩の y 座標が，曲線 $y=f(x)$ の y 座標と一致するように，n 個の長方形を作り，1番目，2番目，…，k 番目，…，n 番目の長方形の面積をそれぞれ S_1, S_2, …, S_k, …, S_n とおくことに

> これを取り出して，S_k $(k=1, 2, \cdots, n)$ とおくと，S_k は S_1 から S_n までを表す数列の一般項と同様のものだね。

しよう。図5 (ⅲ) の状態じゃ，そばというよりきしめん状態だって？ うん，でもまだ話は続くんだ。

ここで，図5 (ⅳ) のように，k 番目の長方形を取り出して考えると，横幅は $\dfrac{1}{n}$ で，高さは，$x=\dfrac{k}{n}$ のときの曲線 $y=f(x)$ の y 座標のことだから $f\left(\dfrac{k}{n}\right)$ となる。よって，この k 番目の長方形の面積 S_k は，

$$S_k=\frac{1}{n}\cdot f\left(\frac{k}{n}\right) \quad \cdots\cdots ① \quad (k=1, 2, 3, \cdots, n) \text{ となる。}$$

> k の値をこのように変えれば，S_k は，S_1, S_2, …, S_n を表してるんだね。

(ⅱ)

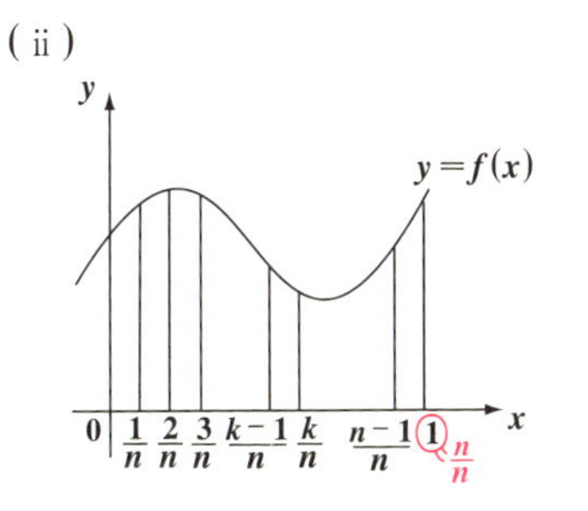

図5　区分求積法

(ⅲ)

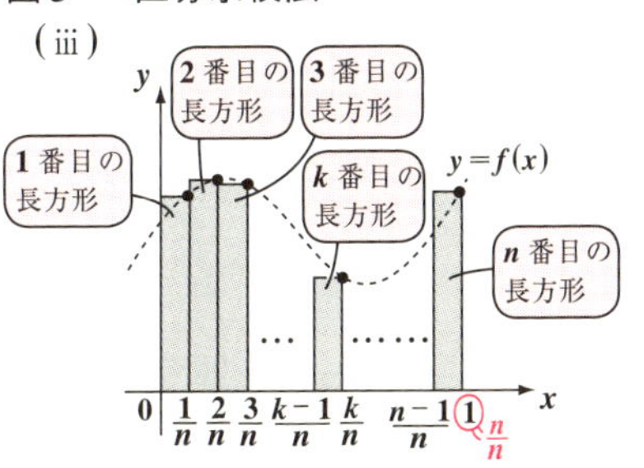

(ⅳ) k 番目の長方形の面積 S_k

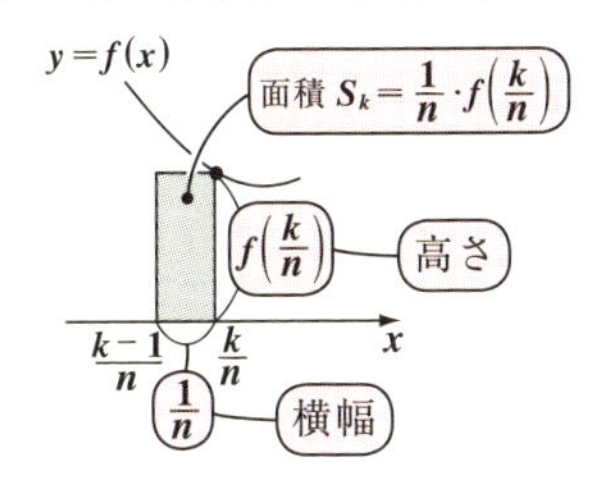

ここで，$S_1+S_2+S_3+\cdots+S_n$ の和をとると，①より，

$$S_1+S_2+S_3+\cdots+S_n=\sum_{k=1}^{n}S_k=\sum_{k=1}^{n}\frac{1}{n}f\left(\frac{k}{n}\right)$$ となる。

k は，$k=1, 2, \cdots, n$ と動くけど，$\frac{1}{n}$ はこの時点では定数なので，Σ の外に出せる。

よって，$\sum_{k=1}^{n}S_k=\sum_{k=1}^{n}\frac{1}{n}\cdot f\left(\frac{k}{n}\right)=\frac{1}{n}\sum_{k=1}^{n}f\left(\frac{k}{n}\right)$ となる。

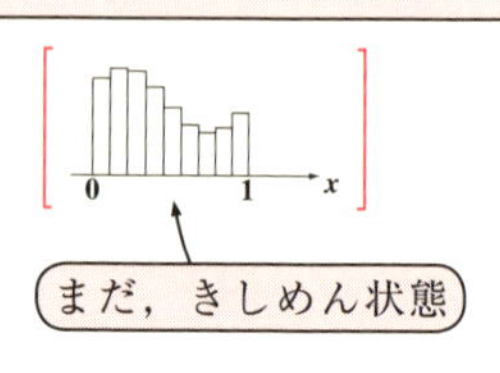

この長方形の面積の和は，n の分割数が少ないので，まだきしめん状態だけど，ここで急に，そば打ち職人の腕が上がって，$n\to\infty$ と超々細いそばを打てるようになったとしよう。すると，きしめん状態の長方形の頭のギザギザ部分がだんだん気にならなくなって，やがては $0\leqq x\leqq 1$ の範囲で曲線 $y=f(x)$ と x 軸とで挟まれる図形の面積に限りなく近づくことが分かるだろう？
よって，

$\lim_{n\to\infty}\frac{1}{n}\sum_{k=1}^{n}f\left(\frac{k}{n}\right)=\int_0^1 f(x)\,dx$ の“**区分求積法**”の公式が，

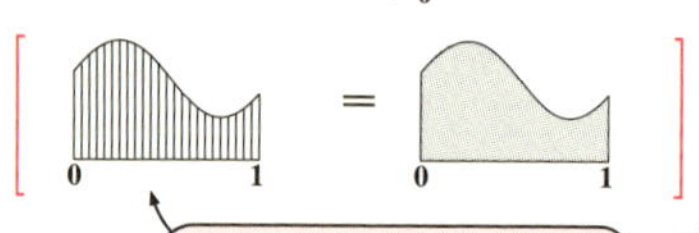

名人が打ったそば状態 → エッ，細すぎて，食べづらいって？ ゴメン！

成り立つんだね。ここまで分かると，この公式も当たり前の式のように見えてくると思う。そして，この種の問題が出たら，この公式に当てはまるように変形して，$f\left(\frac{k}{n}\right)$ の形の式を見つけ，この $\frac{k}{n}$ に x を代入した $f(x)$ を，積分区間 $0\leqq x\leqq 1$ で定積分すればいいだけなんだね。

どう？ 簡単そうだろう。エッ，すぐ解いてみたいって？ いいよ，次の練習問題で実際にこの区分求積法を使ってみるといい。さらに，理解が深まるよ。

練習問題 51　区分求積法(Ⅰ)　CHECK 1　CHECK 2　CHECK 3

次の極限を定積分で表して，その値を求めよ。

(1) $\displaystyle\lim_{n\to\infty}\sum_{k=1}^{n}\frac{k^2}{n^3}$　　(2) $\displaystyle\lim_{n\to\infty}\frac{1}{n}\sum_{k=1}^{n}\cos\frac{k\pi}{2n}$

(1), (2) 共に，区分求積法の公式 $\displaystyle\lim_{n\to\infty}\frac{1}{n}\sum_{k=1}^{n}f\left(\frac{k}{n}\right)=\int_0^1 f(x)dx$ を使って解けばいいんだよ。頑張ろう！

(1) $\displaystyle\lim_{n\to\infty}\sum_{k=1}^{n}\frac{k^2}{n^3}=\lim_{n\to\infty}\sum_{k=1}^{n}\frac{1}{n}\left(\frac{k}{n}\right)^2$

（これを Σ の外に出す。）←（n 等分した長方形の横幅のことだね。）

$\displaystyle=\lim_{n\to\infty}\frac{1}{n}\sum_{k=1}^{n}\left(\frac{k}{n}\right)^2=\int_0^1 x^2dx$　←（区分求積法の公式通りだ！）

（$\left(\frac{k}{n}\right)^2$ は $f\left(\frac{k}{n}\right)$ のこと，x^2 は $f(x)$ のこと）

$\displaystyle=\frac{1}{3}[x^3]_0^1=\frac{1}{3}(1^3-0^3)=\frac{1}{3}$　となって，答えだ。

(2) $\displaystyle\lim_{n\to\infty}\frac{1}{n}\sum_{k=1}^{n}\cos\left(\frac{\pi}{2}\cdot\frac{k}{n}\right)=\int_0^1\cos\frac{\pi}{2}xdx$　←（区分求積法の公式通りだ！）

（$\cos\left(\frac{\pi}{2}\cdot\frac{k}{n}\right)$ は $f\left(\frac{k}{n}\right)$，$\cos\frac{\pi}{2}x$ は $f(x)$）

公式
$\displaystyle\int\cos mxdx=\frac{1}{m}\sin mx+C$

$\displaystyle=\frac{2}{\pi}\left[\sin\frac{\pi}{2}x\right]_0^1$

$\displaystyle=\frac{2}{\pi}\left(\sin\frac{\pi}{2}-\sin 0\right)=\frac{2}{\pi}$　となるね。

（$\sin\frac{\pi}{2}=1$，$\sin 0=0$）

それではもう少し骨のある区分求積法の問題にもチャレンジしてみようか？ン？難しそうだって？大丈夫！解ける問題の幅が広がってさらに面白くなるなるはずだ。

練習問題 52　区分求積法(Ⅱ)　CHECK 1　CHECK 2　CHECK 3

次の無限級数を定積分で表して，その値を求めよ。

(1) $\lim_{n\to\infty}\frac{1}{n}\left(\sin^2\frac{\pi}{n}+\sin^2\frac{2\pi}{n}+\sin^2\frac{3\pi}{n}+\sin^2\frac{4\pi}{n}+\cdots\cdots\right)$

(2) $\lim_{n\to\infty}\frac{1}{n^2}\left(e^{\frac{2}{n}}+2e^{\frac{4}{n}}+3e^{\frac{6}{n}}+4e^{\frac{8}{n}}+\cdots\cdots\cdots\cdots\cdots\cdots\right)$

(1), (2) 共に変形して，区分求積法の公式：$\lim_{n\to\infty}\frac{1}{n}\sum_{k=1}^{n}f\left(\frac{k}{n}\right)=\int_0^1 f(x)dx$ が使える形にもち込んで，この定積分を計算すればいいんだね。(1)では半角の公式：$\sin^2\theta=\frac{1-\cos2\theta}{2}$ を使い，(2) では部分積分法を利用して解いていこう。

(1) $\lim_{n\to\infty}\frac{1}{n}\left(\sin^2\frac{1\cdot\pi}{n}+\sin^2\frac{2\cdot\pi}{n}+\sin^2\frac{3\cdot\pi}{n}+\sin^2\frac{4\cdot\pi}{n}+\cdots\cdots\right)$

$$=\lim_{n\to\infty}\frac{1}{n}\sum_{k=1}^{n}\sin^2\frac{k\pi}{n}$$

$$=\lim_{n\to\infty}\frac{1}{n}\sum_{k=1}^{n}\sin^2\left(\pi\cdot\frac{k}{n}\right)$$

$\sin^2\left(\pi\cdot\frac{k}{n}\right)$ ＝ $f\left(\frac{k}{n}\right)$ のこと

区分求積法：
$\lim_{n\to\infty}\frac{1}{n}\sum_{k=1}^{n}f\left(\frac{k}{n}\right)=\int_0^1 f(x)\,dx$

$f(x)$ のこと ＝ $\sin^2\pi x$

$$=\int_0^1\sin^2\pi x\,dx$$

$\sin^2\pi x$ ＝ $\frac{1}{2}(1-\cos2\pi x)$

半角の公式：
$\sin^2\theta=\frac{1-\cos2\theta}{2}$ より，
$\sin^2\pi x=\frac{1-\cos2\pi x}{2}$ となる。

$$=\frac{1}{2}\int_0^1(1-\cos2\pi x)\,dx$$

$\int\cos mx\,dx=\frac{1}{m}\sin mx+C$

$$=\frac{1}{2}\left[x-\frac{1}{2\pi}\sin2\pi x\right]_0^1$$

$$=\frac{1}{2}\left\{1-\frac{1}{2\pi}\sin2\pi-\left(0-\frac{1}{2\pi}\sin0\right)\right\}=\frac{1}{2}\times1=\frac{1}{2}$$

($\sin2\pi=0$，$\sin0=0$)

となって，答えだ！

(2) $\lim_{n\to\infty}\frac{1}{n^2}\left(1\cdot e^{\frac{2\cdot 1}{n}}+2\cdot e^{\frac{2\cdot 2}{n}}+3\cdot e^{\frac{2\cdot 3}{n}}+4\cdot e^{\frac{2\cdot 4}{n}}+\cdots\cdots\right)$

$$=\lim_{n\to\infty}\frac{1}{n}\cdot\frac{1}{n}\left(1\cdot e^{\frac{2\cdot 1}{n}}+2\cdot e^{\frac{2\cdot 2}{n}}+3\cdot e^{\frac{2\cdot 3}{n}}+4\cdot e^{\frac{2\cdot 4}{n}}+\cdots\cdots\right)$$

$$=\lim_{n\to\infty}\frac{1}{n}\left(\frac{1}{n}e^{2\cdot\frac{1}{n}}+\frac{2}{n}e^{2\cdot\frac{2}{n}}+\frac{3}{n}e^{2\cdot\frac{3}{n}}+\frac{4}{n}e^{2\cdot\frac{4}{n}}+\cdots\cdots\right)$$

$$=\lim_{n\to\infty}\frac{1}{n}\sum_{k=1}^{n}\frac{k}{n}e^{2\cdot\frac{k}{n}}$$

$f\left(\frac{k}{n}\right)$ のこと

区分求積法：
$\lim_{n\to\infty}\frac{1}{n}\sum_{k=1}^{n}f\left(\frac{k}{n}\right)=\int_0^1 f(x)\,dx$

$$=\int_0^1 x\cdot e^{2x}\,dx$$

$f(x)$ のこと

$(e^{2x})'=2\cdot e^{2x}$ より，
$\int e^{2x}dx=\frac{1}{2}e^{2x}+C$ となる。

$$=\int_0^1 x\cdot\left(\frac{1}{2}e^{2x}\right)'dx$$

部分積分法：
$\int f\cdot g'\,dx=f\cdot g-\int f'\cdot g\,dx$

$$=\left[x\cdot\frac{1}{2}e^{2x}\right]_0^1-\int_0^1 x'\cdot\frac{1}{2}e^{2x}\,dx$$

(x' は 1)

$$=\frac{1}{2}\cdot(1\cdot e^2-0\cdot e^0)-\frac{1}{2}\left[\frac{1}{2}e^{2x}\right]_0^1$$

$$=\frac{1}{2}e^2-\frac{1}{4}(e^2-e^0)=\frac{1}{2}e^2-\frac{1}{4}(e^2-1)$$

(e^0 は 1)

$$=\left(\frac{1}{2}-\frac{1}{4}\right)e^2+\frac{1}{4}=\frac{1}{4}e^2+\frac{1}{4}=\frac{1}{4}(e^2+1)$$ となって，答えだ。

少し応用問題だったんだけれど，これで区分求積法にも慣れただろう？ 解説がよかったから，思ったより簡単だったって !? サンキュッ (^o^)//

● 定積分と不等式にもチャレンジしよう！

では次，定積分と不等式の関係についても解説しよう。

閉区間 $[a,\ b]$ において，

(Ⅰ) $f(x) \geqq 0$ ならば右図のように，曲線 $y=f(x)$ と x 軸とで挟まれる図形の面積 S は 0 以上となるので，

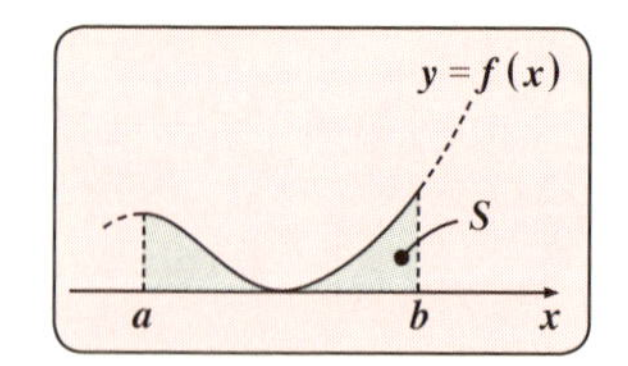

$$\int_a^b f(x)\,dx \geqq 0$$ となるんだね。

等号は，$y=f(x)=0$，つまり，$y=f(x)$ が x 軸と一致するときのみ，成り立つ。

(Ⅱ) $f(x) \geqq g(x)$ ならば右図から，

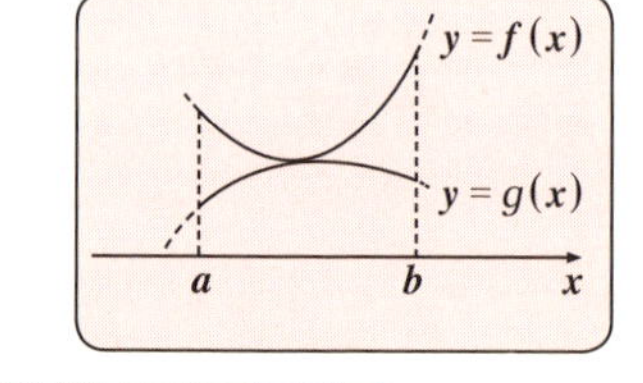

$$\int_a^b f(x)\,dx \geqq \int_a^b g(x)\,dx$$ が成り立つ。

[(図) ≧ (図)]

符号が成り立つのは，$f(x)$ と $g(x)$ がまったく一致するときのみだね。

面積の大小関係でヴィジュアルに理解できるだろう？

では，例題で練習しておこう。

(ex3) $0 \leqq x \leqq 1$ において，$\sqrt{1-x^2} \leqq \sqrt{1-x^3} \leqq 1$ より，

$\dfrac{\pi}{4} < \displaystyle\int_0^1 \sqrt{1-x^3}\,dx < 1$ …(＊) が成り立つことを示そう。

$0 \leqq x \leqq 1$ のとき，各辺に $x^2\ (\geqq 0)$ をかけて，$0 \leqq x^3 \leqq x^2$

各辺に -1 をかけると，$-x^2 \leqq -x^3 \leqq 0$ ← 不等号の向きが逆転

さらに各辺に 1 をたして $\sqrt{\ }$ をとっても大小関係は変わらない。

よって，$(0 \leqq)\,1-x^2 \leqq 1-x^3 \leqq 1$ より，

$\sqrt{1-x^2} \leqq \sqrt{1-x^3} \leqq 1$ …① $(0 \leqq x \leqq 1)$ が成り立つ。よって，①の各辺を積分区間 $[0,\ 1]$ で積分すると，

$$\int_0^1 \sqrt{1-x^2}\,dx < \int_0^1 \sqrt{1-x^3}\,dx < \int_0^1 1\,dx = 1 \quad \cdots ②$$ となる。

$[x]_0^1 = 1-0 = 1$

$\sqrt{1-x^2}$ と $\sqrt{1-x^3}$ と 1 とは，まったく一致する関数ではないので，定積分すると，大小関係には変化はないが，等号はつけなくていいんだね。

ここで，②の左辺の積分

$\int_0^1 \sqrt{1-x^2}\,dx$ は

右に示すように，半径 1 の円の 4 分の 1 円の面積に等しい。

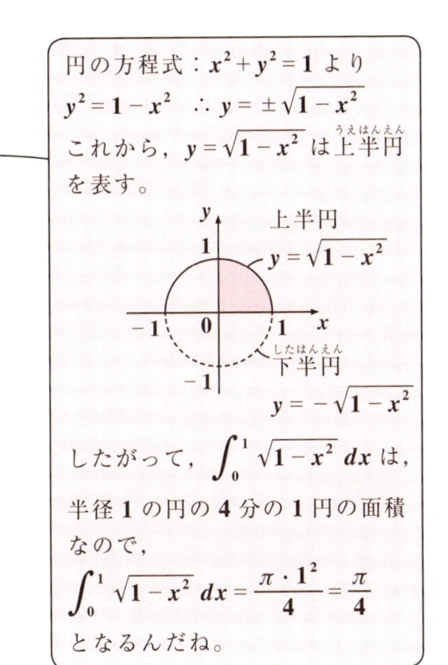

よって，

$\int_0^1 \sqrt{1-x^2}\,dx=\frac{\pi}{4}$ …③ となる。

③を②に代入して，

$\frac{\pi}{4}<\int_0^1 \sqrt{1-x^3}\,dx<1$ …(＊)

が成り立つことが示せたんだね。まん中の定積分 $\int_0^1 \sqrt{1-x^3}\,dx$ の値を求めることは難しいんだけれど，このように，その値の範囲を押さえることはできるんだね。どう？面白かっただろう？

以上で，“**面積計算**”についての講義も終了です。次回は“**体積計算**”の解説をするつもりだ。次々に学ぶべき内容が出てきて，大変だと思うかも知れないけれど，それだけ解ける問題の幅がどんどん広がっていくわけだから，楽しみながら，マスターしていってくれたらいいんだよ。どうせまた，分かりやすく教えるからね。

では，次回の講義まで，みんな，元気でな。今日習った内容も，シッカリ復習しておいてくれ。じゃ，また…，バイバ～イ…。

14th day　体積計算（回転体の体積）

みんな，おはよう！ 今回解説するテーマは，積分法の中でも頻出の“**体積計算**”だ。これは，面積計算と同様，試験でよく狙われる分野なので，この講義でその基礎をシッカリと押さえておくことだ。

この講義では，x 軸のまわりの回転体の体積と y 軸のまわりの回転体の体積にしぼって話を進めていくけれど，またさまざまな積分の計算テクニックを駆使することになるので，積分計算についての理解がさらに深まると思うよ。

さァ，それでは早速講義を始めようか。

● 回転体の体積はこう求める！

面積のときと同様に，まず体積計算の積分公式を導いてみよう。**1** を V で不定積分したら，次のようになるのは大丈夫だね。

$$\int 1dV = V + C \quad \cdots\cdots ①$$

（C：積分定数）

（これは，$\int 1dx = x + C$ と同じだね。）

ここで，最終的には定積分の話になるので，積分定数 C を無視し，また，被積分関数の **1** も，この場合書く必要がないので，①は，

$V = \int dV$ ……② と，簡単な式になるんだね。

エッ，この V は体積を表しているんじゃないのかって？ いい勘してるね。V は英語の“***volume***（体積）”の頭文字をとったもので，キミのご指摘の通り，体積を表す変数なんだ。そして，②の右辺の dV は ***differential*** V，すなわち“**微小体積**”を表しているんだ。

（***differential***：“微小な”，V：“体積”）

この微小体積 dV の取り方を考えよう。図1に示すように，ある立体

なんか，フライドチキンみたいな物体だね。

が与えられたとき，x 軸を指定すると，その立体が存在する x の範囲 $a \leqq x \leqq b$ が定まるね。この立体を，x 軸に垂直な平面で切ってできる切り口の断面積が $S(x)$ のとき，

これは，当然 x の関数だ。

図1　微小体積 $dV = S(x)dx$
(薄切りハムモデル)

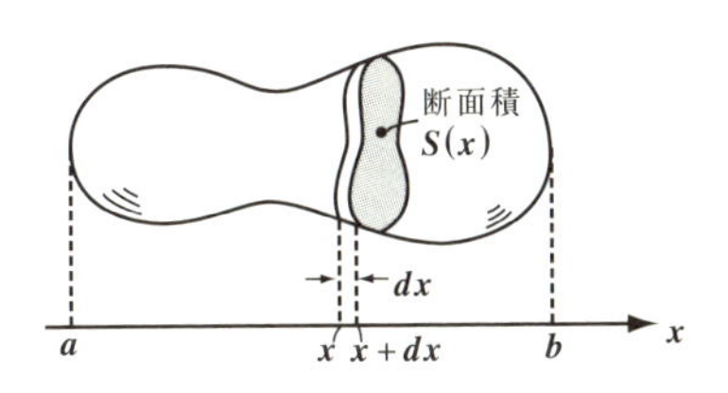

これに微小な厚さ dx をかけることにより，微小体積 dV が

$dV = S(x)dx$ ……③ と，求まるんだね。

この③を②に代入し，積分区間 $a \leqq x \leqq b$ で定積分することにより，次の体積の積分公式が導けるんだね。

体積の積分公式

$a \leqq x \leqq b$ の範囲に存在する立体を x 軸に垂直な平面で切った切り口の断面積が $S(x)$ で表されるとき，この立体の体積 V は，

$V = \int_a^b S(x)dx$ となる。

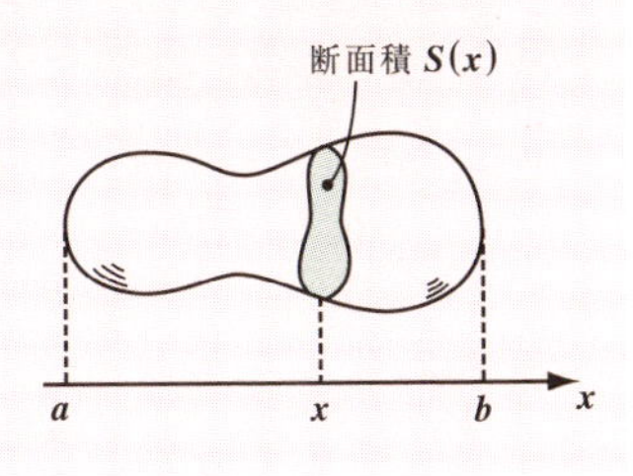

微小体積 dV のとり方が，$S(x) \times dx$ とハムを薄くスライスしたものに似ているので，ボクはこれを"**薄切りハムモデル**"と呼んでいる。エッ，他にも dV の取り方があるのかって？ うん，あるよ。"**バウムクーヘン型モデル**"や"**傘型積分モデル**"がそうなんだけど，これらについては，「合格！数学III」など…，さらに上のレベルの参考書で解説しよう。

体積計算でまず狙われるのは"**回転体**(かいてんたい)**の体積**"なんだ。これには,

(Ⅰ) x 軸のまわりの回転体の体積と
(Ⅱ) y 軸のまわりの回転体の体積の 2 つのタイプがある。

(Ⅰ) まず,x 軸のまわりの回転体の体積 V_x を求める公式から解説しよう。

図 2(ⅰ) に示すように,$a \leqq x \leqq b$ の範囲において,曲線 $y = f(x)$ と x 軸とで挟まれる図形を x 軸のまわりに回転してできる回転体の体積 V_x について考えよう。

図2　x 軸のまわりの回転体の体積 V_x

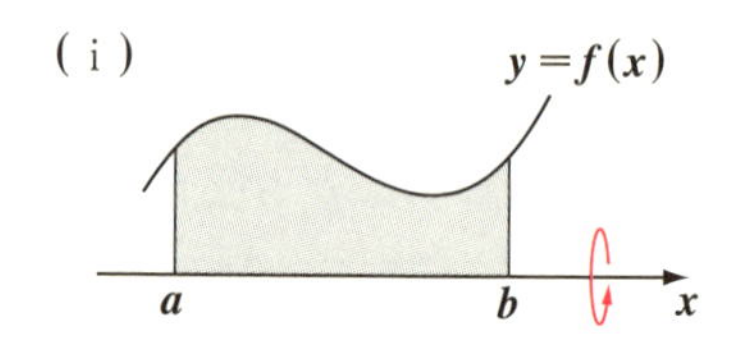

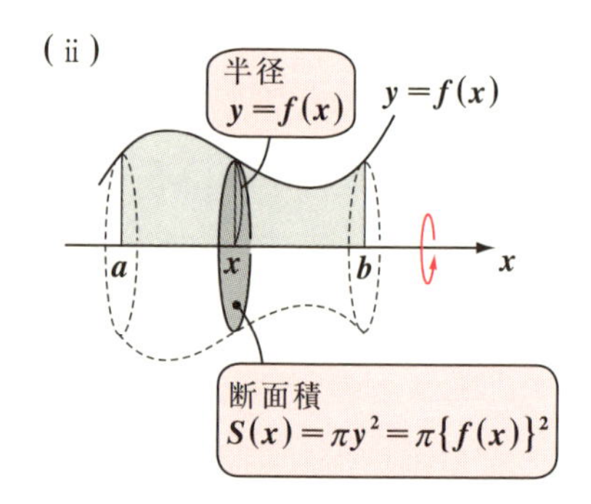

この場合にも,回転体の体積 V_x は,公式

$$V_x = \int_a^b S(x)dx \quad \cdots\cdots ㋐$$

立体を x 軸に垂直な平面で切ったときにできる切り口の断面積のこと

で計算できる。ここで,図 2(ⅱ) に示すように,この回転体の切り口は半径が $y\ [= f(x)]$ の円となるので,その断面積 $S(x)$ は,

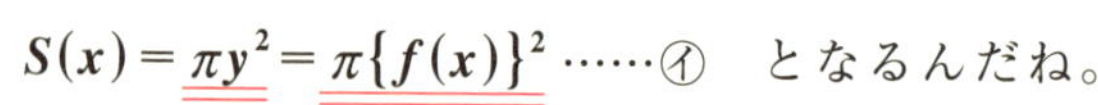

$S(x) = \pi y^2 = \pi\{f(x)\}^2 \quad \cdots\cdots ㋑$ 　となるんだね。

㋑を㋐に代入すると,

$$V_x = \int_a^b \pi y^2 dx = \int_a^b \pi\{f(x)\}^2 dx$$ となるので,

x 軸のまわりの回転体の体積 V_x を求める積分公式は,

$$V_x = \pi\int_a^b y^2 dx = \pi\int_a^b \{f(x)\}^2 dx$$ 　となるんだね。

(Ⅱ) 次，y 軸のまわりの回転体の体積 V_y を求める公式も導いてみよう。

図 3(ⅰ) に示すように，$c \leqq y \leqq d$ の範囲において，曲線 $x = g(y)$ と y 軸とで挟まれる図形を y 軸のまわりに回転してできる回転体の体積 V_y について考える。

図 3　y 軸のまわりの回転体の体積 V_y

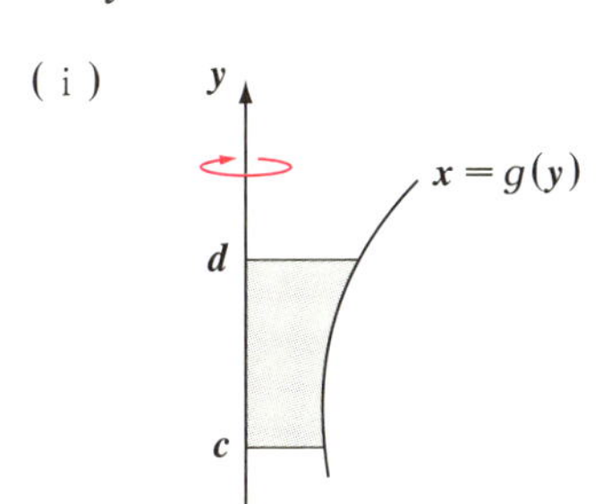

このときの回転体の体積 V_y は，

公式

$$V_y = \int_c^d S(y)dy \cdots\cdots ㋒$$

立体を y 軸に垂直な平面で切ったときにできる切り口の断面積のこと

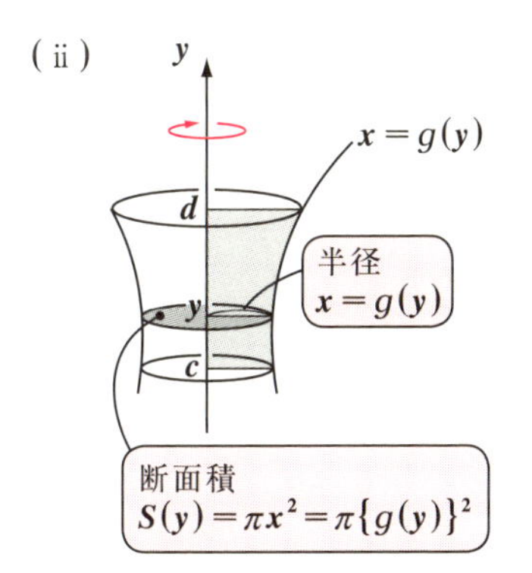

で計算できる。ここで，図 3(ⅱ) に示すように，この回転体の切り口は半径が x $[= g(y)]$ の円となるので，その断面積 $S(y)$ は，

$S(y) = \pi x^2 = \pi\{g(y)\}^2 \cdots\cdots ㋓$　となるんだね。

㋓を㋒に代入すると，

$V_y = \int_c^d \pi x^2 dy = \int_c^d \pi\{g(y)\}^2 dy$　となるので，

y 軸のまわりの回転体の体積 V_y を求める積分公式は，

$V_y = \pi \int_c^d x^2 dy = \pi \int_c^d \{g(y)\}^2 dy$　と導けるんだね。

以上，2つの回転体の積分公式をもう1度下にまとめて示すから，シッカリ頭の中に入れておくんだよ。この公式通りに計算すれば，回転体の体積が求まるんだからね。

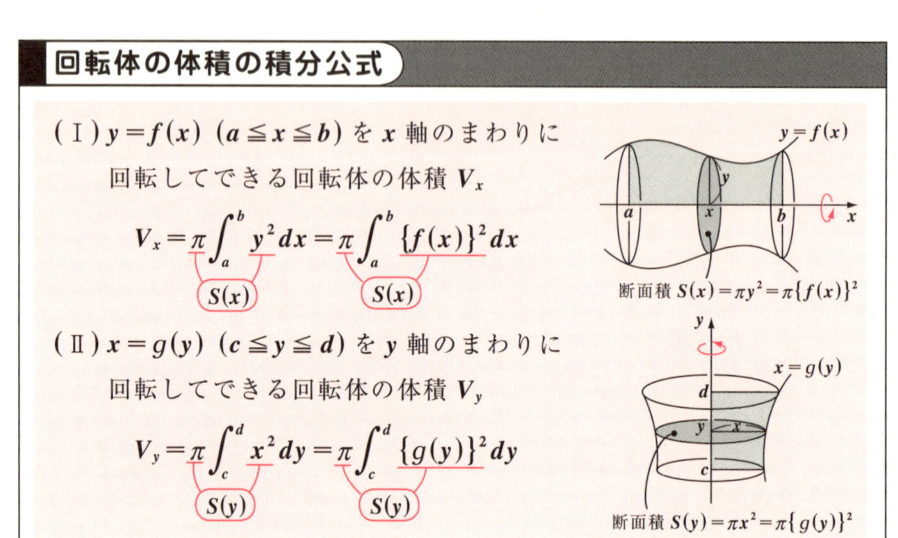

回転体の体積の積分公式

(Ⅰ) $y=f(x)$ $(a \leqq x \leqq b)$ を x 軸のまわりに回転してできる回転体の体積 V_x

$$V_x=\pi\int_a^b y^2dx=\pi\int_a^b \{f(x)\}^2dx$$

(πy^2, $\pi\{f(x)\}^2$: $S(x)$)

(Ⅱ) $x=g(y)$ $(c \leqq y \leqq d)$ を y 軸のまわりに回転してできる回転体の体積 V_y

$$V_y=\pi\int_c^d x^2dy=\pi\int_c^d \{g(y)\}^2dy$$

(πx^2, $\pi\{g(y)\}^2$: $S(y)$)

エッ，公式の意味はよく理解できたから，実際に体積計算の練習をしてみたいって？ やる気まんまんだね。

それじゃ，簡単な練習問題から始めよう！

練習問題 53 　回転体の体積(Ⅰ)　CHECK 1　CHECK 2　CHECK 3

次のそれぞれの回転体の体積を求めよ。

(1) 曲線 $y=\frac{1}{2}x^2$ と x 軸と直線 $x=2$ とで囲まれる図形を x 軸のまわりに回転してできる回転体の体積 T

(2) 曲線 $y=2x^2$ と y 軸と直線 $y=3$ とで囲まれる図形を y 軸のまわりに回転してできる回転体の体積 U

まず，(1)(2) 共に図を描いて回転体のイメージをつかむことだね。そして，(1) は x 軸のまわりの回転体の体積なので，$T=\pi\int_0^2 y^2dx$ を，また (2) は y 軸のまわりの回転体の体積なので，$U=\pi\int_0^3 x^2dy$ の積分公式を使って計算すればいいんだね。

(1) $y=\frac{1}{2}x^2$ と x 軸と直線 $x=2$ とで囲まれる図形を x 軸のまわりに回転してできる回転体は右図のようになる。

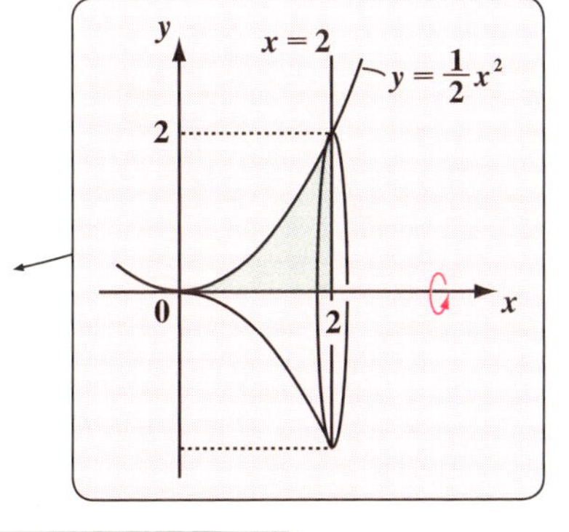

よって，この回転体の体積 T は，

$$T=\pi\int_0^2 y^2dx$$

$$=\pi\int_0^2\left(\frac{1}{2}x^2\right)^2dx \quad \left(\left(\frac{1}{2}x^2\right)^2=\frac{1}{4}x^4\right)$$

公式
$$\int x^\alpha dx=\frac{1}{\alpha+1}x^{\alpha+1}+C$$

$$=\frac{\pi}{4}\int_0^2 x^4dx=\frac{\pi}{4}\left[\frac{1}{5}x^5\right]_0^2$$

$$=\frac{\pi}{4\times5}\left[x^5\right]_0^2=\frac{\pi}{4\times5}(2^5-0^5)=\frac{\pi\times2^5}{4\times5}=\frac{8}{5}\pi$$ となる。

どう？ 簡単だっただろう。

(2) $y=2x^2$ ……① と y 軸と直線 $y=3$ とで囲まれる図形を y 軸のまわりに回転してできる回転体は右図のようになる。

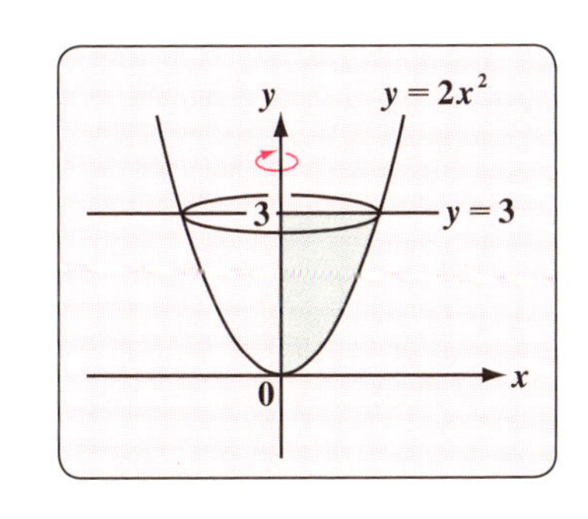

①より，$x^2=\frac{1}{2}y$ ……①′ となるので，

この回転体の体積 U は

$$U=\pi\int_0^3 x^2dy=\pi\int_0^3 \frac{1}{2}ydy$$

$\frac{1}{2}y$ （①´より）

$$=\frac{\pi}{2}\int_0^3 ydy$$

$$=\frac{\pi}{2}\left[\frac{1}{2}y^2\right]_0^3$$

$$=\frac{\pi}{4}\left[y^2\right]_0^3$$

$$=\frac{\pi}{4}(3^2-0^2)=\frac{9}{4}\pi$$ となって，答えだね。

$\int_0^3 xdx=\left[\frac{1}{2}x^2\right]_0^3$ と変形できるのと同様に，$\int_0^3 ydy=\left[\frac{1}{2}y^2\right]_0^3$ と変形できる。文字は x でも y でも t でも何でもかまわないんだね。

この問題もやさしかったはずだ。でも，これで，x 軸のまわりと y 軸のまわりの回転体の体積を求める積分公式の使い方が分かったと思う。公式って，どんどん使うことによって，本当にマスターできるものだからね。

● 回転体の体積の標準問題にもトライしよう！

それでは，もう少し骨のある回転体の体積の問題を解いてみよう。

練習問題 54	回転体の体積（Ⅱ）	CHECK 1	CHECK 2	CHECK 3

次の回転体の体積を求めよ。

(1) 曲線 $y=\sin2x$ $(0\leqq x\leqq\pi)$ と x 軸とで囲まれる図形を x 軸のまわりに回転してできる回転体の体積 V_1

(2) 曲線 $y=\dfrac{1}{x^2+1}$ $(x\geqq0)$ と y 軸と直線 $y=\dfrac{1}{e}$ とで囲まれる図形を y 軸のまわりに回転してできる回転体の体積 V_2

これらも，必ずまず図を描いて，回転体のイメージをつかむことだ。**(1)** は $2\times\pi\int_0^{\frac{\pi}{2}}y^2dx$ でも，$\pi\int_0^{\pi}y^2dx$ でも，いずれで計算しても同じ結果になる。
(2) はまず $y=\frac{1}{x^2+1}$ から，$x^2=\frac{1}{y}-1$ と変形して，y 軸のまわりの回転体の体積の公式 $\pi\int_{\frac{1}{e}}^{1}x^2dy$ にもち込むんだよ。

(1) $y=\sin 2x \quad (0\leqq x\leqq\pi)$ と，x 軸とで囲まれた図形を x 軸のまわりに回転してできる回転体の体積 V_1 は，$0\leqq x\leqq\frac{\pi}{2}$ の範囲と $\frac{\pi}{2}\leqq x\leqq\pi$ の範囲に同じ形の回転体が現れるので，

$y=\sin x$ を，アコーディオンのように横にギュッと $\frac{1}{2}$ 倍に縮めたグラフになる。

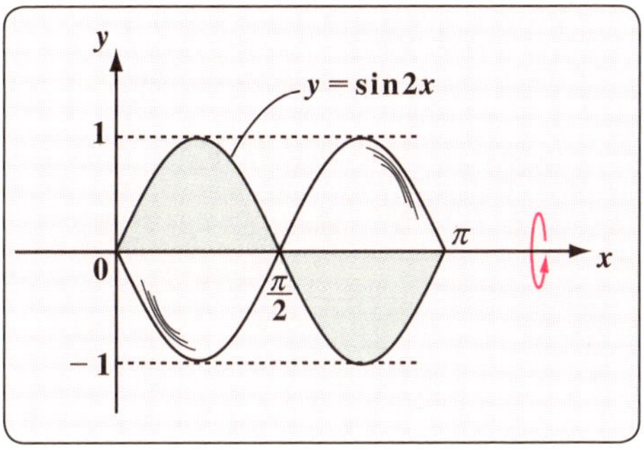

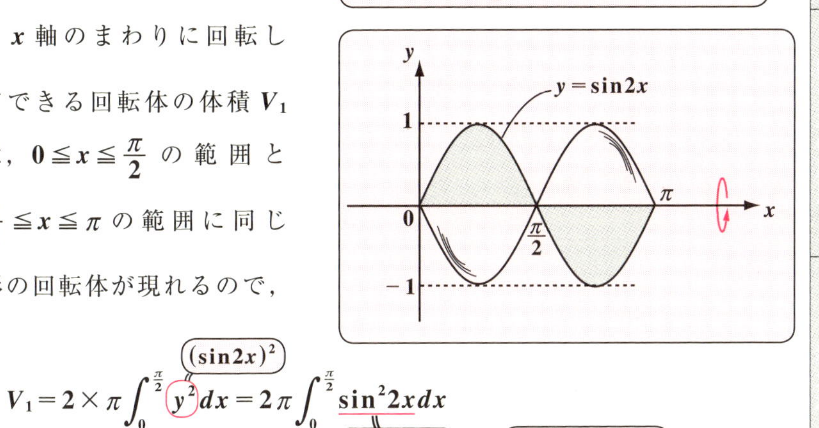

$$V_1=2\times\pi\int_0^{\frac{\pi}{2}}y^2dx=2\pi\int_0^{\frac{\pi}{2}}\sin^2 2x\,dx$$

$(\sin 2x)^2$

$\frac{1-\cos 4x}{2}$ ← 三角関数の半角の公式だ！

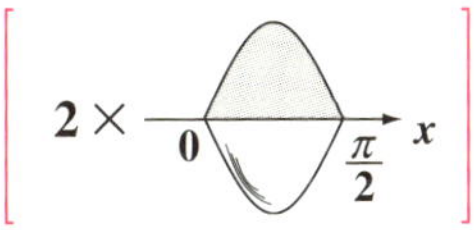

$$=2\pi\times\frac{1}{2}\int_0^{\frac{\pi}{2}}(1-\cos 4x)dx$$

公式 $\int\cos mx\,dx=\frac{1}{m}\sin mx+C$

$$=\pi\left[x-\frac{1}{4}\sin 4x\right]_0^{\frac{\pi}{2}}$$

$$=\pi\left\{\frac{\pi}{2}-\frac{1}{4}\sin 2\pi-\left(0-\frac{1}{4}\sin 0\right)\right\}=\frac{\pi^2}{2}$$ となるね。

(1) についてさらに言っておこう。面積計算の場合，

・$0 \leqq x \leqq \frac{\pi}{2}$ のとき，$y = \sin 2x \geqq 0$

・$\frac{\pi}{2} \leqq x \leqq \pi$ のとき，$y = \sin 2x \leqq 0$

と，y が 0 以上となるか，0 以下となるかは重要な問題だった。

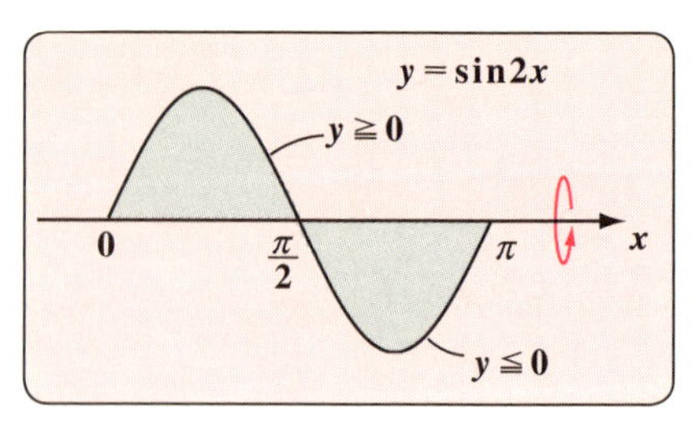

でも，x 軸のまわりの回転体の体積の計算では，その公式が

$\pi \int_a^b y^2 dx$ と，被積分関数に y^2 がくるので，$y \geqq 0$ や $y \leqq 0$ に関わらず，

y^2 は常に 0 以上となるから，もはや y の符号を考える必要はないんだね。

よって，回転体の体積 V_1 を次のように，積分区間 $0 \leqq x \leqq \pi$ で，一気に積分計算してもかまわないんだよ。

$$V_1 = \pi \int_0^{\pi} \underbrace{y^2}_{(\sin 2x)^2} dx = \pi \int_0^{\pi} \underbrace{\sin^2 2x}_{\frac{1-\cos 4x}{2}} dx$$

$$= \frac{\pi}{2} \int_0^{\pi} (1 - \cos 4x) dx$$

$$= \frac{\pi}{2} \left[x - \frac{1}{4} \sin 4x \right]_0^{\pi}$$

$$= \frac{\pi}{2} \left\{ \pi - \frac{1}{4} \underbrace{\sin 4\pi}_{0} - \left(0 - \frac{1}{4} \underbrace{\sin 0}_{0} \right) \right\} = \frac{\pi^2}{2}$$ となって，

先程やった計算結果と同じになるのが分かっただろう。

(2) 関数 $y=\dfrac{1}{x^2+1}$ $(x \geqq 0)$ ……①

とおくよ。

このグラフの概形については，既に練習問題 **31 (P124)** でやった通り，右のような形になるんだったね。この曲線①と y 軸と直線 $y=\dfrac{1}{e}$ とで囲まれる図形を y 軸のまわりに回転してできる回転体のイメージは，右図のようになるんだ。

$e \fallingdotseq 2.7$ だから $\dfrac{1}{e} \fallingdotseq 0.37$ ってとこだね。

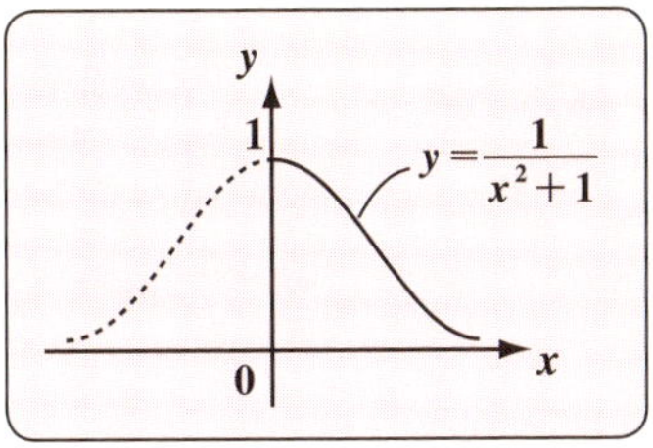

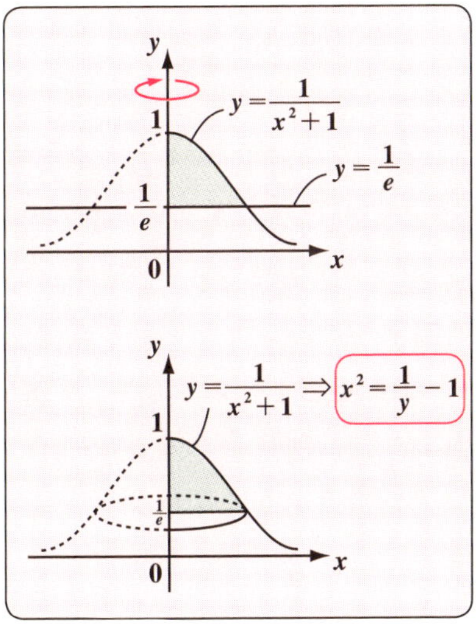

この回転体の体積 V_2 は，公式より，

これを y の式にする。

$$V_2=\pi\int_{\frac{1}{e}}^{1} x^2 dy \quad \cdots\cdots②$$

となるので，①を変形して，

$$x^2+1=\frac{1}{y}, \quad x^2=\frac{1}{y}-1 \quad \cdots\cdots①'$$

とし，①′を②に代入して計算すればいいんだね。よって，

$$V_2=\pi\int_{\frac{1}{e}}^{1}\left(\frac{1}{y}-1\right)dy=\pi\left[\log y-y\right]_{\frac{1}{e}}^{1}$$

公式
$\displaystyle\int \frac{1}{x}dx=\log|x|+C$
を使った。

y には⊕の数が入るので，絶対値はいらない。

$$=\pi\left\{\log 1-1-\left(\log\frac{1}{e}-\frac{1}{e}\right)\right\}=\pi\left(-1+1+\frac{1}{e}\right)=\frac{\pi}{e} \quad \text{となる。}$$

$\log 1 = 0$

$\log e^{-1}=-\log e=-1$

どう？ 体積計算にも，ずい分自信がもてるようになってきただろう。

では，さらに骨のある回転体の体積の応用問題にもチャレンジしておこうか？

練習問題 55　回転体の体積（Ⅲ）　CHECK 1　CHECK 2　CHECK 3

曲線 $y=-x\cdot e^{-x}$ と x 軸と直線 $x=2$ とで囲まれる図形を x 軸のまわりに回転してできる回転体の体積 V を求めよ。

曲線 $y=-x\cdot e^{-x}$ のグラフの概形は練習問題 **34(P133)** で示し，さらにこの曲線と x 軸と直線 $x=2$ とで囲まれる図形の面積は，練習問題 **49(3)(P201)** で求めた。今回はこの同じ図形を x 軸のまわりに回転してできる回転体の体積 V を求める問題なので，公式：$V=\pi\int_0^2 y^2dx$ を用いることになるんだね。しかし，この定積分の計算の際，部分積分を **2** 回行わないといけないので，計算が結構大変になるんだね。いい計算練習になるので，是非トライしよう！

曲線 $y=-x\cdot e^{-x}$ と x 軸と直線 $x=2$ とで囲まれる図形を，x 軸のまわりに回転してできる回転体は右図のようになる。

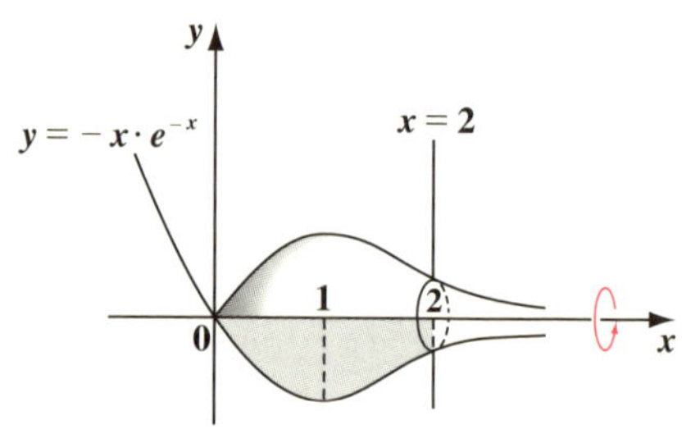

よって，この回転体の体積 V を公式を用いて求めると，

$$V=\pi\int_0^2 y^2dx$$

$y^2=(-x\cdot e^{-x})^2=x^2\cdot e^{-2x}$

$$=\pi\int_0^2 x^2\cdot e^{-2x}dx$$

e^{-2x} を $\left(-\frac{1}{2}e^{-2x}\right)'$ として部分積分にもち込む

x 軸のまわりの回転体の体積計算での被積分関数は πy^2 なので，積分区間 $0\leqq x\leqq 2$ において，$y\leqq 0$ であっても特に気にする必要はないんだね。$y\leqq 0$ でも $y^2\geqq 0$ となるからだ。

$$=\pi\int_0^2 x^2\cdot\left(-\frac{1}{2}e^{-2x}\right)'dx$$

$$=\pi\left\{-\frac{1}{2}\left[x^2\cdot e^{-2x}\right]_0^2-\int_0^2 2x\cdot\left(-\frac{1}{2}e^{-2x}\right)dx\right\}$$

$2x=(x^2)'$

まず，**1** 回目の部分積分の計算
$\int_0^2 f\cdot g'dx=\left[f\cdot g\right]_0^2-\int_0^2 f'\cdot gdx$
にもち込む。

よって，

$$V=\pi\left\{-\frac{1}{2}(2^2\cdot e^{-4}-0^2\cdot e^0)+\int_0^2 x\cdot e^{-2x}dx\right\}$$

$\left(-\frac{1}{2}e^{-2x}\right)'$ として，2 回目の部分積分にもち込む。

$\int_0^2 x^2\cdot e^{-2x}dx$ が，$\int_0^2 x\cdot e^{-2x}dx$ となって，少し簡単になったけれど，もう 1 回部分積分する必要がある。

$$=\pi\left\{-2e^{-4}+\int_0^2 x\cdot\left(-\frac{1}{2}e^{-2x}\right)'dx\right\}$$

$-\frac{1}{2}\left[x\cdot e^{-2x}\right]_0^2-\int_0^2 1\cdot\left(-\frac{1}{2}e^{-2x}\right)dx$

部分積分

$\int_0^2 f\cdot g'dx$
$=\left[f\cdot g\right]_0^2-\int_0^2 f'\cdot gdx$

$$=\pi\left\{-2e^{-4}-\frac{1}{2}\left[xe^{-2x}\right]_0^2+\frac{1}{2}\int_0^2 e^{-2x}dx\right\}$$

$2\cdot e^{-4}-0$

$-\frac{1}{2}\left[e^{-2x}\right]_0^2=-\frac{1}{2}(e^{-4}-e^0)$　（$e^0=1$）

$$=\pi\left\{-2\cdot e^{-4}-e^{-4}-\frac{1}{4}(e^{-4}-1)\right\}$$

$-3\cdot e^{-4}-\frac{1}{4}e^{-4}+\frac{1}{4}=\frac{1}{4}-\left(3+\frac{1}{4}\right)e^{-4}=\frac{1}{4}-\frac{13e^{-4}}{4}$

$=\pi\left(\frac{1}{4}-\frac{13e^{-4}}{4}\right)=\frac{1-13e^{-4}}{4}\pi$ となって，答えが導けた！

フ～，疲れたって!? そうだね，結構メンドウな積分計算だったからね。今回の積分計算のポイントは，

- 1 回目の部分積分で，$\int_0^2 x^2\cdot e^{-2x}dx \longrightarrow \int_0^2 x\cdot e^{-2x}dx$ にし，さらに
- 2 回目の部分積分で，$\int_0^2 x\cdot e^{-2x}dx \longrightarrow \int_0^2 e^{-2x}dx$ にして，

積分計算を簡単化していったってことなんだね。

このレベルの定積分が自力でできるようになると実力がさらにパワーアップするから，何度も反復練習して，スラスラ結果が出せるまで練習しよう！

● 空洞のある回転体の体積も求めてみよう！

これまでの回転体の体積計算では，立体はすべて中身の詰まった形状のものばかりだったんだ。これに対して，今回は中に円すい状の空洞のある回転体の体積計算にチャレンジしてみよう。

練習問題 56	回転体の体積(Ⅳ)	CHECK 1	CHECK 2	CHECK 3

曲線 $y = e^{2x}$ と y 軸と直線 $y = 2ex$ とで囲まれる図形を x 軸のまわりに回転してできる回転体の体積 V を求めよ。

曲線 $y = e^{2x}$ と直線 $y = 2ex$ は，練習問題 26 (P110) で示したように，点 $\left(\frac{1}{2},\ e\right)$ で接するんだね。そして，与えられた図形を x 軸のまわりに回転すると，円すい状の空洞のある回転体が現れる。うまく計算していってくれ。

曲線 $y = e^{2x}$ と直線 $y = 2ex$ は点 $\left(\frac{1}{2},\ e\right)$ で接し，これらと y 軸とで囲まれる図形は，右図の網目部のようになるのはいいね。

ここで，この図形を x 軸のまわりに回転してできる回転体は，その下の図のように，

「$0 \leqq x \leqq \frac{1}{2}$ の範囲で，$y = e^{2x}$ と x 軸とで挟まれる図形を x 軸のまわりに回転した立体から，底円の半径 e，高さ $\frac{1}{2}$ の直円すいをくり抜いた形になる。」

文字通り，この発想に従って体積 V を計算すればいいんだよ。

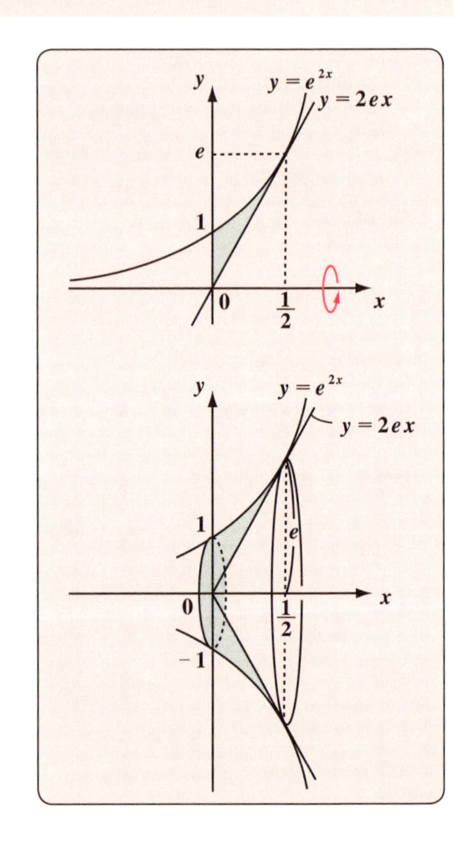

以上より，求める回転体の体積 V は，

$$V=\pi\int_0^{\frac{1}{2}}(e^{2x})^2dx-\frac{1}{3}\cdot\pi e^2\cdot\frac{1}{2}$$

底面積　高さ

$$=\pi\int_0^{\frac{1}{2}}e^{4x}dx-\frac{\pi}{6}e^2=\pi\left[\frac{1}{4}e^{4x}\right]_0^{\frac{1}{2}}-\frac{\pi}{6}e^2$$

$(e^{4x})'=4\cdot e^{4x}$ より，$\int e^{4x}dx=\frac{1}{4}e^{4x}+C$ だね。

$$=\frac{\pi}{4}(e^2-e^0)-\frac{\pi}{6}e^2=\frac{\pi}{4}e^2-\frac{\pi}{6}e^2-\frac{\pi}{4}$$

$e^0=1$，$\frac{3-2}{12}\pi e^2=\frac{\pi}{12}e^2$

$$=\frac{\pi}{12}e^2-\frac{\pi}{4}=\frac{\pi}{12}(e^2-3)$$ となって，答えだね。

ではもう **1** 題，空洞のある回転体の体積の練習問題を解いてみよう。

練習問題 57	回転体の体積(Ⅴ)	CHECK 1	CHECK 2	CHECK 3

曲線 $y=\sqrt{2x}$ と直線 $y=\frac{1}{\sqrt{2}}x$ とで囲まれる図形を D とおく。

(1) D を x 軸のまわりに回転してできる回転体の体積 V_x を求めよ。

(2) D を y 軸のまわりに回転してできる回転体の体積 V_y を求めよ。

まず，曲線 $y=\sqrt{2x}$ と直線 $y=\frac{1}{\sqrt{2}}x$ が，原点 $\mathrm{O}(0,\ 0)$ と点 $\mathrm{A}(4,\ 2\sqrt{2})$ で共有点をもつことを調べて，図形 D の概形を図示するといいね。後は **(1)** x 軸のまわりの回転体の公式と，**(2)** y 軸のまわりの回転体の公式をうまく利用して解いていこう。

$$\begin{cases} y = \sqrt{2x} & \cdots\cdots ① \\ y = \dfrac{1}{\sqrt{2}}x & \cdots\cdots ② \end{cases}$$ から y を消去して，

$\sqrt{2}\cdot\sqrt{x} = \dfrac{1}{\sqrt{2}}x \qquad x = 2\sqrt{x}$

$\sqrt{x}(\sqrt{x}-2)=0$ より，

$\sqrt{x}=0$ または $2 \qquad \therefore\ x=0$ または 4

$x=0$ を①に代入して，$y=\sqrt{2\times 0}=0$

$x=4$ を①に代入して，$y=\sqrt{2\times 4}=2\sqrt{2}$

よって，曲線①と直線②は原点 $O(0,\ 0)$ と点 $A(4,\ 2\sqrt{2}\,)$ を共有点にもち，これらで囲まれる図形 D は，右上図のようになるんだね。

(1) まず，図形 D を x 軸のまわりに回転した回転体の体積 V_x は，右図から明らかに，

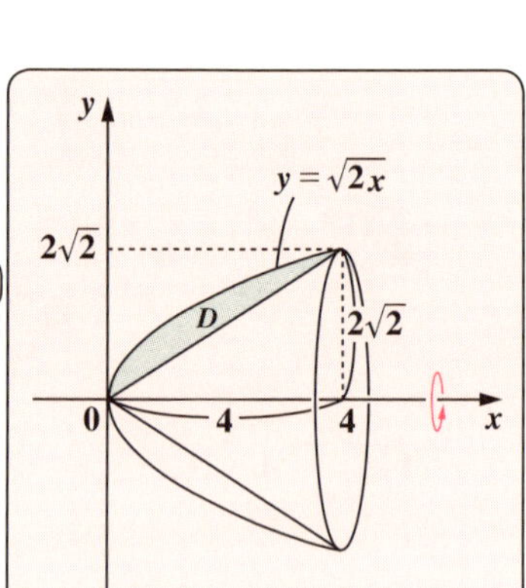

y^2　　底面積　　高さ

$$V_x = \pi\int_0^4 (\sqrt{2x}\,)^2\,dx - \frac{1}{3}\cdot\pi(2\sqrt{2}\,)^2\cdot 4$$

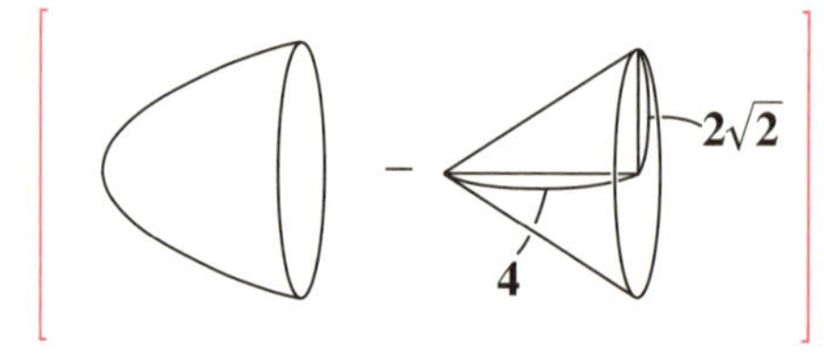

曲線 $y=\sqrt{2x}\ (0\leqq x\leqq 4)$ と x 軸とで挟まれる図形を x 軸のまわりに回転してできる回転体の体積から，底面積 $\pi(2\sqrt{2}\,)^2$，高さ 4 の円すいの体積を引くんだね。

$$= 2\pi\int_0^4 x\,dx - \frac{\pi}{3}\cdot 8\cdot 4 = 16\pi - \frac{32}{3}\pi = \frac{48-32}{3}\pi = \frac{16}{3}\pi \quad \text{となる。}$$

$$\left[\frac{1}{2}x^2\right]_0^4 = \frac{16}{2} = 8$$

(2) 次に，図形 D を y 軸のまわりに回転した回転体の体積 V_y は，

曲線 $y=\sqrt{2x}$ …① を変形すると，

$y^2=2x \quad \therefore x=\frac{1}{2}y^2$ …①′

となるので，右図から明らかに，

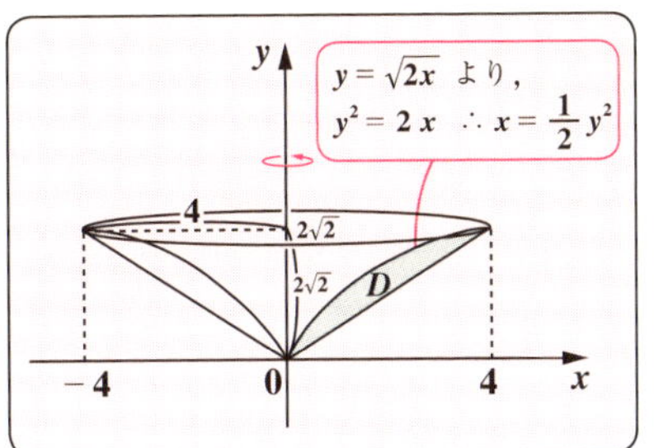

$$V_y=\frac{1}{3}\cdot\pi\cdot4^2\cdot2\sqrt{2}-\pi\int_0^{2\sqrt{2}}\left(\frac{1}{2}y^2\right)^2dy$$

底面積　高さ　x^2

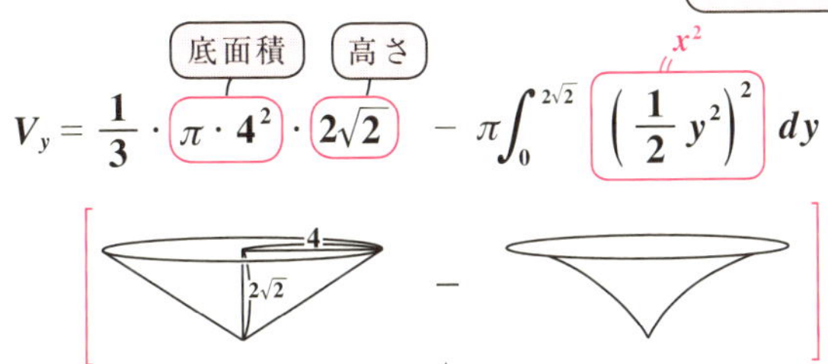

底面積 $\pi\cdot4^2$，高さ $2\sqrt{2}$ の円すいの体積から，曲線 $x=\frac{1}{2}y^2\ (0\leqq y\leqq 2\sqrt{2})$ と y 軸とで挟まれる図形を y 軸のまわりに回転してできる回転体の体積を，引けばいいんだね。

$$=\frac{1}{3}\cdot\pi\cdot16\cdot2\sqrt{2}-\frac{\pi}{4}\int_0^{2\sqrt{2}}y^4dy=\frac{32\sqrt{2}}{3}\pi-\frac{1}{4}\cdot\frac{32\times4\sqrt{2}}{5}\pi$$

$$\frac{1}{5}\left[y^5\right]_0^{2\sqrt{2}}=\frac{(2\sqrt{2})^5}{5}=\frac{2^5\cdot(\sqrt{2})^5}{5}=\frac{32\times4\sqrt{2}}{5}$$

$$=\left(\frac{1}{3}-\frac{1}{5}\right)\cdot32\sqrt{2}\pi=\frac{5-3}{15}\times32\sqrt{2}\pi=\frac{64\sqrt{2}}{15}\pi$$ となるんだね。大丈夫？

● 媒介変数表示された曲線と体積の問題も解こう！

図4に示すように，媒介変数表示された曲線

$$\begin{cases}x=f(\theta)\\y=g(\theta)\end{cases}\quad(\theta：媒介変数)$$

と x 軸とで挟まれる図形を x 軸のまわりに回転した回転体の体積 V は，まず，この曲線が $y=h(x)$ $(a\leqq x\leqq b)$ で表されているつもりで，

図4　媒介変数表示された曲線と x 軸とで挟まれる図形の x 軸のまわりの回転体の体積 V

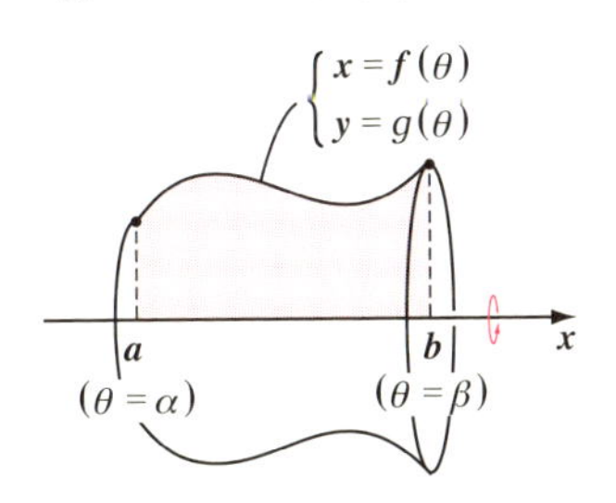

$V=\pi\int_a^b y^2\,dx$ …① と書く。

$\begin{cases} x=f(\theta) \\ y=g(\theta) \end{cases}$ （θ：媒介変数）

そして，①に $dx=\dfrac{dx}{d\theta}d\theta$ を代入し，また，

（これは，見かけ上，$d\theta$ で割った分，$d\theta$ をかけているんだね。）

積分区間も $x：a \to b$ を，$\theta：\alpha \to \beta$ に置き換えて，

$V=\pi\int_\alpha^\beta y^2\dfrac{dx}{d\theta}d\theta$ …② として，θ で積分すればいいんだね。

（$y^2 = \{g(\theta)\}^2$，$\dfrac{dx}{d\theta} = f'(\theta)$）

何故なら，$y^2\dfrac{dx}{d\theta}=\{g(\theta)\}^2\cdot\dfrac{df(\theta)}{d\theta}=\{g(\theta)\}^2\cdot f'(\theta)$ という θ の関数を，積分区間 $\theta：\alpha \to \beta$ で，θ により積分するわけだから，何の問題もないんだね。これは，面積計算 (P207) のときと同様だ。

では，例題をやっておこう。

練習問題 58　媒介変数表示された曲線と体積　CHECK 1　CHECK 2　CHECK 3

曲線 $\begin{cases} x=2\cos\theta \\ y=\sin\theta \end{cases}$ …① $(0 \leqq \theta \leqq \pi)$ と x 軸で囲まれる図形を x 軸のまわりに回転してできる回転体の体積を求めよ。

①の媒介変数表示された曲線は，P207 で解説したように，だ円 $\dfrac{x^2}{2^2}+\dfrac{y^2}{1^2}=1$ …②の上半だ円になるんだね。公式通り体積を求めよう。

①の曲線と x 軸とで囲まれる図形を x 軸のまわりに回転してできる回転体の体積を V とおくと，

$V=\pi\int_{-2}^2 y^2\,dx$ ←（まず，$y=h(x)$ と表されているつもりで，回転体の体積の式を書く。）

$=\pi\int_\pi^0 y^2\dfrac{dx}{d\theta}d\theta$

（$y^2 = \sin^2\theta$，$\dfrac{dx}{d\theta} = (2\cos\theta)' = -2\sin\theta$）

$(x：-2 \to 2$ のとき，$\theta：\pi \to 0)$

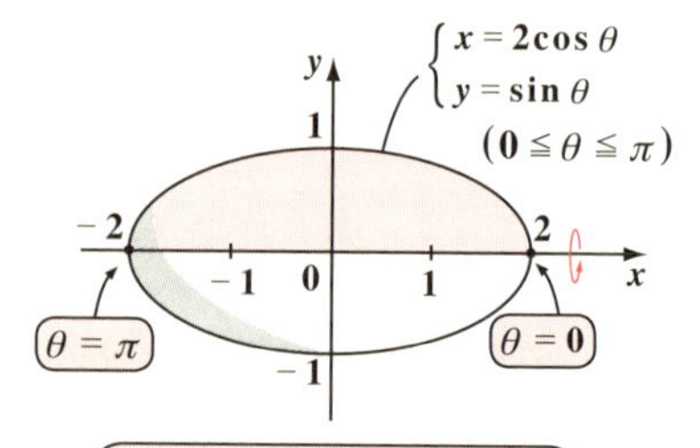

以上より，求める x 軸のまわりの回転体の体積 V は，

$$V=\pi\int_{\pi}^{0}\sin^2\theta\cdot(-2\sin\theta)\,d\theta=2\pi\int_{0}^{\pi}\sin^2\theta\cdot\sin\theta\,d\theta$$

⊖をとって，$\pi\to0$ を $0\to\pi$ に変えた。

$$=2\pi\int_{0}^{\pi}(1-\cos^2\theta)\cdot\sin\theta\,d\theta$$

このように，$(\cos\theta$ の式$)\cdot\sin\theta$ の形になれば，$\cos\theta=t$ と置換するとウマクいく。

ここで，$\cos\theta=t$ とおくと，← 1st step

$\theta:0\to\pi$ のとき，$t:1\to-1$ ← 2nd step

3rd step

また，$(\cos\theta)'d\theta=t'dt$ より $-\sin\theta d\theta=dt$　$\therefore\ \sin\theta d\theta=-1\cdot dt$

$$\therefore\ V=2\pi\int_{1}^{-1}(1-t^2)\cdot(-1)\,dt=2\pi\int_{-1}^{1}(1-t^2)\,dt$$

⊖をとって，$1\to-1$ を $-1\to1$ に変えた。

$$=2\cdot2\pi\int_{0}^{1}(1-t^2)\,dt=4\pi\left[t-\frac{1}{3}t^3\right]_0^1=4\pi\left(1-\frac{1}{3}\right)=\frac{8}{3}\pi$$

$1-t^2$ は偶関数より，$-1\to1$ を $0\to1$ にして2倍した。

となって，答えだ。大丈夫だった？これは次のようにしても解ける。

だ円の式 $\dfrac{x^2}{4}+y^2=1$ から，$y^2=1-\dfrac{x^2}{4}$ だね。よって，求める体積 V は，

$$V=\pi\int_{-2}^{2}y^2\,dx=\pi\int_{-2}^{2}\left(1-\frac{1}{4}x^2\right)dx=2\cdot\pi\int_{0}^{2}\left(1-\frac{1}{4}x^2\right)dx$$

偶関数

$$=2\pi\left[x-\frac{1}{12}x^3\right]_0^2=2\pi\left(2-\frac{2^3}{12}\right)=2\pi\left(2-\frac{2}{3}\right)=\frac{8}{3}\pi$$ と求めても

同じ結果が得られるんだね。これも大丈夫だね。

以上で，“**体積計算**”の講義も終了です。積分計算で様々なものを求めることができて面白いだろう？次回は“**曲線の長さ**”も求めてみよう。それじゃ，みんな元気でな。サヨウナラ…。

15th day　曲線の長さ，道のり

みんな，おはよう！ 今日で「初めから始める数学 **III Part2**」も最終講義になる。最後を飾るテーマは“**曲線の長さ，道のり**”なんだね。

曲線には $y=f(x)$ で表されるものと，媒介変数表示されるものの **2** 種類があるので，それぞれについての曲線の長さを求める公式を示そう。また，時間と共に運動する動点の位置と道のりの計算の違いについても解説しよう。では，早速講義を始めるよ！

● 曲線の長さの公式は 2 つある！

図 **1** に示すように，xy 座標平面上の曲線の長さを L とおこう。すると，この L は，積分定数 C を無視すれば，微小な長さ dL を用いて，次のような簡単な式で表せるのはいいね。

$L=\int dL$ ……①

（$\int 1\cdot dL=L+C$ だからね。）

図 1　曲線の長さ L

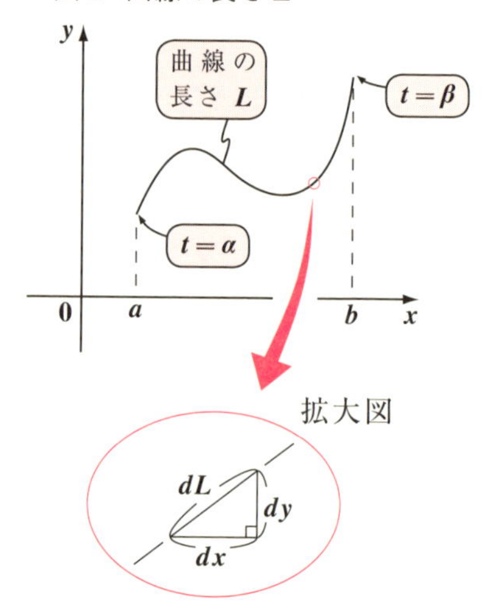

これは，面積計算 (**P194**) や体積計算 (**P218**) の解説と同様だね。

では，この微小な曲線の長さ dL はどのように表されるか，図 **1** の拡大図を見てみよう。すると，dx，dy，dL を **3** 辺にもつ微小な直角三角形が現れるので，三平方の定理を用いて，

$dL=\sqrt{(dx)^2+(dy)^2}$ ……②　となるんだね。

これから，曲線の長さ L の公式は，曲線が (Ⅰ) $y=f(x)$ の形で表されているか，または (Ⅱ) $x=f(t)$，$y=g(t)$ のように媒介変数表示されているかによって，次のように **2** 通りに分類することができる。

(Ⅰ) 曲線 $y=f(x)$ $(a \leqq x \leqq b)$ の場合

$$dL=\sqrt{(dx)^2+(dy)^2}=\sqrt{\frac{(dx)^2+(dy)^2}{(dx)^2}\cdot(dx)^2}$$

$(dx)^2$ で割った分，$(dx)^2$ をかけた

$$=\sqrt{\left\{1+\left(\frac{dy}{dx}\right)^2\right\}(dx)^2}=\sqrt{1+\{f'(x)\}^2}\,dx$$

$y'=f'(x)$　　$(dx)^2$ を $\sqrt{\ }$ の外に出した

これを①に代入し，積分区間を $x：a \rightarrow b$ とおくと，

曲線の長さ L の公式：

$$L=\int_a^b \sqrt{1+\{f'(x)\}^2}\,dx \quad \cdots\cdots(*1)$$ が導けるんだね。大丈夫？

(Ⅱ) 媒介変数表示された曲線 $\begin{cases} x=f(t) \\ y=g(t) \end{cases}$ $(\alpha \leqq t \leqq \beta)$ の場合

$$dL=\sqrt{(dx)^2+(dy)^2}=\sqrt{\frac{(dx)^2+(dy)^2}{(dt)^2}\,(dt)^2}$$

$(dt)^2$ で割った分，$(dt)^2$ をかけた

$$=\sqrt{\left\{\left(\frac{dx}{dt}\right)^2+\left(\frac{dy}{dt}\right)^2\right\}(dt)^2}=\sqrt{\left(\frac{dx}{dt}\right)^2+\left(\frac{dy}{dt}\right)^2}\,dt$$

$(dt)^2$ を $\sqrt{\ }$ の外に出した

これを①に代入し，積分区間 $t：\alpha \rightarrow \beta$ とおくと，

曲線の長さ L の公式：

$$L=\int_\alpha^\beta \sqrt{\left(\frac{dx}{dt}\right)^2+\left(\frac{dy}{dt}\right)^2}\,dt \quad \cdots\cdots(*2)$$ が導ける。これも大丈夫？

曲線の微小長さ $dL=\sqrt{(dx)^2+(dy)^2}$ ……② を基に，2 通りの曲線の長さ L の公式が導けることが，これで分かったと思う。

ン？ 公式は分かったから，実際に使って計算してみたいって？ いいよ，では次の練習問題で，曲線の長さ L を求めてみよう！

練習問題 59　曲線の長さ (I)　CHECK 1　CHECK 2　CHECK 3

曲線　$y=\frac{1}{2}(e^x+e^{-x})$　$(0\leqq x\leqq 1)$　の長さ L を求めよ。

$y=f(x)$ の形の曲線なので，この $0\leqq x\leqq 1$ における曲線の長さ L は，公式 $L=\int_0^1\sqrt{1+\{f'(x)\}^2}\,dx$ を用いて求めればいいんだね。

$y=f(x)=\frac{1}{2}(e^x+e^{-x})$　……①　$(0\leqq x\leqq 1)$　とおく。

①を x で微分して，

$$f'(x)=\frac{1}{2}(e^x+e^{-x})'=\frac{1}{2}\{\underbrace{(e^x)'}_{e^x}+\underbrace{(e^{-x})'}_{-e^{-x}}\}$$

$$=\frac{1}{2}(e^x-e^{-x})\quad\text{……②}$$　となる。

よって，求める曲線の長さ L は，

$$L=\int_0^1\sqrt{1+\{f'(x)\}^2}\,dx$$

← 曲線 $y=f(x)$ の長さ L の公式通りだ。

$$=\int_0^1\sqrt{1+\left\{\frac{1}{2}(e^x-e^{-x})\right\}^2}\,dx\quad(\text{②より})$$

$$1+\frac{1}{4}(e^x-e^{-x})^2=\frac{4}{4}+\frac{1}{4}(e^{2x}-2\cdot e^x\cdot e^{-x}+e^{-2x})$$
$$=\frac{1}{4}(4+e^{2x}-2+e^{-2x})=\frac{1}{4}(e^{2x}+2+e^{-2x})$$
$$=\frac{1}{4}(e^{2x}+2\cdot e^x\cdot e^{-x}+e^{-2x})=\frac{1}{4}(e^x+e^{-x})^2$$

$$=\int_0^1\sqrt{\frac{1}{4}(e^x+e^{-x})^2}\,dx=\frac{1}{2}\int_0^1(e^x+e^{-x})\,dx$$

$\sqrt{a^2}=|a|$ だけれど，$e^x+e^{-x}>0$ より $\sqrt{(e^x+e^{-x})^2}=e^x+e^{-x}$ となる。

$$\therefore L = \frac{1}{2}\int_0^1 (e^x + e^{-x})dx = \frac{1}{2}[e^x - e^{-x}]_0^1$$

$$= \frac{1}{2}\{e^1 - e^{-1} - (e^0 - e^0)\} = \frac{1}{2}\left(e - \frac{1}{e}\right)$$ となって，答えだ！

では，もう1題，$y = f(x)$ で表された曲線の長さを求めてみよう。

練習問題 60　曲線の長さ（Ⅱ）　CHECK 1　CHECK 2　CHECK 3

曲線　$y = 2x\sqrt{x}$　$(0 \leqq x \leqq 1)$　の長さ L を求めよ。

これも，$y = f(x)$ の形で表された曲線なので，$0 \leqq x \leqq 1$ における曲線の長さ L は，公式　$L = \int_0^1 \sqrt{1 + \{f'(x)\}^2}\,dx$ で求めよう。

$y = f(x) = 2x \cdot \sqrt{x} = 2x^{1+\frac{1}{2}} = 2x^{\frac{3}{2}}$　……①　$(0 \leqq x \leqq 1)$　とおく。（$\sqrt{x} = x^{\frac{1}{2}}$）

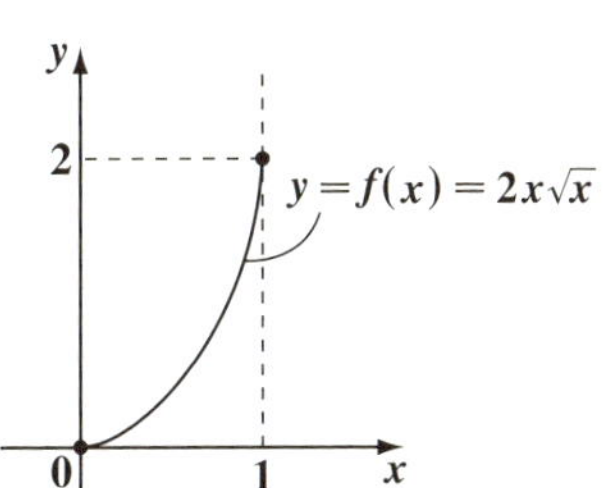

①を x で微分して，

$f'(x) = 2 \cdot \frac{3}{2}x^{\frac{1}{2}} = 3\sqrt{x}$　……②　となる。

よって，②より，求める曲線の長さ L は，

$$L = \int_0^1 \sqrt{1 + \{f'(x)\}^2}\,dx$$ ← 曲線の長さの公式通り

（$\{f'(x)\}^2 = (3\sqrt{x})^2 = 9x$（②より））

$$= \int_0^1 \sqrt{1 + 9x}\,dx$$ ← ここで，$1 + 9x = t$ と置換して，置換積分にもち込めばうまく解けるよ！

（$1 + 9x = t$）

ここで，$1 + 9x = t$　とおく。 ← 1st step

・$x : 0 \to 1$　のとき，$t : 1 \to 10$ ← 2nd step（$1 = 1 + 9 \times 0$，$10 = 1 + 9 \times 1$）

・$(1 + 9x)'dx = t' \cdot dt$　より，$9dx = dt$　$\therefore dx = \frac{1}{9}dt$ ← 3rd step

よって，

$$L=\int_0^1\sqrt{1+9x}\,dx=\int_1^{10}\sqrt{t}\cdot\frac{1}{9}dt=\frac{1}{9}\int_1^{10}t^{\frac{1}{2}}dt$$

$$=\frac{1}{9}\cdot\frac{2}{3}\left[t^{\frac{3}{2}}\right]_1^{10}=\frac{2}{27}\left(\underbrace{10^{\frac{3}{2}}}_{10\sqrt{10}}-\underbrace{1^{\frac{3}{2}}}_{1}\right)=\frac{2}{27}(10\sqrt{10}-1)$$ となるんだね。

では次，媒介変数表示された曲線の長さを求めてみよう。

練習問題 61	曲線の長さ(Ⅲ)	CHECK 1	CHECK 2	CHECK 3

媒介変数表示された曲線 $\begin{cases}x=3t^2\\y=2t^3\end{cases}$ $(0\leqq t\leqq 1)$ の長さ L を求めよ。

今回は，媒介変数 t で表された曲線の長さ L を求める問題なので，公式 $L=\int_0^1\sqrt{\left(\frac{dx}{dt}\right)^2+\left(\frac{dy}{dt}\right)^2}\,dt$ を利用するんだね。頑張ろう！

曲線 $\begin{cases}x=3t^2\\y=2t^3\end{cases}$ $(0\leqq t\leqq 1)$ について，

x，y をそれぞれ t で微分して，

$$\frac{dx}{dt}=(3t^2)'=6t\ \cdots\cdots①\qquad \frac{dy}{dt}=(2t^3)'=6t^2\ \cdots\cdots②$$

よって，求める曲線の長さ L は，

$$L=\int_0^1\sqrt{\left(\frac{dx}{dt}\right)^2+\left(\frac{dy}{dt}\right)^2}\,dt$$

（曲線 $\begin{cases}x=f(t)\\y=g(t)\end{cases}$ の長さ L を求める公式通りだね。）

$$=\int_0^1\sqrt{\underbrace{(6t)^2+(6t^2)^2}_{6^2t^2+6^2t^4=6^2t^2(1+t^2)}}\,dt=\int_0^1\sqrt{6^2t^2(1+t^2)}\,dt$$

（①，②より）

$$=6\int_0^1 t\cdot\sqrt{t^2+1}\,dt\ \cdots\cdots③$$

（$t\geqq 0$ より，$\sqrt{t^2}=|t|=t$ となった。）

ここで，③の積分は，$t^2+1=u$ と置換すればいい。

$t:0\to 1$ のとき，$u:\underbrace{1}_{0^2+1}\to\underbrace{2}_{1^2+1}$ であり，また，

$(t^2+1)'dt = u'du$　より，　$2t \cdot dt = du$　$\therefore t\,dt = \dfrac{1}{2}du$

よって，③より

$$L = 6\int_0^1 \sqrt{t^2+1} \cdot t\,dt = 6\int_1^2 \sqrt{u} \cdot \frac{1}{2}du$$

($1 \to 2$)　(u)　($\frac{1}{2}du$)

$$= 3\int_1^2 u^{\frac{1}{2}}du = 3 \cdot \frac{2}{3}[u^{\frac{3}{2}}]_1^2 = 2(2^{\frac{3}{2}} - 1^{\frac{3}{2}})$$

$= 2(2\sqrt{2}-1) = 4\sqrt{2}-2$　となって，答えだ！　大丈夫だった？

$L = \int_a^b \sqrt{1+\{f'(x)\}^2}\,dx$ にしろ，$L = \int_\alpha^\beta \sqrt{\left(\dfrac{dx}{dt}\right)^2 + \left(\dfrac{dy}{dt}\right)^2}\,dt$ にしろ，

被積分関数に$\sqrt{\ }$が入っているので，積分計算が結構大変になるんだね。でも，これで積分の計算力もさらにパワーアップするはずだ。

では，媒介変数表示された曲線の長さも，もう 1 題練習しておこう。

練習問題 62　曲線の長さ(Ⅳ)　CHECK 1　CHECK 2　CHECK 3

媒介変数表示された曲線 $\begin{cases} x = \cos 2t \\ y = 2t + \sin 2t \end{cases}$ $\left(0 \leqq t \leqq \dfrac{\pi}{2}\right)$ の長さ L を求めよ。

媒介変数表示された曲線の長さ L の公式 $L = \int_0^{\frac{\pi}{2}} \sqrt{\left(\dfrac{dx}{dt}\right)^2 + \left(\dfrac{dy}{dt}\right)^2}\,dt$ を使って求めよう。$\sqrt{\ }$をはずす際に，半角の公式　$\cos^2 t = \dfrac{1+\cos 2t}{2}$　が役に立つんだね。

曲線 $\begin{cases} x = \cos 2t \\ y = 2t + \sin 2t \end{cases}$ $\left(0 \leqq t \leqq \dfrac{\pi}{2}\right)$　について，

x，y をそれぞれ t で微分すると，

$\dfrac{dx}{dt} = (\cos 2t)' = -2\sin 2t$　……①　$\dfrac{dy}{dt} = (2t + \sin 2t)' = 2 + 2\cos 2t$　……②

(①，②は，合成関数の微分だ！)

以上①，②より，求める曲線の長さ L は，

$$L=\int_0^{\frac{\pi}{2}}\sqrt{\left(\frac{dx}{dt}\right)^2+\left(\frac{dy}{dt}\right)^2}\,dt$$ ←公式通りだね。

$(-2\sin 2t)^2+(2+2\cos 2t)^2=4\sin^2 2t+4+8\cos 2t+4\cos^2 2t$

$=4(\sin^2 2t+\cos^2 2t)+4+8\cos 2t$（$\sin^2 2t+\cos^2 2t=1$）

$=8+8\cos 2t=8(1+\cos 2t)$（$1+\cos 2t=2\cos^2 t$）

$=16\cos^2 t$

$=(4\cos t)^2$

半角の公式 $\cos^2 t=\dfrac{1+\cos 2t}{2}$ を使った。

このように，$\sqrt{\ }$ 内を $(\cdots)^2$ の形にして $\sqrt{\ }$ をはずし，積分しやすくするのがコツなんだね。

$$=\int_0^{\frac{\pi}{2}}\sqrt{(4\cos t)^2}\,dt=4\int_0^{\frac{\pi}{2}}\cos t\,dt=4\Big[\sin t\Big]_0^{\frac{\pi}{2}}$$

$|4\cos t|=4\cos t$

$\cos t$ は 0 以上 $\left(\because 0\leqq t\leqq\dfrac{\pi}{2}\right)$ ←公式 $\sqrt{a^2}=|a|$ を使った！

$$=4\left(\sin\frac{\pi}{2}-\sin 0\right)=4$$ となって，答えだ！（$\sin\frac{\pi}{2}=1$，$\sin 0=0$）

● 直線上の動点 P について考えよう！

では次，図 2 に示すように，x 軸上を運動する動点 $\mathrm{P}(x)$ について考えよう。当然 x は，時刻 t の関数で，$x=f(t)$ と表されるとき，

図 2　直線上を動く点 P

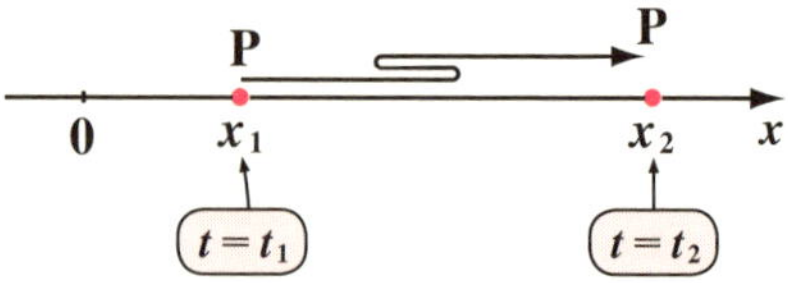

速度 v は $v=\dfrac{dx}{dt}=f'(t)$ で表されるんだったね。(P142)

また，図 2 では，時刻 t_1 で位置 x_1 にあった点 P が，時刻 t_2 では x_2 の位置に移動している。

つまり，$f(t_1)=x_1$，$f(t_2)=x_2$ だね。

この移動の変化量を S とおくと，

$$S=x_2-x_1=\int_{t_1}^{t_2} v\ dt \quad \cdots\cdots ①$$

と表される。

①の右辺の積分を実際に計算すると，

$$\int_{t_1}^{t_2} v\ dt=\int_{t_1}^{t_2} f'(t)\ dt=\big[f(t)\big]_{t_1}^{t_2}=f(t_2)-f(t_1)=x_2-x_1=S \quad (①より)$$

となって，ナルホド移動の変化量を表すからだ。したがって，

(Ⅰ) 時刻 t_2 における動点 $\mathbf{P}$ の位置 x_2 は右図より

$$x_2=x_1+\int_{t_1}^{t_2} v\,dt \quad \cdots\cdots(*3)$$

$t=t_1$ のときの位置

$t_1 \to t_2$ での移動の変化量

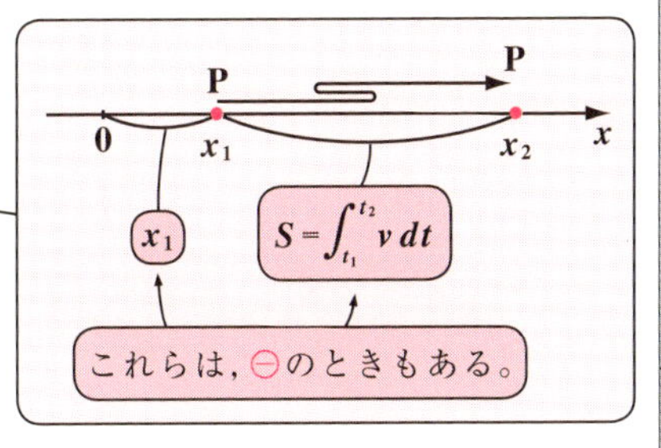

となるんだね。これに対して，

(Ⅱ) 時刻 t_1 から t_2 の間に，動点 $\mathbf{P}$ が実際に動いた道のりを L とおくと，

$$L=\int_{t_1}^{t_2} |v|dt \quad \cdots\cdots(*4)$$

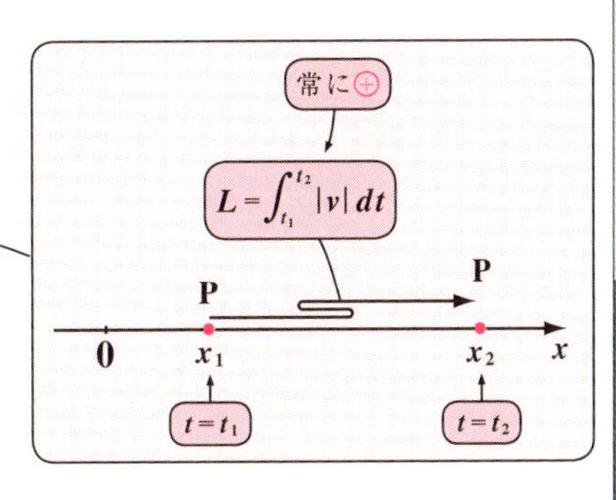

となる。$(*4)$ では，速度の絶対値 $|v|$ を積分することにより，右図のように折り返して，動点 $\mathbf{P}$ が⊖の向きに移動したものも⊕の値として積分するから，実際に $t_1 \to t_2$ の間に $\mathbf{P}$ が動いた道のり L を計算することができるんだね。

$(*3)$ と $(*4)$ の違いをシッカリ頭に入れておこう。

では，次の練習問題を解いてごらん。

練習問題 63　位置と道のり (Ⅰ)　CHECK 1　CHECK 2　CHECK 3

x 軸上を運動する動点 $\mathrm{P}(x)$ がある。P は時刻 $t=0$ のとき $x=1$ にあり，また速度 v は，$v=\sin\frac{\pi}{2}t$　$(t \geqq 0)$　であるとする。

(1) 時刻 $t=3$ における，動点 P の位置 x を求めよ。

(2) 時刻 $t=0$ から $t=3$ の間に動点 P が移動した道のり L を求めよ。

(1) では，$x=1+\int_0^3 v\,dt$ を，(2) では，$L=\int_0^3 |v|\,dt$ を求めるんだね。

(1) $t=0$ のとき $x=1$，また $v=\sin\frac{\pi}{2}t$ より，時刻 $t=3$ における

動点 P の位置 (座標) は，次のように求まる。

$$x=1+\int_0^3 v\,dt=1+\int_0^3 \sin\frac{\pi}{2}t\,dt$$

$$=1-\frac{2}{\pi}\left[\cos\frac{\pi}{2}t\right]_0^3=1-\frac{2}{\pi}\Big(\underbrace{\cos\frac{3}{2}\pi}_{0}-\underbrace{\cos 0}_{1}\Big)$$

$$=1+\frac{2}{\pi}\quad \text{となる。}$$

(2) $0 \leqq t \leqq 3$ の間に，動点 P が実際に移動した道のり L は，

$$L=\int_0^3 |v|\,dt=\int_0^3 \left|\sin\frac{\pi}{2}t\right|dt$$

$\begin{cases} 0 \leqq t \leqq 2 \text{ のとき，} \sin\frac{\pi}{2}t \geqq 0 \\ 2 \leqq t \leqq 3 \text{ のとき，} \sin\frac{\pi}{2}t \leqq 0 \end{cases}$

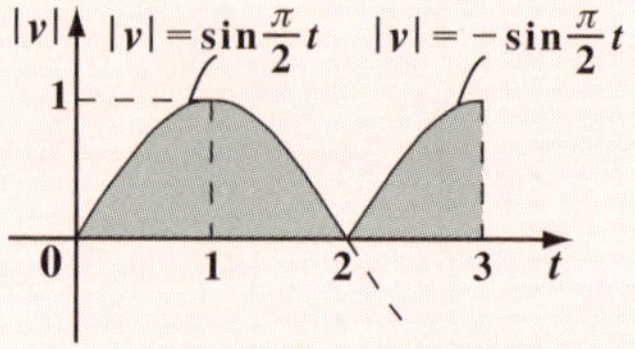

$$=\int_0^2 \sin\frac{\pi}{2}t\,dt+\int_2^3\left(-\sin\frac{\pi}{2}t\right)dt$$

積分するグラフの形から，

これは　$3\times\int_0^1 \sin\frac{\pi}{2}t\,dt$

[3× ]

と計算してもいいよ。

$$=-\frac{2}{\pi}\left[\cos\frac{\pi}{2}t\right]_0^2+\frac{2}{\pi}\left[\cos\frac{\pi}{2}t\right]_2^3$$

$$=-\frac{2}{\pi}\big(\underbrace{\cos\pi}_{-1}-\underbrace{\cos 0}_{1}\big)+\frac{2}{\pi}\Big(\underbrace{\cos\frac{3}{2}\pi}_{0}-\underbrace{\cos\pi}_{-1}\Big)=\frac{2}{\pi}(1+1+1)=\frac{6}{\pi}$$

右に，$t=3$ のときの P の位置(座標) x と，$0 \leqq t \leqq 3$ における P の道のり L の概略図を示すので，違いをシッカリ理解しよう。

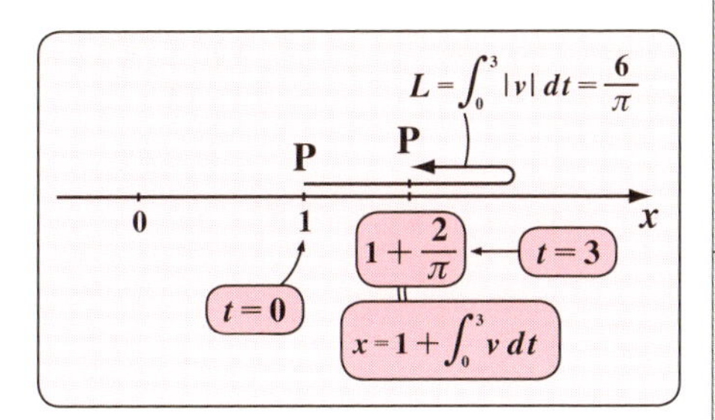

それでは，もう 1 題，直線上を動く動点 P の問題を解いてみよう。

練習問題 64 　位置と道のり (Ⅱ)　CHECK 1　CHECK 2　CHECK 3

x 軸上を運動する動点 P(x) がある。P は時刻 $t=0$ のとき原点 O，すなわち $x=0$ にあり，また速度 v は，$v=t^{\frac{3}{2}}-1$ 　($t \geqq 0$) であるとする。このとき，次の問いに答えよ。

(1) 時刻 $t=t_0$ ($t_0>0$) のとき，動点 P は再び原点 O を通過するものとする。時刻 t_0 の値を求めよ。

(2) 時刻 $t=0$ から $t=2$ の間に動点 P が移動した道のり L を求めよ。

(1) では，$x=0+\int_0^{t_0} v\,dt=0$ とおいて，正の数 t_0 の値を求めればいいんだね。
(2) は，道のり L を求める問題なので $L=\int_0^2 |v|\,dt$ を計算しよう。

(1) $t=0$ のとき，$x=0$ (原点) また，

速度 $v=t^{\frac{3}{2}}-1$ ……① ($t \geqq 0$) より，

このグラフを右に示す。このグラフは，本質的に P136 で示した $\widetilde{g'(x)}=x^{\frac{3}{2}}-1$ と同じものだ。

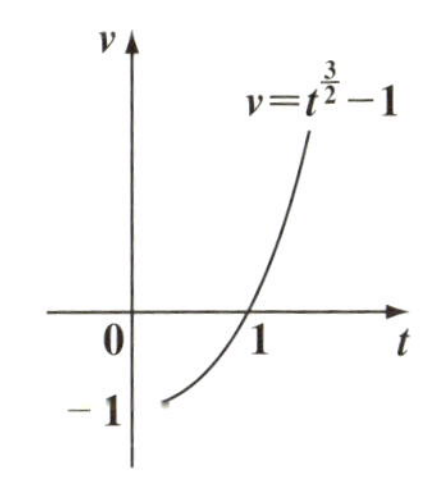

動点 P の時刻 $t=T$ (T：0 以上の定数) における位置座標 x は次式で表される。

$x=0+\int_0^T v\,dt \quad \therefore x=\int_0^T (t^{\frac{3}{2}}-1)dt$ ……②

ここで，$T=t_0$ ($t_0>0$) のとき，動点 P は再び原点を通過するので，$x=0$ となる。

よって，②に $T=t_0$，$x=0$ を代入すると，

$v=t^{\frac{3}{2}}-1$ ……①
$x=\int_0^T (t^{\frac{3}{2}}-1)dt$ ……②

$$0=\int_0^{t_0}(t^{\frac{3}{2}}-1)dt$$
$$=\left[\frac{2}{5}t^{\frac{5}{2}}-t\right]_0^{t_0}=\frac{2}{5}t_0^{\frac{5}{2}}-t_0-0 \quad \text{より,}$$

$t_0\left(\frac{2}{5}t_0^{\frac{3}{2}}-1\right)=0$ ……③ となる。ここで，$t_0>0$ より，

$\oplus$

③の両辺を t_0 で割って，$\frac{2}{5}t_0^{\frac{3}{2}}-1=0$ $\quad t_0^{\frac{3}{2}}=\frac{5}{2}$

$$\therefore t_0=\left(\frac{5}{2}\right)^{\frac{2}{3}}=\left\{\left(\frac{5}{2}\right)^2\right\}^{\frac{1}{3}}$$
$$=\left(\frac{25}{4}\right)^{\frac{1}{3}}=\sqrt[3]{\frac{25}{4}} \quad \text{となる。}$$

$1.8\cdots$

この両辺を $\frac{2}{3}$ 乗すると，
$(t_0^{\frac{3}{2}})^{\frac{2}{3}}=\left(\frac{5}{2}\right)^{\frac{2}{3}}$ となる。
$t_0^1=t_0$

(2) では次，$0\leqq t\leqq 2$ の間に動点 P が移動した道のり L を求めると，

$$L=\int_0^2|v|dt=\int_0^2|t^{\frac{3}{2}}-1|dt$$

右図より，$|t^{\frac{3}{2}}-1|=\begin{cases}-(t^{\frac{3}{2}}-1) & (0\leqq t\leqq 1)\\ t^{\frac{3}{2}}-1 & (1\leqq t\leqq 2)\end{cases}$

$$=-\int_0^1(t^{\frac{3}{2}}-1)dt+\int_1^2(t^{\frac{3}{2}}-1)dt$$
$$=-\left[\frac{2}{5}t^{\frac{5}{2}}-t\right]_0^1+\left[\frac{2}{5}t^{\frac{5}{2}}-t\right]_1^2$$
$$=-\left(\frac{2}{5}-1-0\right)+\frac{2}{5}\cdot 2^{\frac{5}{2}}-2-\left(\frac{2}{5}-1\right)$$

$2^{2+\frac{1}{2}}=2^2\cdot 2^{\frac{1}{2}}=4\sqrt{2}$

$$=-\left(-\frac{3}{5}\right)+\frac{8\sqrt{2}}{5}-2-\left(-\frac{3}{5}\right)$$
$$=\frac{8\sqrt{2}}{5}-2+\frac{6}{5}$$

$$\therefore L = \frac{8\sqrt{2}}{5} - \frac{4}{5} = \frac{4(2\sqrt{2}-1)}{5}$$

となって，答えだ。

今回の動点 **P** の運動の様子を右図に示しておこう。

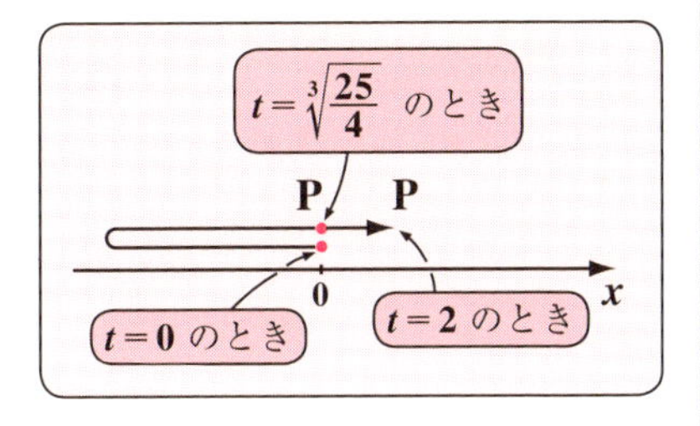

● 平面上を運動する点 P の道のり L も求めよう！

では次，図 **3** に示すように，xy 平面上を運動する動点 $\mathbf{P}(x, y)$ の座標 x と y は共に時刻 t の関数として，

$$\begin{cases} x = f(t) \\ y = g(t) \end{cases}$$ （t：時刻）と表されるのはいいね。このとき，**P** の速度と速さは

図 3　平面上を運動する動点 P の道のり L

$$\begin{cases} \text{速度} \quad \vec{v} = \left(\frac{dx}{dt}, \frac{dy}{dt}\right) \\ \text{速さ} \quad |\vec{v}| = \sqrt{\left(\frac{dx}{dt}\right)^2 + \left(\frac{dy}{dt}\right)^2} \end{cases}$$ となるので，(P144)

動点 **P** が，時刻 t_1 から t_2 の間に実際に移動する道のりを L とおくと，

$$L = \int_{t_1}^{t_2} |\vec{v}|\, dt = \int_{t_1}^{t_2} \sqrt{\left(\frac{dx}{dt}\right)^2 + \left(\frac{dy}{dt}\right)^2}\, dt \quad \cdots\cdots(*5)$$ となる。

ここでは，t は時刻としての物理的な意味をもつんだけれど，数学的には，これは，媒介変数 t で表示された曲線の長さ L の公式とまったく同じものであることが分かるはずだ。(P237)

では，次の練習問題を解いてみよう。

練習問題 65	動点Pの道のり(I)	CHECK 1	CHECK 2	CHECK 3

xy 座標平面上を運動する動点 $P(x,\ y)$ の $x,\ y$ 座標が

$$\begin{cases} x = t^3 - 3t & \cdots\cdots ① \\ y = 3t^2 & \cdots\cdots\cdots\cdots ② \end{cases} \quad (t：時刻,\ t \geqq 0)$$ で与えられている。

$0 \leqq t \leqq 3$ の範囲で動いた動点 P の道のり L を求めよ。

公式 $L = \int_0^3 |\vec{v}|\,dt = \int_0^3 \sqrt{\left(\frac{dx}{dt}\right)^2 + \left(\frac{dy}{dt}\right)^2}\,dt$ を使えばいいんだね。頑張ろう！

①，②を t で微分して，

$$\begin{cases} \dfrac{dx}{dt} = (t^3 - 3t)' = 3t^2 - 3 \\ \dfrac{dy}{dt} = (3t^2)' = 6t \end{cases}$$

$$\begin{cases} x = t^3 - 3t & \cdots\cdots ① \\ y = 3t^2 & \cdots\cdots\cdots\cdots ② \end{cases}$$

よって，$0 \leqq t \leqq 3$ の範囲で，動点 P が移動した道のり L は

$$L = \int_0^3 \sqrt{\left(\frac{dx}{dt}\right)^2 + \left(\frac{dy}{dt}\right)^2}\,dt = \int_0^3 \sqrt{3^2(t^2+1)^2}\,dt$$

$\oplus$

$$\{3(t^2-1)\}^2 + (6t)^2 = 9(t^4 - 2t^2 + 1) + 36t^2$$
$$= 9(t^4 - 2t^2 + 1 + 4t^2) = 9(t^4 + 2t^2 + 1) = 3^2(t^2+1)^2$$

$$= 3\int_0^3 (t^2+1)\,dt = 3\left[\frac{1}{3}t^3 + t\right]_0^3 = 3\left\{\frac{27}{3} + 3 - \left(\frac{0^3}{3} + 0\right)\right\}$$

$= 3\ (9+3)\ = 36$ となって，答えだね。大丈夫だった？

では，道のりの問題をもう 1 題解いて，これで最終問題としよう。

練習問題 66	動点Pの道のり(II)	CHECK 1	CHECK 2	CHECK 3

xy 座標平面上を運動する動点 $P(x,\ y)$ の $x,\ y$ 座標が

$$\begin{cases} x = \sin 2t & \cdots\cdots\cdots\cdots ① \\ y = 2t - \cos 2t & \cdots\cdots ② \end{cases} \quad \left(t：時刻,\ 0 \leqq t \leqq \frac{\pi}{2}\right)$$ で与えられている。

$0 \leqq t \leqq \frac{\pi}{2}$ の範囲で動いた動点 P の道のり L を求めよ。

これも，公式 $L=\int_0^{\frac{\pi}{2}}\sqrt{\left(\frac{dx}{dt}\right)^2+\left(\frac{dy}{dt}\right)^2}\,dt$ を使って解けばいいんだね。練習問題 62 とよく似ているけれど，$\sqrt{\ }$ のはずし方が異なることに気を付けよう。今回は，2 倍角の公式 $\sin 2t=2\sin t\cos t$ を利用するとうまくいくんだね。

①，②を t で微分して，

$$\begin{cases}\dfrac{dx}{dt}=(\sin 2t)'=2\cos 2t\\[2ex]\dfrac{dy}{dt}=(2t-\cos 2t)'=2+2\sin 2t\end{cases}$$

合成関数の微分
$(\sin mt)'=m\cos mt$
$(\cos mt)'=-m\sin mt$

よって，$0\leqq t\leqq\frac{\pi}{2}$ の範囲で，動点 P が移動した道のり L は，

$$L=\int_0^{\frac{\pi}{2}}\sqrt{\left(\frac{dx}{dt}\right)^2+\left(\frac{dy}{dt}\right)^2}\,dt$$

$(2\cos 2t)^2+(2+2\sin 2t)^2=4\cos^2 2t+4+8\sin 2t+4\sin^2 2t$

$=4(\underbrace{\cos^2 2t+\sin^2 2t}_{1})+4+8\sin 2t$

$=8+8\sin 2t=8(\underbrace{1}_{\cos^2 t+\sin^2 t}+\underbrace{\sin 2t}_{2\sin t\cos t})$

2 倍角の公式
$\sin 2t=2\sin t\cos t$
を使った。

$=8(\cos^2 t+2\sin t\cos t+\sin^2 t)$

$=8(\cos t+\sin t)^2$

公式
$a^2+2ab+b^2=(a+b)^2$

これで，$\sqrt{\ }$ 内を $(\cdots)^2$ の形にして，$\sqrt{\ }$ をはずせるんだね。面白かっただろう？

$$=\int_0^{\frac{\pi}{2}}\sqrt{8(\cos t+\sin t)^2}\,dt$$

$\sqrt{8}\,|\cos t+\sin t|=2\sqrt{2}(\cos t+\sin t)$

$\cos t$：0 以上，$\sin t$：0 以上 $\left(\because 0\leqq t\leqq\frac{\pi}{2}\right)$

$$=2\sqrt{2}\int_0^{\frac{\pi}{2}}(\cos t+\sin t)dt=2\sqrt{2}\left[\sin t-\cos t\right]_0^{\frac{\pi}{2}}$$

$$=2\sqrt{2}\left\{\underbrace{\sin\frac{\pi}{2}}_{1}-\underbrace{\cos\frac{\pi}{2}}_{0}-(\underbrace{\sin 0}_{0}-\underbrace{\cos 0}_{1})\right\}=2\sqrt{2}\cdot(1+1)=4\sqrt{2}$$

これで，曲線の長さや道のりの計算も，かなり自信が持てるようになったと思う。

以上で，「**初めから始める数学 III Part 2**」の講義もすべて終了です。みんな，本当によく頑張ったね。フ～，疲れたって？ …，そうだね，かなり内容が詰まった講義だったからね。だから，疲れたんだったら，休憩も必要だ。ゆっくり休んで，気分転換をはかるといい。でも，元気を取り戻したら，これまでの内容を自分で納得がいくまで，繰り返し反復練習して，是非マスターしてくれ！ これで，高校の授業の補習だけでなく，大学受験のための受験基礎力も身に付けることができるわけだからね。

キミ達の成長を楽しみにして…。ン？ 何?? えっ!? おなごりおしいって!? オイオイ…，キミ達の数学人生はまだ始まったばかりだよ。
この「**初めから始める数学**」**シリーズ**の講義は終了しても，この後に続く「**初めから解ける問題集**」**シリーズ**や「**元気が出る数学**」**シリーズ**，そして「**合格！ 数学**」**シリーズ**など…の講義でまた会おうな。キミ達が，さらに成長して，強くなっていくことを心より祈っている。それでは，みんな元気でな。さようなら…。

マセマ代表　馬場 敬之（けいし）

第５章● 積分法の応用　公式エッセンス

1．面積の積分公式

$a \leqq x \leqq b$ の範囲で，2 曲線 $y=f(x)$ と $y=g(x)$ $[f(x) \geqq g(x)]$ とで挟まれる図形の面積 S は，

$$S=\int_a^b \{\underbrace{f(x)}_{\text{上側}}-\underbrace{g(x)}_{\text{下側}}\}dx$$

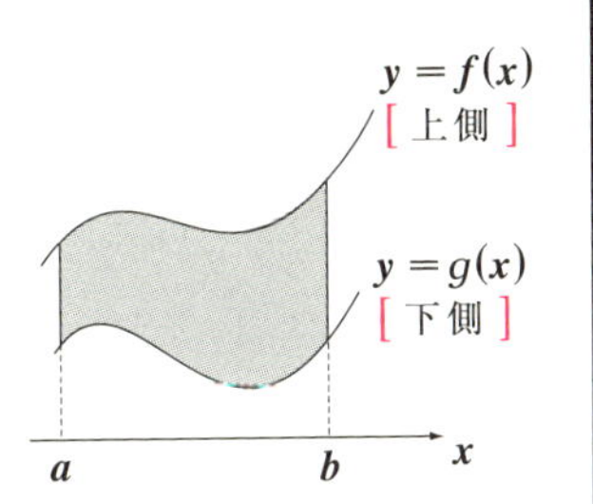

2．区分求積法

$$\lim_{n\to\infty}\frac{1}{n}\sum_{k=1}^{n} f\left(\frac{k}{n}\right)=\int_0^1 f(x)\,dx$$

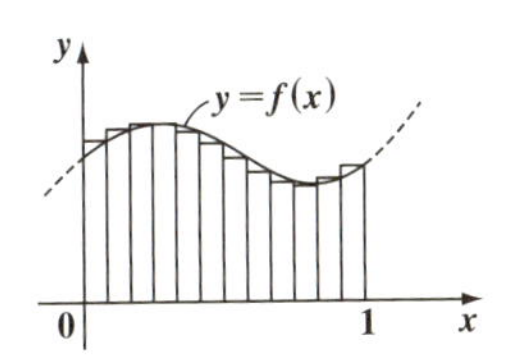

3．体積の積分公式

$a \leqq x \leqq b$ の範囲にある立体の体積 V は，

$$V=\int_a^b S(x)\,dx$$

$(S(x)$：断面積 $)$

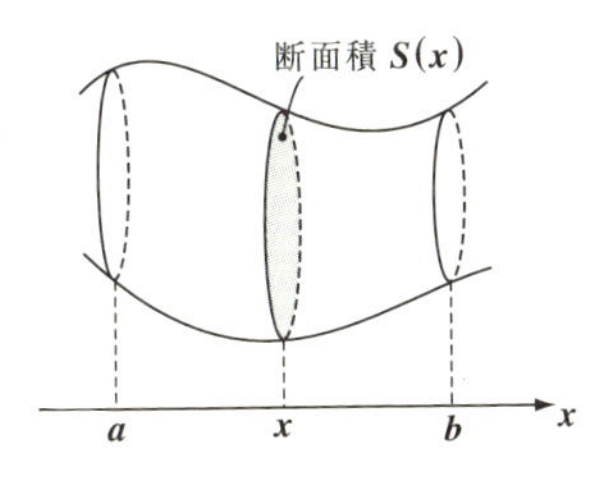

4．回転体の体積の積分公式

$y=f(x)$ $(a \leqq x \leqq b)$ を x 軸のまわりに回転してできる回転体の体積 V_x

$$V_x=\underbrace{\pi\int_a^b y^2}_{S(x)}dx=\underbrace{\pi\int_a^b \{f(x)\}^2}_{S(x)}dx$$

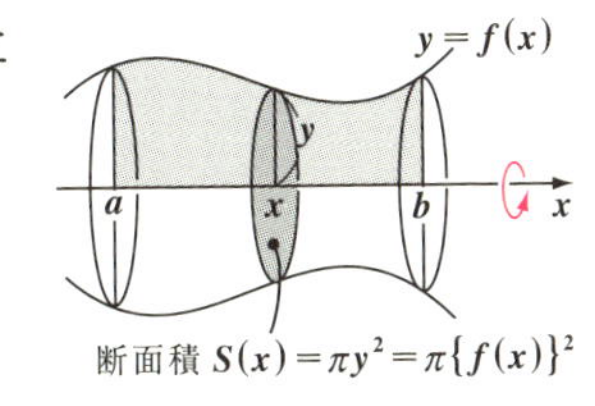

5．曲線の長さ L

(ⅰ) $y=f(x)$ の場合，$L=\int_a^b \sqrt{1+\{f'(x)\}^2}\,dx$

(ⅱ) $x=f(t)$，$y=g(t)$ の場合，

$$L=\int_\alpha^\beta \sqrt{\left(\frac{dx}{dt}\right)^2+\left(\frac{dy}{dt}\right)^2}\,dt$$

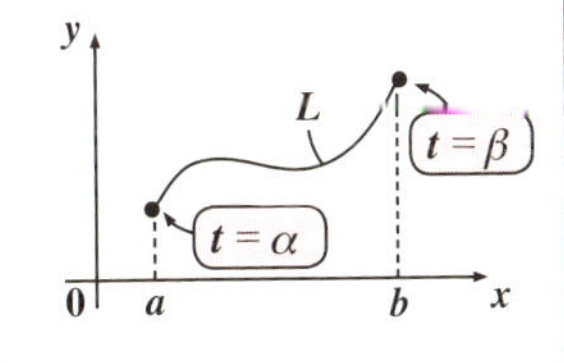

Term・Index

な行

は行

ま行

や行

ら行

メモ

スバラシク面白いと評判の 初めから始める数学III Part2 改訂8

マセマ

著　者　馬場 敬之
発行者　馬場 敬之
発行所　マセマ出版社
〒 332-0023 埼玉県川口市飯塚 3-7-21-502
TEL 048-253-1734　FAX 048-253-1729
Email：info@mathema.jp
https://www.mathema.jp

編　集　清代 芳生
校閲・校正　高杉 豊　秋野 麻里子
制作協力　久池井 茂　久池井 努　印藤 治　滝本 隆
野村 烈　野村 直美　栄 瑠璃子　真下 久志
石神 和幸　小野 祐汰　松本 康平　間宮 栄二
馬場 貴史　町田 朱美
カバーデザイン　児玉 篤　児玉 則子
ロゴデザイン　馬場 利貞
印刷所　株式会社 シナノ

ISBN978-4-86615-206-6 C7041